心灵与认知文库·原典系列

丛书主编 高新民

机械的心灵

心灵、机器与心理表征哲学导论

〔英〕蒂姆·克兰 著

杨洋 卢思熙 杨应鑫 徐立江 肖龙飞 殷筱 译

殷筱 杨洋 汪涵 校

商务印书馆
The Commercial Press

TIM CRANE
THE MECHANICAL MIND
A philosophical introduction to minds, machines and mental representation
Copyright © 2016 Tim Crane
All Rights Reserved

本书根据英国卢德里奇出版社 2016 年版译出

Authorized translation from the English language edition
published by Routledge,
a member of the Taylor & Francis Group.
本书原版由 Taylor & Francis Group 出版集团旗下 Routledge 出版公司出版，
并经其授权翻译出版。版权所有，侵权必究。

The Commercial Press is authorized to publish and distribute exclusively the Chinese (Simplified Characters) language edition. This edition is authorized for sale throughout Mainland of China. No part of the publication may be reproduced or distributed by any means, or stored in a database or retrieval system, without the prior written permission of the publisher.
本书中文简体翻译版授权由商务印书馆独家出版并仅限于中国大陆地区销售。
未经出版者书面许可，不得以任何方式复制或发行本书的任何部分。

Copies of this book sold without a Taylor & Francis sticker on the cover are unauthorized and illegal.
本书封面贴有 Taylor & Francis 公司防伪标签，无标签者不得销售。

心灵与认知文库·原典系列
编委会

主　编：高新民
外籍编委：Jaegwon Kim（金在权）
　　　　　Timothy O'Connor（T. 奥康纳）
中方编委：冯　俊　李恒威　郦全民　刘明海
　　　　　刘占峰　宋　荣　田　平　王世鹏
　　　　　杨足仪　殷　筱　张卫国

"心灵与认知文库·原典系列"总序

心灵现象是人类共有的精神现象，也是东西方哲学一个长盛不衰的讨论主题。自二十世纪七十年代以来，在多种因素的共同推动下，英美哲学界发生了一场心灵转向，心灵哲学几近成为西方哲学特别是英美哲学中的"第一哲学"。这一转向不仅推进和深化了对心灵哲学传统问题的研究，而且也极大地拓展了心灵哲学的研究领域，挖掘出一些此前未曾触及的新问题。

反观东方哲学特别是中国哲学，一方面，与西方心灵哲学的求真性传统不同，中国传统哲学在体贴心灵之体的同时，重在探寻心灵对于"修身、齐家、治国、平天下"的无穷妙用，并一度形成了以"性""理"为研究对象，以提高生存质量和人生境界为价值追求，以超凡成圣为最高目标，融心学、圣学、道德学于一体的价值性心灵哲学。这种中国气派的心灵哲学曾在世界哲学之林独树一帜、光彩夺目，但近代以来却与中国科学技术一样命运多舛，中国哲学在心灵哲学研究中的传统优势与领先地位逐渐丧失，并与西方的差距越拉越大。另一方面，近年来国内对心灵哲学的译介和研究持续升温，其进步也颇值得称道。不过，中国当代的心灵哲学研究毕竟处于起步阶段，大量工作有待于我们当代学人去完成。

冯友兰先生曾说，学术创新要分两步走：先"照着讲"，后"接着讲"。"照着讲"是"接着讲"的前提和基础，是获取新的灵感和洞见的源泉。有鉴于此，我们联合国内外心灵哲学研究专家，编辑出版"心灵与认知文库·原典系列"丛书，翻译国外心灵哲学经典原著，为有志于投身心灵哲学研究的学人提供原典文献，为国内心灵哲学的传播、研究和发展贡献绵薄之力。丛书意在与西方心灵哲学大家的思想碰撞、对话和交流中，把"照着讲"的功夫做足做好，为今后"接着讲"、构建全球视野下的广义心灵哲学做好铺垫和积累，为最终恢复中国原有的心灵哲学话语权打下坚实基础。

学问千古事，得失寸心知。愿这套丛书能够经受住时间的检验！

高新民　刘占峰
2013 年 1 月 29 日

机械的心灵

人的心灵怎么能够表征外部世界？思维是什么，它能够用科学方法来研究吗？我们应该将心灵视为一种机器吗？心灵是计算机吗？计算机能思考吗？蒂姆·克兰假设本书的读者不具备哲学或相关学科的背景知识，他准备用生动直接的方式来回答这些问题。

自首次出版以来，本书已经把当前心灵哲学中的一些最为重要的内容介绍给了成千上万的读者。蒂姆·克兰阐释了一些跨越心灵哲学、人工智能和认知科学的基本观点：心身问题是什么；计算机是什么，它是怎样工作的；思维是什么，以及计算机和心灵如何可能拥有思维。他探究了从二元论到取消主义之间的各种心灵模型，并且追问是否存在没有语言的思维，心灵是否和自然现象一样受因果规律的制约。围绕与思维和表征相关的理论与论证，本书带领我们踏上了一场奇妙的探索之旅。

本书第三版进行了全面的修订与更新，增加了关于心理内容的外在论以及延展心灵和具身心灵的一个全新章节，更强调思维发生的环境背景与身体情境，许多章节经过重新编排后更便于读者阅读。现在本书包含了一份更为详尽的延伸阅读指南和有关本书内容的年代统计，并且专业术语表也得到了更新。

《机械的心灵》可供对我们的心灵机制感兴趣的任何读者阅读，同时也是心灵哲学、哲学心理学或认知心理学研究的必读书目。

蒂姆·克兰是剑桥大学的奈特布里奇哲学教授和剑桥大学彼得学院的院士。他著有《思维的对象》(The Objects of Thoughts)、《心理主义要略》(Aspects of Psychologism)和《心灵的要素》(Elements of Mind)，编撰论文集《经验内容》(The Contents of Experience)。此外，他还是《卢德里奇哲学百科全书》(Routledge Encyclopedia of Philosophy)的主编，以及《泰晤士报文学增刊》(Times Literary Supplement)的哲学顾问编辑。

但是，灵魂是怎样的，它用什么方法读取物体的图像与动作？……它又怎样指征这个对象？我们在胚胎时期就已经学会了这样的字母表吗？它是怎样在我们对此类先天理解力没有任何知觉的情况下运转的？……借由行动的多样性，我们可以辨别出与之不同的形象、距离、大小、颜色与事物，我们将这一切诉诸某些神秘的推理。

——约瑟夫·格兰维尔（Joseph Glanvill）的《教化的虚荣》（*The Vanity of Dogmatizing*，1661年）

目录

第一版序言 ·· 1
第二版序言 ·· 4
第三版序言 ·· 6

1 机械心灵导论 ······························· 11
　1.1 机械世界的图景 ······················· 11
　1.2 机械世界的图景与人类心灵 ········ 16
　1.3 内容简介 ································ 19

2 表征之谜 ······································ 20
　2.1 表征之谜 ································ 20
　2.2 表征观念 ································ 23
　2.3 图像与相似性 ·························· 27
　2.4 语言表征 ································ 35
　2.5 结语：图像、词语与解释 ··········· 38

3 心理表征 ······································ 39
　3.1 关于心理表征 ·························· 39
　3.2 思维与意识 ····························· 44
　3.3 意向性 ··································· 49

3.4　布伦塔诺论题 ································ 58
  3.5　结语：从表征到心灵 ························ 63

4　理解思维者及其思维 ···························· 64
  4.1　心身问题 ·· 64
  4.2　理解他心 ·· 70
  4.3　思维的因果图景 ································ 79
  4.4　结语：从思维的因果图景到思维科学 ···· 89

5　常识心理学与科学 ······························ 91
  5.1　常识心理学 ······································· 91
  5.2　思维的科学：取消还是辩护？ ············· 101
  5.3　理论 vs 模拟 ···································· 110
  5.4　结语：从表征到计算 ·························· 114

6　计算与表征 ·· 117
  6.1　提出正确的问题 ································ 117
  6.2　计算、函数和算法 ····························· 120
  6.3　图灵机 ··· 127
  6.4　编码与符号 ······································· 137
  6.5　例示与计算一个函数 ·························· 140
  6.6　自动算法 ·· 143
  6.7　结语：计算机是什么？ ······················· 148

7　计算机能思考吗？ ······························ 151
  7.1　能思考的计算机？ ····························· 151

7.2 人工智能 ··· 157
  7.3 思考能被规则加表征描述吗? ·· 162
  7.4 中文屋 ·· 170
  7.5 结语：计算机能思考吗? ·· 175

8 思维的机制 ·· 177
  8.1 认知、计算与功能主义 ··· 177
  8.2 思维语言? ··· 182
  8.3 对思维语言的支持和反对 ·· 190
  8.4 "聪明的"计算机 ··· 204
  8.5 结语：计算可以解释表征吗? ······································· 213

9 解释心理表征 ··· 214
  9.1 还原与定义 ··· 214
  9.2 概念性定义与自然主义定义 ··· 219
  9.3 心理表征的因果理论 ··· 222
  9.4 失误问题 ·· 225
  9.5 结语：失误的重要性 ··· 235

10 机械心灵及其生物基础 ··· 236
  10.1 心理表征、有机体与能动性 ······································· 236
  10.2 心理表征与生物功能 ··· 242
  10.3 进化与心灵 ··· 248
  10.4 心灵的模块性 ·· 256
  10.5 结语：有机体的地位 ··· 263

11 心灵的延展 ······264
- 11.1 作为关系的意向性 ······264
- 11.2 关于内容的外在论 ······269
- 11.3 关于载体的外在论："延展心灵" ······274
- 11.4 具身认知与生成认知 ······279
- 11.5 结语：心灵的延展 ······289

12 心理表征的非还原性构想 ······290
- 12.1 反对还原论与定义 ······290
- 12.2 计算与表征的非还原性构想 ······297
- 12.3 科学模型与心灵模型 ······302
- 12.4 结语：表征可以被还原地解释吗？ ······308

13 意识与机械心灵 ······310
- 13.1 前文要览 ······310
- 13.2 意识、"是什么样子"和感受性质 ······315
- 13.3 意识与物理主义 ······320
- 13.4 科学知识的界限 ······330
- 13.5 结语：关于机械的心灵，意识难题告诉了我们什么 ······334

延伸阅读指南 ······336
术　语 ······371
本书涉及的年代 ······375
索　引 ······378
译后记 ······390

图表目录

图 1　拄杖的老人 ·················· 32
图 2　乘法算法流程 ················ 124
图 3　煮鸡蛋的流程 ················ 127
图 4　简单图灵机的机器表 ············ 131
图 5　捕鼠器的"黑箱" ·············· 144
图 6　捕鼠器的内部结构 ············· 144
图 7　乘法器黑箱 ·················· 145
图 8　乘法算法流程 ················ 146
图 9　与门 ······················· 156
图 10　联结主义网络示意 ············· 207
图 11　马赫带 ···················· 257
图 12　卡明斯的计算过程"伦敦塔桥" ··· 298
图 13　多米诺骨牌错觉 ·············· 306
图 14　卡尼莎三角 ················· 307

第一版序言

本书介绍了一些当代心灵哲学关注的主要问题。导论性书籍有多种写法,在这里,我并没有对所有关于心灵哲学的理论进行不失公允的描述,而是决定沿着这样一条思路去书写——它抓住了在我看来当代最富趣味的哲学争论的本质。这个思路的核心是心理表征问题:心灵何以能够表征这个世界?这个问题是一条主线,将各章节连接起来。同时,这条主线也交织出本书的其他几个主题:日常心理学解释的本质、心灵的因果性、作为计算机的心灵和心理内容的还原。

虽然论证是一个连续的进程,但我还是尽量(在某种程度上)使各个章节在阅读时可以保持相对独立(2015年加入注释:自第一版出版以来,本书的章节编排发生了较大改动。以下内容仅适用于第一版)。因此,第一章介绍了表征之谜并讨论了图像表征、语言表征和心理表征。第二章是关于常识心理学(也就是"民间"心理学)的本质和思维的因果性。第三章论述了计算机能不能思考的问题。第四章追问在某种意义上我们的心灵是否就是计算机。最后一章讨论了心理表征的理论，并在结语中对机械心灵观的局限性提出了一些质疑。因此，对心灵是否是计算机这个问题感兴趣的读者，可以只读本书的第三章和第四章。而对纯"哲学"问题更有兴趣的读者也许会希望阅读本书的第一章和第二章。我已经尽量在书中指出哪些讨论是比较复杂的和哪些内容是初学者可以跳过的。总体而言，第四章和第五章的内容会比前三章难一些。

在每一章的最后，我都提供了一些延伸阅读的建议。更具体的参考文献在书后的注释中列出，这些参考文献仅供希望进一步了解本书论题的学生使用，而理解本书并不需要阅读这些文献。

在过去几年里，我在伦敦大学学院授课和研讨中曾经使用过本书中的大部分材料，因此我非常感谢我的学生们给我提供的反馈。我也要感谢布里斯托大学、肯特大学和诺丁汉大学的听众们，本书第三章和第四章的早期文稿曾经在这些大学的课堂上讲授过。斯提芬·麦格拉斯（Stefan McGrath）为本书提出了宝贵的编辑建议，卡罗琳·考克斯（Caroline Cox）、斯提芬·考克斯（Stephen Cox）、弗吉尼亚·考克斯（Virginia Cox）、彼得·柯拉（Petr Kolár）、安德鲁·马耶尔（Ondrej Majer）、迈克尔·拉特列吉（Michael Ratledge）和弗拉基米尔·斯沃博达（Vladimír Svoboda）为本书某些章节的早期版本提出了许多有益的意见，罗杰·鲍德罗（Roger Bowdler）在绘图时为我提供了帮助，泰德·洪德里奇（Ted Honderich）在早期阶段给予了我慷慨的鼓励，我在此向他们表示由衷的感谢。我还要特别感谢

第一版序言

我的同事麦克·马丁（Mike Martin）、格雷格·麦卡洛克（Greg McCulloch）、斯科特·斯特金（Scott Sturgeon）和乔纳森·沃尔夫（Jonathan Wolff），他们为全书的倒数第二稿提出了详细而敏锐的见解，他们的见解使本书得到了大幅度的修改，使我免于许多疏漏。本书的倒数第二稿完成于布拉格，当时我正做客于捷克科学院的逻辑学系。我把最诚挚的谢意献给逻辑学系的彼得·柯尔（Petr Kolář）、帕维尔·玛特纳（Pavel Materna）、安德鲁·马耶尔（Ondrej Majer）、弗拉基米尔·斯沃博达（Vladimír Svoboda）和玛丽·杜济（Marie Duži），感谢他们的热情款待。

于伦敦大学学院
1994 年 11 月

第二版序言

我在第二版中做的主要修订有：用一个新的关于意识的章节替换了第一版的后记部分，在第四章和第五章中增加了关于模块性和进化心理学这两个新的小节，以及在书的末尾附上了术语统计和年代统计。此外，我还修正了一些文体和哲学方面的错误，更新了延伸阅读部分。自我写作本书开始，我在意向性上的观点在某些方面发生了一些变化。如今，我把意向主义的方法应用于所有的心理现象，就像我在 2001 年的专著《心灵的要素》(*Elements of Mind*)（Oxford University Press）中论述的那样。但是，除了对确实错误的地方进行了修正之外，我还是坚持没有在第一章中对意向性的阐述进行较大修改。

我非常感谢托尼·布鲁斯（Tony Bruce）对本书新版的热情支持，同时还要感谢卢德里奇出版社的读者们在那些没有署名的报告中提出的宝贵建议，以及内德·布洛克（Ned Block）、卡塔林·法尔卡斯（Katalin Farkas）、休·梅勒（Hugh Mellor）

第二版序言

和休·普莱斯（Huw Price）在第一版中提出的详细而富有批判性的意见。

于伦敦大学学院
2002 年 8 月

第三版序言

自本书首版以来的二十余年间,心灵哲学和认知科学发生了巨大的变化。然而,也还有很多内容依然如故。心理表征的本质、心理表征与心身问题的关系、意向性与意识的关系、计算心灵观的本质、常识心理学解释及其与心灵科学的关系——这些占据了本书大部分篇幅的问题仍然充满了活力。当前,关于思维语言的辩论似乎有所衰退,而且关于心理表征的还原论的讨论也近乎停滞。然而,这并不是因为有人最终发现这些问题不过是出自某个微小的错误或混淆;它们一如既往地真实存在着,希望我已在本书中展示出了这一点。

在本书第一版的导论中(现已被整合到这个版本的第一章)我曾写道,一位朋友(麦克·莱特里奇)曾评论,这本书取名为《机械的心灵》有点像把一桩谋杀悬案叫作"都是管家惹的祸"。然后,我接着说:"要是这个书名真的暗含了这层意思,那确实有些尴尬,因为这本书的主要目的是提出和研究问题,并非解决问题。"回头来看,我着实惊叹于这一回应的矫作不

第三版序言

实,因此我已将此句从这一版中删去。事实上,我十分钟爱这一书名,只是我不愿接受它的全部含义而已。近年来,我变得愈发胆大冒失,或者只是固执己见。现如今,我认为,如果我当时能对自己一直支持的非还原主义路线展开更为明确的辩论或许会更好(目前这些内容已在本书的第 12 章得到充分阐述)。毋庸置疑,卡尔·卡维尔(Carl Craver)是正确的,他认为[在《解释大脑》(*Explaining the Brain*)一书中]我是在更加宽泛的意义上使用"机械"一词的,它已超越了这个词语在历史或当下的含义。然而,这个书名在很大程度上表达了我所支持的观点,而且它已经固定了下来。因此,我希望读者们原谅我继续沿用此名,尽管它并不完全准确。

我依然信奉一种广义上的心灵因果论,因此也信奉这样的一种自然主义,即认为心灵是自然的一部分,并且不认为存在对其进行科学研究的先天障碍。这并不是说所有关乎心灵或人类的重要问题都是科学问题,况且我也没有在任何地方具体地论述过科学问题是由什么构成的。但是我的确相信心灵科学所研究的事物实际上也出现在威尔弗里德·塞拉斯(Wilfrid Sellars)所言的人类的"明显图像"(manifest image)之中。心灵哲学、心灵现象学和心灵科学并非全然研究不同的主题。这一路径就是我现在称之为"关于心理学的心理主义"的东西。然而,我的心理主义并非全盘接受本书所讨论的诸多观点,如内容的因果理论、心灵计算观和思维语言假说。

除了对第二版的内容进行全面修订并对文中错误进行勘正之外,第三版最大的变化就是章节数量翻倍,缩减了较长章节的篇幅，并增添了许多新的小节，而且还新增了一个关于外在主义以及延展认知观和生成认知观的全新章节（第11章）。此外，我还对一些内容进行重新编排，使其更加顺畅自然。作为对哲学文本的注脚——相当于那些令人困顿迷惑、偏离主题的哲学论争的书面形式——在更大范围内的抵制，我将它们全部从本书中删除，仅保留那些包含引文页码的脚注。最终，本书脚注的数量削减至原来的一半，取得了令人满意结果。本书延伸阅读部分也得到了更新和明显的扩充，并移至全书末尾。

得知本书在世界各地的本科生课堂中得到了成功的使用，我深感欣慰。希望本书新的结构框架能够更加方便课堂使用。更为短小的章节篇幅应该会更加有助于学生每周的阅读吸收，延伸阅读部分的书目也可作为有益的补充。

卢德里奇出版社的托尼·布鲁斯是一位乐于助人、富有洞见又极具耐心的编辑，这些年来与他共事非常愉快。感谢受卢德里奇出版社委托的五位匿名读者不吝为本书的新版方案撰写了大有助益的报告，我采纳了其中的大部分建议，同时也感谢卢德里奇出版社的亚当·约翰逊（Adam Johnson）如此高效地管理本书的出版流程。我与妻子卡蒂·弗拉卡斯（Kati Frakas）的对话帮助我解决了书中讨论的许多哲学问题，她已出版的著作对本书第11章的影响是有目共睹的，望所有读者知晓。

剑桥大学彼得学院

2015年5月

致我的父母

1 机械心灵导论

1.1 机械世界的图景

本书是关于心理表征的哲学问题。心灵何以能够表征事物？思维、经验、欲望、意愿以及其他所有的心理状态何以能够表征其他事物？例如，我对尼克松访华的信念与尼克松和中国有关，但是我的心理状态何以能够"关于"尼克松或者中国？我的心理状态又怎能将心灵自身直指尼克松和中国？心灵表征某事物，这究竟意味着什么？就此而言，某事物（无论是心灵与否）表征其他事物又意味着什么？

这个问题被当代的哲学家称为"意向性问题"，它有着古老的起源。然而，心灵哲学以及语言学、心理学和人工智能等相关学科的最新发展把这个古老的问题以新的方式再次提出来。举例而言，计算机能否思考就被认为是一个与意向性紧密相关的问题。而是否存在"思维的科学"，即心灵能否用科学解释，抑或心灵是否需要其自身独特的非科学的解释模式，这些也与意向性问题关系密切。我们将会看到，对这个问题的全面回答取决于心理表征的本质。

为了回答这些问题，哲学家做出了许多尝试，而隐藏在这些最新尝试背后的东西就是我所说的"机械的"心灵观，或简称"机械的心灵"。这一观点认为心灵是一个因果装置，是自然有机体的一个自然部分，它以一种传统的、常规的方式运行。表征之所以成为一个问题，其原因在于我们很难理解为什么仅仅一种机械装置或机器就能够表征世界，也就是说机械状态何以能够"触及外部世界"并且将自己直指外部世界。本章将通过梳理这个观点的起源来丰富我在后面对机械心灵观的讨论。

心灵是一种自然机制的观点源于将自然本身视为一种机制的看法。因此，要理解这种心灵观，我们就需要极其简要地了解一下这种自然观。

现代西方对世界的看法可以追溯到十七世纪的"科技革命"以及伽利略、培根、笛卡尔和牛顿等人的思想。在中世纪和文艺复兴时期，世界被认为是一种有机的形式。地球本身被构想成一个有机体，列奥纳多·达·芬奇的这段话生动地描述了地球的样子：

"我们甚至可以说地球拥有一个充满生机的灵魂，陆地是她的皮肉，岩石是她的骨架……大海是她的血液，海洋

1 机械心灵导论

的潮落潮涨是她的呼吸和脉搏。"[1]

这种被我们称为有机世界的图景，大量出现在亚里士多德的著作中。亚里士多德是迄今为止对中世纪和文艺复兴时期的思想影响最大的哲学家（事实上，他的影响之巨以至于人们常常将他以"大哲学家"相称）。在亚里士多德的世界体系中，每种事物都有其自然的"位置"或者状态，事物做什么事情完全是其本质的状态和要求使然。同有机物一样，无机物也是如此——石头落地是因为它的自然位置在地上，火焰上升是因为它的自然位置在天空，等等。宇宙中的每种事物都有其归宿或目的，这与上帝是主宰世界的终极力量的宇宙观完全一致。

而到了十七世纪，这种观念开始分崩离析。一个重要的变化就是亚里士多德式的解释方法被一种机械的或机械论的解释方法所取代，即从根据"归宿"和本质解释事物转变为根据运动中物质有规律的确定性行为解释事物。人们认识世界的方式不再是研究和阐释亚里士多德的著作，而是采用观察和实验的方法对自然界的数量和相互关系进行精确的数学测量。用数学测量的方法对世界进行科学的理解是这种新的"机械世界图景"的核心要素之一。伽利略曾说过这样的名言：

"宇宙这本大书……只有先通晓其构成的语言和字母才能读懂。它是以数学的语言书写的，它的文字就是三角形、

---

[1] 彼得·伯克（Peter Burke）:《意大利文艺复兴》（*The Italian Renaissance*），polity 出版社（Polity Press）1986 年版，第 201 页。

圆形以及其他几何图形。要是没有这些的话，以人的能力可能一个字都理解不了。"[1]

世界的状态可以通过精确的数学等式或自然规律去测量和理解，正如我们当前所知道的那样，这个观念是物理科学发展的关键所在。简而言之，我们可以说，按照机械世界图景，事物做什么事情不是因为它们要尽力回到其自然的位置或归宿，也不是因为它们要服从上帝的意志，而是因为它们要按照与自然规律相符的特定方式运动。

从最一般的意义上讲，这就是我所说的机械自然观。当然，"机械"这个词在过去——而且在现在某些时候——依然有着更为具体的含义。比如，机械系统曾经被认为是一些只能通过接触而相互作用的系统，并且是决定性的。而后来科学的发展——例如牛顿物理学的万有引力定律说明事物显然可以在一定距离上相互作用，基本物理过程可以是非决定论的——在其特定意义上可以反驳机械世界图景。但这些发现并没有动摇这个按照自然法则和规则运行的因果世界的整体面貌。我在本书中将在更为普遍的意义上使用"机械"这个概念。

在中世纪和文艺复兴时期的"有机"世界图景中，无机物被认为是基于有机物的。"动物"构成了这个世界，每个事物都因其与"动物"的协调工作而有其自然的位置。但是在机械

---

[1] 伽利略（Galileo）:《伽利略的发现与见解》(*The Assayer in Discoveries and Opinions of Galileo*)，斯蒂尔曼·德雷克（Stillman Drake）编，道布尔戴出版公司（Doubleday）1957年版，第237—238页。

世界图景中，情况则相反，有机物被认为是基于无机物的。每个事物，无论它是有机物还是无机物，其行为都是由其他事物依照那些能用精确的数学公式描述的原理引起的。勒内·笛卡尔（1596—1650）曾以下述观点著称于世，人类以外的动物都是机械，它们没有任何意识或思维：他认为动物的行为完全可以从机械的角度解释。同时，随着机械世界观的发展，钟表取代了动物，成为占有主导地位的隐喻。如朱里安·拉·梅特里这位十八世纪的机械心灵观的先驱者写道："身体不过是一架钟表……人类不过是一堆相互缠绕的弹簧。"[1]

所以直到二十世纪中叶，生命自身的本质是什么依然是机械世界图景的一个巨大谜题就不足为奇了。很多人认为，一定有一个关于生命的机械解释尚待发现——1651年，托马斯·霍布斯曾经自信地宣称"生命不过是肢体的运动"[2]——而唯一的问题就是把它揭示出来。

渐渐地，对于生命何以是一个纯粹的机械过程，我们有了越来越多的发现，1953年沃森（Watson）和克里克（Crick）对DNA结构的发现将此推向了高潮。现在，似乎有机体自身的繁殖能力原则上也可以用化学术语来解释，而有机物可以根据无机物来解释。

---

1 朱里安·拉·梅特里（J. de la Mettrie）：《人是机器》（*Man, the Machine*），1748年，伯西（G. Bussey）译，公开法庭出版社（Open Court）1912年版。

2 托马斯·霍布斯（Thomas Hobbes）：《利维坦》（*Leviathan*），1651年版，绪论，第1页。

1.2 机械世界的图景与人类心灵

如果是这样的话，心灵被放置在了什么地方？尽管笛卡尔非常乐意把动物看作机器，但他却不同意对人类的心灵做同样的处理。虽然他确实认为心灵（或灵魂）对物理世界有影响，但他却将心灵排除在物质的机械世界之外。然而在后来的几个世纪中，许多机械论哲学家并不接受笛卡尔的这种独到的观点，因此，他们在解释心灵在自然中的位置时面临着巨大的挑战。而如何用机械论术语去解释心灵依然是机械世界观的一个难题。

正如对生命的机械论解释那样，许多人认为心灵也会存在一个这样的解释。十八、十九世纪唯物主义者的口号就是例示这种观念的极好例子。"大脑拥有思考的肌肉就像腿拥有行走的肌肉一样"，这是拉·美特利的精彩言论；哲学家卡尔·沃格特也曾高呼，"大脑分泌思想如同肝脏分泌胆汁一样"。[1] 当然，这些只不过是唯物主义者的口号而非实质性的理论。

那么，心灵的机械论解释会是什么样子呢？在最近四十年的哲学发展中，一个影响深远的观点是，对心灵的解释将会牵涉到对心灵实际上就是物质的证明。心理状态实际上只是大脑的化学状态。这种唯物主义（或者"物理主义"）的观点通常

---

[1] 朱里安·拉·梅特里（J. de la Mettrie）的言论引自《人是机器》(Man, the Machine)；卡尔·沃格特（Karl Vogt）的言论引自约翰·巴斯摩尔（John Passmore）的《哲学百年》(A Hundred Years of Philosophy)［企鹅出版社（Penguin）1968 年版，第 36 页］。

1 机械心灵导论

基于这样一个假定,即对某事物的完全解释最终要从物理学的角度进行。也就是说,物理学之外的科学都必须得到物理学的证明——所有科学都必须还原为物理学。一般而言,这意味着物理学以外科学的内容都一定是从物理学推导出或者派生出的(而且,"桥接"原理把物理概念和非物理概念连接起来)。因此,任何可以被科学解释的事物都能用物理学来解释。这种观点有时也被称为"还原论",就是卢瑟福(Rutherford)令人难忘的妙语"所有的科学不是物理学,就是集邮"的含义。[1]

这种极端的还原论的确令人难以置信,科学实践是否真的与之相符也有待商榷。实际上,只有极少数的非物理科学可以在这种意义上被还原为物理学,并且未来的科学似乎也不会致力于把所有的科学还原为物理学。如果未来的科学要发生什么变化的话,那么它似乎会变得更加多样化而非统一化。为此(还有其他原因),我认为我们可以把一般的观点,即心灵可以从机械论的角度解释(或者可从其他科学的角度进行因果性解释),和比较极端的还原论观点区分开。我们可以认为存在一门关于心灵的科学,而同时不必相信这门科学必须要还原为物理学。我还会在本书的许多地方(第 4 章和第 12 章)再次回到还原论和物理主义。但是应当立即指出的是,即便最为合理的物理主义版本也没有说过所有的科学都能在刚才所言的意义

---

[1] 引自克里斯托夫·朗格特-希金斯(Christopher Longuet-Higgins)的"还原主义的失败"("The failure of reductionism")[载朗格特-希金斯等人主编:《心灵的本质》(*The Nature of Mind*),爱丁堡大学出版社(Edinburgh University Press),第 16 页]。

上还原为物理主义。一个更加合理的物理主义版本只会认为所有事实均由基本的物理事实确定。这个情境会有所帮助：假想上帝正在创造世界，然后你问自己，上帝是如何把世界创造成这个样子的呢？物理主义答曰，上帝只要创造出这个世界基本的物理性质即可，其他所有的事物将会"无偿"（for free）地形成，因为它们是由世界的物理性质决定的。表述这一学说的哲学术语是"随附性"（supervenience）：所有事物都"随附于"（supervene）物理世界。而至于是否所有事物都可以由物理学解释，这一学说并没有给出任何暗示。

本书并非关于物理主义。我的许多观点与物理主义兼容并立，但是物理主义就其本身而言却无法直接回答我在本书中竭力回答的问题。原因在于，我对理解心灵——尤其是心理表征——是如何被解释的充满兴趣，而只说心灵就像其他所有事物一样，依附于物理世界并没有解释心灵是如何工作的。我所言的对心灵的机械解释必须（至少）要论证心灵何以是因果世界的一部分，即哲学家们所言的"因果序列"或世界的一部分。而对心灵的机械解释必须要做的另一件事情是详细地描述心灵的因果性规则。也就是说，心灵的机械解释承认心理学中存在某种如同自然规律一样的东西。正如物理学发现了统治非心理世界的规律一样，心理学也发现了支配心灵的规律：在这幅机械图景中，可能存在一种心灵的自然科学。

尽管这一观点在很大程度上为多数心灵哲学家所接受，但是它在许多心理现象的应用中却问题重重。有两类现象成为机械心灵观的障碍：意识现象和思维现象。因此，近年来有两个问题得到了心灵哲学的关注：第一，一个纯粹的机械装置如何可能拥有意识；第二，一个纯粹的机械装置何以可能思考并且表征事物？本书的主题来自第二个问题：思维（或称意向性）和心理表征问题。因此，本书的大部分章节是关于这个问题的。然而，对于机械心灵进行全面的解释也需要对意识问题作出一些说明：如果机械心灵论无法解释最基本的心理现象，那么它就不能被称为完整的心灵理论。我将在最后一章论证这一问题。然而，我并不认为意识现象和意向性可以被明确地区分开来，这一观点将会随着本书内容的展开而愈加清晰。因此，在意向性中讨论过的诸多内容还将会在意识的讨论中延续。

1.3 内容简介

本书的 13 个章节应按顺序阅读，尽管我在文中指出某些内容可以跳过。本书从表征的基本问题入手（第 2 章），继而进入心理表征的讨论（第 3 章）。这将我们引向如何从常识的和非科学的视角（第 4 章），以及科学的视角（第 5 章）理解心灵的问题。第 6 章解释关于计算机的基本概念，第 7 章讨论计算机能否思考。在对这一问题给出否定的回答之后，我们进而思考我们心灵的所有机制是否都是计算的（第 8 章）。计算预设了表征，那么机械心灵该如何解释表征呢？第 9 章、第 10 章和第 12 章将探讨这一问题。第 13 章讨论意识问题。第 11 章有些离题，外在论、延展心灵观和具身/生成心灵观是否是对机械的心灵的反驳？抑或是为之提供了一种激进的选择？我认为并非如此。

2 表征之谜

2.1 表征之谜

7 1972年美国航空航天局发射了先驱者10号航天探测器探索太阳系，他们在探测器的机舱放置了一块刻有各种图像和符号的金属板。金属板上的一部分刻着氢原子的图像，而另一部分刻着一张按照我们太阳系里行星的大小比例所画的图像，这张图像表示的是先驱者10号所来自的星球。金属板上最大的图片则是一张画着一对裸体男女的素描画，画中的男子举起右手表达问候。此举背后的想法是，当先驱者10号最终飞出太阳系之后，它会在太空中进行一场漫无目的的旅行，也许在数百万年之后它会被某种外星生命形式发现，也许这些外星人具有智能，能够理解这些图像，能够辨识出我们科学知识达到的程度，进而意识到我们向他们（无论他们是谁）表达和平的意图。

2 表征之谜

在我看来这个故事中不乏一些极为幽默的成分。假设先驱者 10 号能够到达某个遥远的星球。同时,再假设这个星球有一个具备生存条件的行星。再假设这个行星上的一些生命形式具有智能,并且拥有某种能够感知航天器中金属板的感觉器官。这是不太可能的。但是,即便我们可以作出这些不太可能的假设,要让外星人能够理解金属板上符号的含义,这难道不会更加令人感到不可思议吗?

先设想一下那些他们必须要理解的事情。他们要先明白金属板上的符号是符号——也就是说它们代表事物,而不是金属板上随意的划痕或装饰。搞清楚了这些是符号之后,外星人还要理解这些是什么类型的符号。比如,氢原子的图像是抽象的科学图示而非图画。然后,他们还要知道这些符号象征了什么,男性和女性的图像象征的是生命形式而非化学元素,太阳系的图像象征的是我们在宇宙中的位置而非航天器设计者的样子。或许最为荒谬的是,即使他们能想出这张画着男人和女人的图像是怎么回事,那么他们还要弄明白举起的手是和平的问候而不是侵略、厌烦或者蔑视的意思,抑或这只不过是身体的这一部位所处的正常位置。

当你想到这些的时候,难道你不觉得让想象出来的外星人理解这些符号的含义是比让宇宙飞船登陆一个存在智能生命的行星更加难以实现的事情吗?

我认为,这个故事讲述的是一个关于哲学的问题,或者是一个关于表征的困惑。金属板上的图像和符号代表原子、人类和太阳系这些事物,而这则故事显示的是我们对符号何以可能表征这些事物的困惑。因为只要我们站在外星人的角度，我们就会发现仅仅观察这些符号，我们无法知道它们到底代表什么。即使再细致入微的观察也无法让我们明白金属板上的一些记号代表的是男人和女人，而另一些记号代表的是氢原子。金属板上的记号可以有许多理解方式，但是这些记号本身似乎无法告诉我们该如何理解它们。路德维希·维特根斯坦的哲学主要是关于表征问题，他曾简明扼要地讲："每个符号本身都是死的，是什么赋予了它生命？"[1] 简而言之，表征的哲学之谜就是，一个事物表征其他事物是如何可能的？这样的表述似乎使这个问题看起来有些晦涩，或者让我们难以理解这个困惑究竟是什么。原因之一在于表征是我们生活中耳熟能详的事实。口头和书面语言、图像、标志、手势和面部表情都可看作表征，它们是我们日常生活的组成部分。直到我们开始去反思诸如先驱者10号之类的故事时，我们才意识到表征问题是多么令人费解。我们的话语、图像、表情等都表征着、代表着、指称着或意味着一些事情，但这一切是怎样发生的呢？

一方面，对我们而言，表征自然地呈现在我们面前。我们相互交谈时，或者端详一张图片时，被表征的事物通常是即刻显现在我们的大脑中，无需我们冥思苦想。但是另一方面，语词和图片不过是一些物理模式：空气中的震动、纸张上的记号、石头、塑料、胶卷或者（像先驱者10号中的）金属板。以

---

[1] 维特根斯坦（Wittgenstein）：《哲学研究》（*Philosophical Investigations*），布莱克韦尔出版社（Blackwell）1953年版，第432节。

2 表征之谜

语词为例,众所周知,并不是词语的物理模式使它们表征自身的意义。有时候,儿童可以一遍遍地重复某些词语,一直到这些词语最后好像"失去"了它们的意义为止,这时他们就会觉察这个事实。任何学过外语的人都会发现,无论词语在我们自己的语言中看起来是多么地自然,它们自身都是没有意义的。或者如哲学家们所言:它们在"本质上"是没有意义的。

一方面,表征看起来是自然的、自发的,而且是毫无疑问的;然而另一方面,它似乎又是不自然的、想象出来的,而且神秘莫测的。就像(举例来说)时间、真理、存在这些概念一样,表征的概念也呈现出一种令人困惑的哲学特点:在我们生活中看起来显而易见的东西,一经反思,就会变得奥妙无穷了。

表征的哲学问题是本书的主题,也是当前心灵哲学的核心问题之一。许多其他哲学问题都围绕这个问题展开,比如心灵在自然中的位置、思维与语言的关系、我们相互理解的本质、意识问题以及会思考的机器的可能性。所有这些问题都会在本书中触及。某些对表征问题的解决看似清楚无误,实则引出了更多的问题,本章的目的就是指出这些事实以帮助读者对这一问题获得更清晰的认识。

2.2 表征观念

我先来讲一些与表征观念相关的非常基本的事实。我们先说一个显而易见的事实:一个表征就是代表了某个事物的东西。我并没有说表征是用某些事物去代表另一些事物,因为一个表征也可以代表它自身（举一个著名的哲学例子，"这个句子是假的"叫作"谎话悖论"句，它代表的就是被引用的这个句子本身）。但是，一般情况下，一个事物（即表征本身）代表另一个事物（我们可称其为表征对象）。因此，我们可以提出两个问题，一个问题是关于表征的本质，另一个是关于表征对象的本质。

那么，哪些事物可以作为表征呢？我提到过的词语和图像或许是最明显的例子。当然，还有许多其他类型的事物。先驱者10号里金属板上的氢原子图既不是一堆词语也不是一张图片，它代表氢原子。15、23、1001等这些数字代表数。数字也可以表示其他事物。例如，数字可以表示物体的长度（以米或英尺为单位），一组表示色度、饱和度和亮度的三个数字可以代表一个特定的色系。电脑里的数据结构可以表示文档、数字或图像，树的年轮可以代表年龄，国旗可以代表国家。政治示威可以表示侵犯，一支乐曲可以代表压抑难忍的忧愁心境，花朵可以代表悲伤，一个眼神或一个面部表情可以表示愤怒。而且，我们还将看到，信念、希望、欲望或期待等心灵状态几乎可以表征任何事物。

有太多的事物可以作为表征，我们用几本书的篇幅也讨论不完。当然，我也不会这么做。我将主要关注语言和思维中一些简单的表征。例如，我会去讨论我何以可能用一个词语去代表一个特定的人，或者我何以可能思考（谈论）一只狗。我关注这些简单的例子是因为即使在最简单的例子里也存在着关于表征的哲学问题。在这个阶段，使用更加复杂的例子，如一首

2 表征之谜

乐曲如何能够代表一种心情,只会把这个原本就十分困难的问题变得更加麻烦重重。但是,忽略这些复杂的例子并不意味着我认为它们无足轻重或者毫无趣味。

现在回到我们的第二个问题:哪些事物可以作为表征对象?很明显,答案是几乎任何事物都可以成为表征的对象。词语和图像可以代表一个物体,如一个人或者一座房子。它们也可以代表一个物理对象的特征或属性,如一个人的身材或一栋房子的颜色。句子,如"有人在我的房子里",可以表征事实、情景或事态:在这个例子中,事实就是有人在我的房子里。非物质对象也可以被表征:如果数是存在的,那么它们显然不是物质对象(在物理世界中哪里有数字 3 的位置呢?)。词语、图像、音乐、面部表情等表征可以用来表示情绪、感觉和情感。同时,表征还可以表示不存在的事物。我可以思考——表征——独角兽、巨龙和最大的素数。这些东西都不存在,但它们都可以作为表征的"对象"。

最后一个例子显示了表征的一个奇特之处。从表面上看,"X 表征 Y"这个表达暗示了表征是指两个事物之间的关系。通常,两个事物之间的关系隐含着这两个事物是存在的。以亲吻这种关系为例,假如我亲吻圣诞老人,那么圣诞老人和我必须都是存在的。而圣诞老人不存在的事实则解释了我为什么无法亲吻他。

然而,表征却并非如此。假如我思考圣诞老人,我因此表征他,但是这并不能推出圣诞老人是存在的。圣诞老人的不存在让我无法亲吻他,但却并不会阻碍我表征他。从这个角度看，表征似乎和别的关系非常不同。后面我们将会看到，许多哲学家都认为表征的这个特点是其本质的核心内容。

因此，我们有各式各样的表征，也有各式各样的表征对象。我们如何能够进一步理解表征呢？这里我们可以提出两类问题。

第一，我们可以问某种特定类型的表征，例如图像、词语或诸如此类的事物，是如何表征对象的。我们想知道究竟是什么东西使这些事物扮演了表征的角色（比如一幅插图，我在下文提出的一个观点是，图像可以通过其相似性而表征事物）。显然，我们不会认为对一种表征形式的解释必然适用于其他所有的表征形式。比如，图像和音乐的表征方式就是不同的。

第二，我们可以问是否某种特定类型的表征比其他类型的表征更基础或更根本。也就是说，我们是否可以用一些表征来解释某些特定类型的表征。例如，当前哲学的一个问题就是我们能否用心理状态的表征力来解释语言是如何表征的，或者说我们是否需要用语言来解释心理表征。假如存在一种比其他表征更为基本的表征，那么我们显然正在把对表征的整体认识向前推进。

我的观点是，心理表征——用心灵状态表征世界——是表征的最基本形式。要考察这个观点的合理性，我们需要简单地了解一下图像表征和语言表征。

2　表征之谜

2.3　图像与相似性

从表面上看，图像表征似乎比其他表征形式更加明确直接。因为"狗"这个词本身并不包含任何固有的东西使其可以表征狗，但是一张狗的图片上肯定有某种固有的东西使其可以表征狗，这就是图片看起来像什么。狗的图片看起来和狗的样子很像，也就是它在某些地方和狗相似。它们之所以相似是由于其自身固有的属性，即大小、颜色等。也许一张图片能够表征其对象正是因为它画得像这个东西。

图片通过建立与表征对象的相似性而进行表征，这一观点可以回答上文提到的第一类问题：一种特定的表征是何以可能成为表征的？答案是图像通过相似性来表征对象（这个答案接下来可以作为回答第二个问题的基础，这就意味着所有其他形式的表征可以依据图像表征来解释。然而，你将在下文中看到，这种观点是没有希望的）。我们可以把这个观点称为"图像表征的相似性理论"，或者简称"相似论"。为了更准确地讨论相似论，我们需要使用一些基本的哲学术语（具备一定哲学基础的读者可跳过后面三个段落）。

哲学家们区分了两种条件，在这两种条件下，一个命题的真值取决于另一个命题的真值。他们把这两种条件称为"必要"条件和"充分"条件。一个特定的命题 A 是另一个命题 B 的必要条件的意思是仅当 A 为真时，B 才为真。简单地讲，A 不为真，那么 B 也不会为真，所以 A 为真对 B 为真来说是必要的（即需要、要求）。

A 是 B 的充分条件的意思是，如果 A 为真，那么 B 也为真。直观地说，A 为真保证了 B 为真，或者 A 为真对 B 为真是充分的。A 是 B 为真的充分必要条件的意思是，如果 A 为真，那么 B 为真，同时如果 B 为真，那么 A 也为真（有时也表述为"A 为真当且仅当 B 为真"）。

我们可以举例来说明这种区分。假如我在伦敦，那么我就在英格兰。所以我在英格兰是我在伦敦的必要条件：如果我不在英格兰，我是不可能在伦敦的。同样，我在伦敦是我在英格兰的充分条件：我在伦敦能够满足我在英格兰的要求。但是我在伦敦很显然不是我在英格兰的必要条件，因为除了伦敦之外，我在英格兰其他的地方也可以叫作在英格兰。同理，我在英格兰也不是我在伦敦的充分条件。

而相似论就是把图像和其表征事物之间的相似性作为图像表征的依据。我们可以用必要和充分条件更加精确地表达出这个依据，一张图像（称之为 P）表征某个事物（称之为 X）当且仅当 P 与 X 相似。也就是说，P 和 X 之间的相似性是 P 表征 X 的充分必要条件。

用这种方式来解释相似论显然比刚开始模糊的陈述精确了许多。但不幸的是，这种更为精确的陈述方式不过是把其中的问题暴露了出来。首来，让我们来分析一下相似性可能是图像表征的充分条件这个观点。

说相似性是表征的充分条件的意思是，假如 X 与 Y 相似，那么 X 表征 Y。我们首先应该想到的是，"相似"是一种很模糊的东西。因为，在某种意义上，几乎每个事物都与其他事物相似。这里的某种意义是指，与某个事物相似就是拥有一些和它相同的特征。那么，在此意义上，我不仅与我的父母相似，因为我和他们长得像；而且还与我的桌子相似，因为我们都是物理对象；甚至我和数字 3 也相似，因为我们都属于这种或那种事物的对象。然而，我却并不表征其中的任何一个事物。

如果我们要把相似性当作表征的基础，我们就需要界定一个事物是以哪种方式或者在哪些方面与另一个事物相似。但是请注意，假如我们说，如果 X 在某个方面类似于 Y，那么 X 表征 Y，这也是没有用的。因为我在某些方面与我的父亲相似，如性格特征，但是这并不能使我成为他的表征。显然，我们并不想增加新的限定，即如果 X 在某些方面表征 Y，那么 X 必须要在这些方面与 Y 相似。因为这会使相似理论陷入循环论证且言之无物：如果 X 在表征 Y 的某些方面与其相似，那么 X 表征 Y。这个命题或许为真，但是它却不能用来分析表征观念。

把相似性作为充分条件还存在一个更深层次的问题。假如我们具体说明某个事物在某些特定的方面与其他事物相似。比如，有一张拿破仑的图片，它可能在面部表情、身体比例、胳膊的独特位置等方面与拿破仑本人相似。然而，关于相似性似乎存在一个显而易见的事实，那就是假如 X 与 Y 相似，那么 Y 也与 X 相似（哲学家说相似性是一种对称关系）。假如我在某些方面像我父亲，那么我父亲在某些方面也像我。但是这并不能转移到表征问题上。如果这张图片与拿破仑相似，那么拿破仑也与这张图片相似。然而，拿破仑却并不能表征这个图片。

因此，如果要避免把每张图片上的对象本身作为这个图片的图像表征的话，我们就不能把相似性当作图像表征的充分条件。

最后，我们应该考虑到每个事物都与其自身相似这个明显的事实（哲学家说相似性是一种反身关系）。如果相似性被认为是表征的充分条件，那么我们就可以推出每个事物都可以表征其自身。然而，这是荒谬的。这个图像表征理论把每个事物都变成了其自身图像的表征，我们不应该对这样的理论感到满意，它完全将图像表征理论简单化了。

因此，把相似性作为图像表征的充分条件是不可行的。但这意味着相似论的失败吗？并非如此，因为相似论者可能会说，虽然相似性不是充分条件，但它是必要条件。也就是说，假如图像 P 表征 X，那么 P 在某些方面与 X 相似，但反之并不成立。对于这一观点，我们可以得出什么结论呢？

表面看来这似乎是有道理的。假如一幅肖像表征英国女王，那么它当然必须在某些方面与她相似。毕竟，一幅肖像就是要"画得像"。但是，这个观点同样存在问题。因为一个图像当然可以表征某个事物，即使这个图像并不是那么像它。二十世纪的许多艺术作品都属于具象派，但这并不意味着它们是以相似性为基础的（想想立体派艺术家的作品）。漫画和示意图，比如人物线条画，通常与它们所表征的事物不是很相像，但我们仍然可以毫不费力地辨认出它们所表征的事物。一幅英国女王的漫画与英国女王的相似性比另一个人的细致画像与英国女王的相似性低得多，但是这幅漫画仍然是英国女王的画像。维特根斯坦说："使一张图片成为肖像画的并不是相似性（也许它

2 表征之谜

与一个人极为相像,但却是另一个与它没那么相似的人的肖像画)。"[1]

那么,多大程度的相似性才可以作为表征的必要条件?或许可以回答说图像和它所表征的事物之间只需要具有某些相似性,尽管这一表述并不精确。也许相似性的条件可以放宽到将立体派艺术作品中的表征也包含在内的程度,这样做是没有问题的。但是,现在相似性的观点并没有像它在先前的理论中那样发挥很大的作用。如果一张示意图(比如某些公司商标上用的那种图)只需要在最低限度上与它所表征的事物相似,那么很难想象"如果一个图形表征 X,则这个图形必须与 X 相似"这个命题可以在多大程度上解释这件事情。因此,即使一个图形与它所表征的事物相似,但是除了相似性之外,一定还有其他因素进入表征并使表征成为可能。

我并没有否认通常情况下图像确实与它表征的事物相似。它们显然具有相似性,这也许部分地解释了图像何以成为图像的原因(与句子和图表相反)。我的疑问是,相似性这个观点能否很好地解释图像是如何表征的。相似性是图像表征的必要条件这个观点可能是正确的,但问题是,"还有其他的东西使一个图像可以表征事物吗?"

这里需要强调的一点是,图像通常是需要解读的。例如,在西斯廷教堂里米开朗基罗的《末日审判》中,我们看到灵魂

---

[1] 维特根斯坦:《哲学语法》(*Philosophical Grammar*),布莱克韦尔出版社(Blackwell)1974 年版,第五章。

在地狱中痛苦地挣扎，好像走到了生命的尽头一般，基督举手宣判，他不朽的形象就在他们的上方。为什么我们不把这看成仁慈的基督举起手臂迎接那些脱离深渊的灵魂呢？基督亲切地鼓励他们说："嘿，上来吧！这里更美好。"（还记得先驱者10号的金属板上举手问候的图像吗？）虽然可以，但我们却不会这样做。因为我们是依据我们为之设定的假设来看这幅图像的——我们可以大概称之为图像的"语境"。我们知道这是一幅末日审判的图画。在末日审判中，一些灵魂会受到永恒的惩罚，基督是裁判，等等。这部分地解释了为什么我们以自己的方式去看这幅画，即我们对它的解读。

我们可以用维特根斯坦的一个例子来说明这个观点。[1] 试想有一张简笔画，上面画着一个挂着拐杖上坡的老人（图1）。是

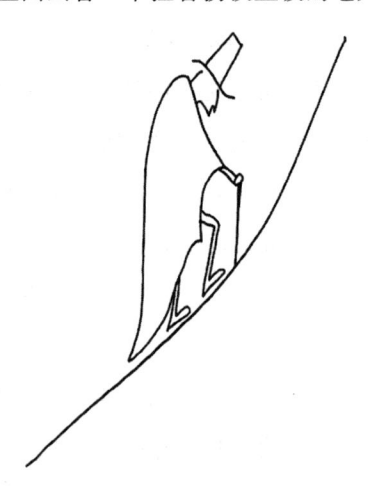

图1 拄杖的老人

---

[1] 维特根斯坦：《哲学研究》(*Philosophical Investigations*)，第54页。

2 表征之谜

什么让我们认为图画中的人是在上坡,而不是在缓缓地滑下坡呢?并不是图像上的东西,而是我们日常生活经验中习以为常的东西和我们看这类图片所习惯的语境使我们以这种方式而不是其他的方式去看这幅画。我们必须在这个语境下去解读图像——图像并不会自我解读。

我并不打算继续研究相似理论或者图像的解读,我在此提及它是为了要说明相似理论对于图像表征的解释是多么地乏力。现在我想做的是简单地讨论一下我在本节末尾提到的第二个问题,并把它运用于图像表征。这个问题就是:试想我们有一个完整的图像表征理论,那么我们是否可能根据图像表征去解释其他所有的表征形式呢?

答案是"不可能",原因有很多。我们已经注意到的一个原因是:通常,图像是需解读的,如果要用另一个图像去解读它的话,这是毫无用处的,因为这个图像同样需要解读。然而,尽管答案是"不可能",但对图像表征局限性的研究可以使我们对表征的本质有更多的了解。

一个简单的例子就可以说明这一点。假设我对你说:"如果今天下午不下雨,我们就去散步。"这是一个非常简单的句子,是一个语言表征。但是假如我们想用图像表征去解释所有的表征,那么我们就需要用图像来表达这个语言表征。我们该怎么做呢?

或许我们可以画出一张我和你在一个无雨的场景中散步的图像。但是,我们该怎么画"今天下午"呢?我们不能在图像里画一个钟表。要记住,我们正努力把所有的表征都还原为图像,并且钟并不能通过画的方式来表征时间(事实上"画"时间并没有什么意义)。

然而,第一张图像之所以不正确还有一个更深层的原因,它不过是我和你在一个无雨区域中散步的图像。而我们想表达的是两个观念之间特定的组合和关系:第一个观念是天没有下雨,第二个是我和你在散步。因此,我们也许应该画两张图像:一个是不下雨的场景,另一个是我和你在散步。但是这也不对,因为这两张图像怎能表达如果天不下雨那么我们就去散步的意思呢?为什么我们不能认为这两张图像只表征一个无雨的场景和我与你去散步呢?或者为什么它不能表示要么我们去散步,要么天不下雨呢?当我们力图用图像表示……和……,如果……那么……,以及要么……要么……之间的区别时,我们的脑中完全是一片空白。我们似乎对此无能为力。

有一个重要的东西,图像是无法做到的,那就是表示两个观念之间的某种关系。例如,它们无法表示我们用"如果……那么……""……和……""要么……要么……"和"要么不……要么不"这些语词表达的关系(为什么不能?无雨的图像很可能和晴天的图像是一样的——那么我们怎样用图像表达此场景就是无雨场景这个观念呢?也许可以画出雨然后再在它上面打个十字叉——就像"禁止吸烟"标志上的十字叉一样——可是我们又用到了非图像的东西:十字叉)。至少因为这个原因,用图像表征去解释其他形式的表征或者把其他形式的表征还原为图像表征是不可能的。

2.4 语言表征

有时候一张图片能顶千言万语，而有时千幅图画也不能表示我们用词句表达的事物。那么我们是如何用词句表达事物的呢？

有一种自然的观点是："词语不是以任何自然的方式表达事物，而是以约定的方式表达。讲某种语言的人们之间有一个约定，他们使用的词语在彼此间的意义是相同的。当他们同意或趋同于这一约定时，他们就可以沟通，反之则不然。"

难以否认的是，词语所表达的内容至少在某些方面就是一种约定。但确切地讲，约定是什么呢？想一想"dog"这个英文单词。讲英语的人约定用"dog"这个词表示狗，而且只表示狗（只要他们说的是"dog"的字面含义，而且只要他们是在说真话），这就是约定吗？如果是这样的话，那约定就很难用来解释表征了，因为我们把约定说成是"用'dog'这个词来表征狗"。由于在说明约定的时候使用了表征的概念，那么理所当然约定不可以解释表征（再次声明，我并不是说约定和语言表征无关，而问题在于，是什么使约定可以自我解释）。

另一种相同的自然观点认为，词语以约定俗成的方式与思考者想要用这些词语表达的观念联系起来，词语就是以这种方式进行表征的。按照约定方式将"dog"这个词语和它的观念相结合，"dog"就表达了狗的观念。这种理论在哲学上历史悠久，至少可以回溯至托马斯·霍布斯（1588—1679），尤其是约翰·洛克（1632—1704），他将这种观点说成是"可感知的观念"[1]。

观念是什么？有些哲学家认为它们是心理图式或心灵图像之类的东西。有一种基于这一观点的理论，那就是当我使用"dog"这个词的时候，我头脑中就有一个关于狗的心理图式与之关联。约定将词汇"dog"与我头脑中的观念联系起来，正是基于这种联系词汇"dog"可以表征狗。

这个理论有很多问题。首先，我头脑中的图像是某个特定的狗的图像吗，比如一只叫菲多的狗？如果是这样的话，为什么我们会认为"dog"这个词指的是狗，而不是菲多？此外，很难想象一般情况下"dogness"的心理图式应该是什么样子的。而且即使观念的心理图式理论可以在某种程度上解释这个问题，但它还是会面临上一节末尾提到的那个问题。虽然有许多词语能够与心理图式关联，但依然还有很多词语无法和心理图示关联，这就是我们力图用图像去解释和、或、否和如果这些概念时会遇到的问题。

然而，或许并非所有的观念都是心理图式。我们通常是用词语来思考的，而不是图像。如果是这样的话，那么前面两段的批评就没有说到点子上。因此，让我们把观念就是心理图像这个理论放到一边，而只考虑词语是通过表达观念——无论观念最终被证明是什么——来进行表征的这个观点。

---

[1] 约翰·洛克（John Locke）：《人类理解论（第三卷）》(*An Essay Concerning Human Understanding*, Book III)，皮特·尼蒂奇（Peter H. Nidditch）主编，牛津大学出版社（Oxford University Press）1975年版，第二章第一节。

2 表征之谜

这个理论并不诉诸"表征狗的约定",所以它不会遭到与前一个理论一样的批评。当然,它也不能解释表征,因为它诉诸观念,而观念不就是另一种形式的表征吗?一个狗的观念表征狗和"dog"这个词表征狗是一样的,因此我们实际上不过是用一种表征形式(观念)去解释另一种表征形式(词语)。这样做没有问题,但是通常如果我们想要解释表征,我们还需要解释观念是如何表征的。

或许你会认为这样做要求太高了,也许我们不需要解释观念是如何表征的。如果我们解释了词语是怎样通过与观念相联来表征的,同时还解释了图片是怎样依据人们心灵中与词语相联的观念而得到解读的,或许我们可以就此打住了。毕竟我们不可能解释每一个事物,我们必须把某些事物视为理所当然。那么我们为什么不能把观念的表征能力视为理所当然呢?

我认为这不能令人满意。如果我们满足于把心灵的表征能力看作是理所当然的事情,那为什么不能再退一步,把语言的表征能力也视为理所当然呢?原因并不在于心灵比语言更容易理解——实际上,在哲学上似乎是相反的。一般来说,观念、思维和心理现象比词语和图像更加隐秘。因此,如果要解释的话,应该是用语言来解释观念,而不是相反。但是我并不认为我们有能力做到这一点,所以我们需要解释观念的表征本质。

在讨论观念和心理表征之前,让我来澄清我正在谈论的语言表征指的是什么。我并不是说前面提到的约定或者表达观念的词语是语言理论的唯一选择。我介绍它们仅仅是为了阐明语言表征理论是怎样终将诉诸心理表征理论的。

2.5 结语：图像、词语与解释

这个讨论的结论是，词语和图像一样不能自我表征（或许我们可以说，它们并不能"内在地"表征）。它们需要解释，需要一个以某种方式表述它们的解释。我们应该如何理解这件事情呢？我认为，合乎常理的答案是，解释就是心灵赋予词语的事物。根据词语和图像使用者的心理状态，这些词语和图像得到了相应的解释，因此表征相应的事物。然而，这些心理状态也是表征的，所以要想完全理解语言和图像表征，我们必须理解心理表征。这是下一章的主题。

3 心理表征

3.1 关于心理表征

上一章介绍了所有表征都可能来源于心灵这一观点。那么，心灵是如何表征事物的呢？让我们把这个问题变得简单一些，我们可以探究个体的心理状态是如何表征的。这里的"心灵状态"或"心理状态"指的是信念、欲望、希望、愿望、恐惧、预感、预期、意图、感知等之类的东西。我认为所有这些都是心理状态，它们都以某种方式表征世界。我需要解释一下这个观点。

当我说希望、信念、欲望等词语表征世界的时候，我的意思是每一个希望、信念或者欲望都指向某种事物。假如你希望，你一定是希望某个事物；假如你相信，你一定是相信某个事物；假如你有欲望，你一定是对某个事物有欲望。假定一个人只是希望，却不希望任何事物，相信却不相信任何事物，或者有欲望却不对任何事物有欲望，这是讲不通的。你相信或对之有欲望的事物就是通过信念或欲望表征的事物。

我们需要一个方便的一般性术语来指称表征这个世界或者这个世界某个方面的心理状态。我选用"思维"这个词，因为它是日常心理词汇中最一般和最中性的。从现在开始，在本书中我将用"思维"这个术语指称所有表征性的心理状态。那么按照我的理解，信念、欲望、希望、爱等状态都是思维，因为它们都表征事物（在这个意义上，是否所有的心理状态都是思维，这个问题将留至本章的末尾回答，见 3.4 节）。

通常，关于思维如何表征我们知道些什么呢？我先从具有特殊哲学意义的思维讲起，即那些表征（或者关于）情境的思维。当我希望今晚在我最喜欢的餐厅的菜单上有法式海鲜汤的时候，我同时在思考许多事情：法式海鲜汤、菜单、我最喜欢的餐厅、今晚。但我并不是以随机或者毫无关联的方式来思考这些事物，而是在思考某种可能的事实或者情境。我思考的是这样一种情境，今天晚上法式海鲜汤出现在我最喜欢的餐厅的菜单上。换个方式说，是我的希望状态表征了这种情境。

但是想想看，我可能有一个不同的思维，那就是今晚的菜单上有法式海鲜汤这个信念。这个心理状态表示的情境与希望所表示的情境是不同的。当我相信今晚的菜单上有法式海鲜汤的时候（也许是因为我路过了这家餐厅并且看到了菜单），我会把这个情境当成这样一件事情：我认为世界上存在这样一个事实，即今晚的菜单上有法式海鲜汤。但是，当我希望的时候，

3 心理表征

我不会认为世界上存在这样的事实,而是我希望有这样一个事实,即今晚的菜单上有法式海鲜汤。

因此,思维有两个方面的内容:所表示的"情境"和我们对情境所持的态度(暂时缺乏更好的词语来表达)。通过例子可以很好地说明我们对情境的不同态度。

想一想我去参观布达佩斯这个情境。我可以期待我将去参观布达佩斯,我可以希望我将去参观布达佩斯,我可以相信我已经参观了布达佩斯。所有这些思维都是关于或者表示同一个情境,即我参观布达佩斯,但是对这个情境所持的态度却非常不同。因此产生了一个问题,即是什么导致了态度的不同。不过,目前我只关注如何将被表征的情境与对情境所持的态度区分开来。

正如同样的情境会归属于不同的态度,同一种态度也可以关涉许多不同的情境。实际上我相信我很快就会去参观布达佩斯,我也相信我最喜欢的餐馆今晚的菜单上没有法式海鲜汤,我还相信数不尽数的其他事情。因此,信念、希望和思维之类的东西可以单独挑出来进行详细讨论:

(a)正在谈论的态度(信念、希望、期望等);
(b)被表征的情境。

(这里也要顺便提醒一下,许多态度是有程度之分的。一个人可能会强烈地想要某个事物,可能对某事物拥有一些坚定的信念,但是这种复杂性并不会影响整体情况)通常,我们可以用如下图式来描述这类思维。用"A"表示处于这种心理状态的人,用"ψ"代表态度(希腊字母,表示"心理的"),用"S"代表被表征的情境,那么最好的描述将是如下形式:

A ψ s that S

例如,弗拉基米尔(A)相信(ψs)天在下雨(S),勒纳特(A)希望(ψs)去罗马尼亚(S)参观,等等。

伯特兰·罗素(Bertrand Russel,1872—1970)把可以通过这种方式辨别出来的思维称为"命题态度",然后这一命名就被固定了下来。[1] 或许乍看上去十分晦涩难懂,但是"命题态度"这个术语对于心理状态结构的描述的确恰如其分。我已经解释了"态度"这个术语。而罗素意指的"命题"则有点像是我说的"情境":它是你让你的态度指向的事物(所以这里的命题并非一段语言)。因此,一个命题态度就是任何能用 A ψ s that S 模式来描述的心理状态。

而另外一个广泛使用的术语就是"内容",它是罗素在使用"命题"时用到的。根据这个术语,当我相信冰箱里有啤酒的时候,我相信的内容就是冰箱里有啤酒。欲望、希望等也是如此,它们是不同的态度,它们都具有"内容"。"内容"具体是什么,一种心理状态具有"内容"(或者"命题内容")是什么

---

[1] 伯特兰·罗素:《心的分析》(The Analysis of Mind),乔治·艾伦和昂温出版公司(George Allen and Unwin)1921年版,第12章。

3 心理表征

意思,这些问题将会在本书余下的章节中予以讨论,尤其是第8章到第12章。在当下的哲学中,心理表征问题经常这样来表述:"一个心理状态具有内容是什么意思?"我们暂时可以把心理状态的内容看作是一种可以把包含同一态度的不同心理状态区别开来的事物。不同的信念(或者用哲学术语就是"个体化的")可以通过不同的内容相互区分。欲望是如此,其他所有的态度也是如此。

我前面着重讨论了命题态度的概念,因为这种形式的思维是下一章的重要内容。尽管所有的命题态度都是思维(根据其定义而言),然而必须强调的是,并非所有的思维(在我个人看来)都是命题态度,也就是说并非所有表征性的心理状态都能用对情境的态度来描述。以爱为例,爱是一种表征性的心理状态,你不可能爱却没有任何爱的对象。但是爱却并非(总是)是对一种情境的态度,爱可以是对一个人、一个地方或一个事物的态度。爱不能用"A ψ s that S"模式描述(可以试试看)。那么,在我的术语中,爱是一种思维,而不是一种命题态度。

另一个有趣的例子是欲望。这是对一种情境的态度吗?表面上看,它不是。设想我有得到一杯咖啡的欲望:我的欲望是一个事物,即一杯咖啡,而非任何情境。因此,在表面上欲望和爱是相似的。可是很多哲学家认为这是一种误导,把欲望当作对事物的态度是对欲望的不充分描述。原因在于对欲望更精确的描述应该包含这样一个特定的情境:我有一杯咖啡。他们认为,所有的欲望都是在某个具体情境中对某个事物的欲望。与爱不同,欲望是一种命题态度。

我在这里把表征性心理状态称为"思维",这并不意味着说这些状态都是有意识的。设想俄狄浦斯确实没有杀死自己的父亲并与自己的母亲结婚的欲望。那么,以上面提到的公式作为评判标准(A ψ s that S),这些欲望都可以算作命题态度,因此它们也是思维。然而,它们并不是有意识的思维。

用这样的方法区分思维和意识似乎显得有些奇怪。为了证明这种区分是合理的,我们需要暂时偏离主题去讨论一下意识这个晦涩的话题。第13章将会对这个主题展开全面的讨论。

3.2 思维与意识

意识让我们清醒地生活,它可以说是世界上所有价值的根源。爱因斯坦对哲学家赫伯特·费格尔说,"没有这种内在之光,宇宙不过是一堆尘土"。[1] 然而,尽管意识很重要,但我还是要把与思维相关的问题和与意识相关的问题区分开。在一定程度上,这些问题是相互独立的。

这样做似乎有点奇怪,因为很多人认为"思维"和"意识"这两个术语实际上是同义的。当然,思考就是觉知世界,就是意识到处于自身内外的事物。因此,我们若不能不理解意识又怎能明白思维呢(甚至有些人把"意识"和"心理"这两个术语当作同义词,对他们而言,理由就是显而易见的)?

然而,之所要区分思维和意识,原因很简单。我们的很多思

---

[1] 费格尔(H. Feigl):《"心理的"和"物理的"》(*The "Mental" and the "Physical"*),明尼苏达大学出版社(University of Minnesota)1967年版,第138页。

3 心理表征

维都是有意识的，但并非所有的思维都是有意识的，我们思考某些事物的时候是无意识的。那么，如果无意识的思维仍然是思维（在前文所述的意义上）的话，那么一般情况下，具有意识就不是某个事物成为思维的关键了。因此，解释思维而无需解释意识，这应该是有可能的。

我说有些思维是无意识的，这是什么意思呢？简单地讲，我们思考一些事物，但却没有觉察到我们在思考它们。让我来举几个例子，其中有些例子更具争议性。

我愿意打赌你会认为美国总统一般都穿袜子。如果我问你"美国总统一般都穿袜子吗？"我认为你会回答"是的"。人们所说的话是他们所思所想之明证，所以我会把你的回答当作你认为美国总统一般都穿袜子这个事实的证据。但是，我也可能会猜测，"美国总统一般都穿袜子"这些词语以前从来没有进入到你的有意识心灵中。很有可能总统的鞋袜问题以前从来没有有意识地出现在你的脑海中，你从来没有觉察到自己在思考这个问题。然而，在被问及的时候，你似乎又表现出你确实认为如此。难道是我问你的时候你才开始思考这个问题吗？在我问你之前你对这个问题没有任何看法，真的是这样吗（"嗯，这是个有意思的问题，我以前从来没想过，我想答案会是……"）？难道这不是更能说明无意识的思维一直都是存在的吗？

这个例子看起来似乎微不足道，那就让我们来看一个更有意义（同时也更具争议性）的例子。在柏拉图的对话录《美诺篇》中，苏格拉底竭力为自己的理论辩护，他认为所有的知识都是对灵魂在前世生活中所知真理的回忆。为了说服他这次的对话对象（美诺），苏格拉底向美诺的一个奴隶提出了一个简单的几何问题：如果边长为 N 的正方形的面积是某个数值，那么边长是 2N 的正方形的面积是多少？经过简单的询问（没有给予任何提示），美诺的奴隶最后给出了正确答案。这个对话继续进行：

"苏格拉底：你怎么看，美诺？他在回答问题时，有没有什么想法不是他自己的？

"美诺：没有，都是他自己的。

"苏格拉底：可是他自己却不知道，就像我们几分钟前一致认同的那样。

"美诺：是的。

"苏格拉底：可这些想法一定存在于他自身的某个地方，不是吗？

"美诺：是的。"[1]

然后，苏格拉底说，知识就是回忆。但是，引起我兴趣的并不是这个观点，而是一个人在自身的"某个地方"能够拥有一种（比如说）特定的数学原理的"知识"，而他却并没有明确地意识到它们。这种知识可以"重新获得"（用苏格拉底的话说）并被清楚地阐释出来，但是它也可能存在于一个

---

[1] 汉密尔顿和凯恩斯（Hamilton & Cairns）主编：《柏拉图对话集》(*Plato: Collected Dialogues*)，普林斯顿大学出版社（Princeton University Press）1961 年版，第 370 页。

3 心理表征

人的心灵中，永远未被唤醒。知识包含了对某种事物的思考，这就是思维。因此，如果存在无意识的知识，那就存在无意识的思维。

我们在讨论"无意识思维"时存在一些术语性难题。对有些人来说，思维是有意识心灵中的一些事件，所以根据这个定义，思维必须是有意识的。的确，很多哲学家曾经认为，对所有心理状态来说意识是必要的，思维也是如此。笛卡尔就是其中之一，他认为无意识思维的观念在术语上是矛盾的。直至今天仍有一些人同意他的观点。然而，我认为如今有更多的哲学家（还有非哲学家）都准备认真地对待无意识思维这个观点。其中的一个原因就是弗洛伊德对现代心灵概念的贡献。弗洛伊德认为我们做的许多事情并不能完全由我们有意识的心灵来解释。能够解释这些行为的是我们无意识的信念和欲望，我们的许多信念和欲望被深深地"埋藏"在我们的心灵中，我们需要某种特定的方法——精神分析法——把它们挖掘出来。

要注意的是，我们可以接受弗洛伊德的这个观点，但不接受弗洛伊德理论中特定的细节。我们可以接受我们的行为通常被无意识的信念和欲望支配这个观点，而不接受他的这样一些观念：这些信念和欲望是什么，以及是什么东西引起了它们（这些内容一般都与弗洛伊德的名字相关），比如恋母情结或者"阴茎嫉妒"理论。实际上，弗洛伊德理论核心思想非常接近我们思考他人心灵的一般方法。我们都知道有这样一些人，他们并不"知道自己的心灵"，或者他们在一些事情上自己欺骗自己。然而，如果思维必须是有意识的，那么他们怎么会没有觉察到自己的思维呢？

总之，基于这些理由，我认为无意识思维是存在的，同时也认为我们不需要为了认识思维而去理解意识。当然，这并不是说我否认存在有意识的思维这一类事物。我前面讨论过的例子都是思维被带入意识的例子——你会把美国总统一般都穿袜子这个思维带入到你有意识的心灵中，美诺的奴隶把他没有意识到自己已经拥有的几何学知识带入他有意识的心灵中，接受精神分析的病人把他们不知道自己已经拥有的想法和感受带入他们有意识的心灵中。我在本书中使用的例子，许多都是有意识的思维。然而，我感兴趣的事情是，究竟是什么使它们成为思维，而不是什么使它们具有意识。

数学家、物理学家罗杰·彭罗斯在他的名著《皇帝的新脑》中说，"真正的智能需要意识"[1]。表面看来我似乎不同意他的观点，但事实却并非如此。说真正的智能（或者思维）需要意识并不意味着要理解思维的本质我们需要先了解意识的本质。它仅仅是说任何能思考的事物都必须是有意识的；意识能力是能够思考的必要条件。这样一个类比或许有助于我们理解这个观点：任何能思考或者具有智能的事物都必须是有生命的，这个观点可能是对的。但是如果是这样的话，那么我们就可以说"真正的智能需要生命"。然而，这句话本身并不意味着我们理解思维就要先理解生命。我们只能预设能思考的事物

---

[1] 罗杰·彭罗斯（Roger Penrose）:《皇帝的新脑》(*The Emperor's New Mind*)，维塔奇（Vintage）1990年版，第526页。

3 心理表征

也都是有生命的。我们对思维的解释并不是对生命的解释。与这个例子类似，要解释思维，我们并不需要去理解意识。因此，我不是在反对彭罗斯的观点，但是我也并非在赞同他的观点。关于这个问题，我保持一种开放的态度，因为我不知道是否存在着一种生物，它拥有思维但它的思维完全是无意识的。然而幸运的是，我并不需要为了研究本书的主题而回答这个难题。

有很多思维是无意识的这个观点就先谈到这里，现在该回到心理表征问题了。关于心理表征我们已经知道了什么呢？目前为止，我们知道得并不多。然而，在笼统地描述思维观念时，在区分态度和内容（或者情境）时，我们已经开始讨论心理表征了。在提出关于心理表征的本质问题时，我们至少已经拥有了一些正待研究的基本范畴。在下一节中，我将会把已经讨论过的内容与哲学传统中的某些重要观点联系起来。

3.3 意向性

哲学家们有一个专门术语表述心理状态的表征特点，他们称之为"意向性"。因此那些呈现出意向性的心理状态，即表征意向性的心理状态，有时候就被称为"意向状态"（intentional states）。这个术语可能令人费解，主要因为并不是所有的哲学家都以同样的方式使用它。然而，我们还是有必要讨论一下意向性这个概念，因为它是大多数哲学家解决表征之谜的出发点。

意向性这个术语出自对这个问题兴趣浓厚的中世纪经院哲

学家。这些哲学家用"意图"（intentio）来表示概念，用"意向存在"（esse intentionale）这个术语——例如托马斯·阿奎那（Thomas Aquinas，1225—1275）使用过它——来说明事物可以在心灵中被概念化呈现的方式。"意向存在"（或"非存在"）这个术语是由德国哲学家弗朗兹·布伦塔诺（1838—1917）重新确立的。布伦塔诺在他的《从经验立场出发的心理学》（1874）中指出心理现象具有这样的特征：

"……对于中世纪经院哲学家所指的对象意向的……非存在，虽然我们的表述不甚清楚，但我们仍然可称之为内容的关联性、对象（这里不能理解为实在）的指向性或内在客观性。"[1]

在此，情况似乎比最开始看起来的样子要简单些。"意向的非存在""内容的关联性""内在客观性"这些短语，它们尽管表面上有不同之处，实则是对同一观念的不同表达：心理现象关涉对世界的呈现或再现。"非存在"意欲表达的观念是，思维的对象——思维所关于的事物——存在于思维行为自身中。这并不是说当我想起我的狗时，就有一只狗在我的心灵"中"。而是说我的狗内在于我的思维，是在这个意义上，使它成为

---

[1] 弗朗兹·布伦塔诺（Franz Brentano）：《从经验的观点看心理学》（Psychology from an Empirical Standpoint），兰卡利罗、特雷尔和麦卡里斯特（Rancurello, Terrell and McAlister）译，卢德里奇出版社和基根保罗出版社（Routledge and Kegan Paul）1973年版，第88页。

3 心理表征

所是之思维的是它将我的狗作为对象这样一个事实。

首先，我会尽量简单地理解意向性的概念，即把它视为对事物的指向性（directedness on something）。当代的哲学家们经常把"关于性"（aboutness）这个术语当作"意向性"的同义词。思维具有"关于性"因为它们是关于某事物的（我更喜欢"指向性"这个术语，我会很快给出我的理由）。布伦塔诺论题（Brentano's thesis）的实质是，心理现象和物理现象的区别在于所有的心理现象都展现了这种指向性，而物理现象则不然。意向性是"心理的标记"这个命题有时被称为布伦塔诺论题。

在讨论布伦塔诺论题是否正确之前，我们需要澄清"意向性"这个术语可能存在的一些概念混淆。第一个就是这个词看起来似乎与意图、打算以及有意图的行为这些一般的概念有关。作为哲学概念的意向性和意图之间存在着明显的关联性。首先，如果我意图实施某种行为 A，那么我们很自然就会想到我（在某种意义上）向自己表征 A。因此，意图可以是表征性（因此也是"意向"）状态。

然而，除了这些联系之外，意向性的概念和意图的一般性概念之间并没有实质上的哲学联系。在一般意义上，意图就是意向状态，但是大部分的意向状态和意图关系不大。

第二个可能的混淆更加专业化。初学者可以直接跳到下一个小节"布伦塔诺论题"。

第二个混淆出现在意向性（我这里所用的意义）和内涵性之间，内涵性是某个逻辑语境或语言语境的特征。"意向性"

（intentionality）和"内涵性"（intensionality）这两个词的英语发音相同，这让情况更为混乱。这也导致了一些勤勉的学者，如约翰·塞尔，不得不详细地说明他们到底是在讨论英文拼写中带 t 的意向性还是带 s 的内涵性。[1] 塞尔是对的，意向性和内涵性是不同的东西，因此我们在头脑中把它们区分开来是非常重要的。

若想知道为什么，我们就需要引入一些逻辑学和语言哲学中的专业术语。当一个语言或逻辑语境（即某种语言或逻辑运算的一部分）为非外延的时候，它就是内涵的。当下列原则之一为真时，它就是一个外延语境：

（A）共指称词替换原则；
（B）存在概括原则。

这些原则的标题或许看起来令人生畏，但是其背后的逻辑观点却相当简单。让我来解释一下。

（A）共指称词替换原则是用一个极为复杂的标题表述一个十分简单的观点。这个观点就是，假如一个对象有两个名字，N 和 M，当你表明关于这个对象的某些东西为真时使用了 M 这个名词的话，你并不会因为用 N 来代替 M 而使之由真变假。例如，乔治·奥威尔的本名是埃里克·阿瑟·布莱尔（他取的

---

[1] 约翰·塞尔（John R. Searle）:《意向性》(*Intentionality*)，剑桥大学出版社（Cambridge University Press）1983 年版。

3 心理表征

奥威尔这个名字是来自萨福克的奥威尔河)。由于两个名字都指向同一个人，你不会因为用埃里克·阿瑟·布莱尔这个名字取代乔治·奥威尔而使真命题：

乔治·奥威尔写了《动物庄园》

成为一个假命题。因为命题：

埃里克·阿瑟·布莱尔写了《动物庄园》

也是真的（同样地，用埃里克·阿瑟·布莱尔取代乔治·奥威尔也不会使假变成真，例如，"乔治·奥威尔写了《战争与和平》"）。这背后的观点非常简单，在这两个例子中，你讨论的是同一个人，所以你用什么样的词语讨论他并不影响你所讨论的事物的真值。

"乔治·奥威尔"和"埃里克·阿瑟·布莱尔"这两个词语是共指称词语，也就是说它们指称同一个对象。（A）原则表达的是，把这些词语相互替换不会改变使用了它们的句子的真和假（因此，这个原则有时候也被称为"保值替换"原则，字面意思就是"保存真值"）。

还有更简单一些的例子吗？很不幸，我们没必要去冥思苦想违反这个简单原则的例子。设想有一个人，我们就叫他弗拉基米尔，他相信乔治·奥威尔写了《动物庄园》，但他并不知道奥威尔的原名。那么这个命题：

弗拉基米尔相信乔治·奥威尔写了《动物庄园》

为真，而命题：

弗拉基米尔相信埃里克·阿瑟·布莱尔写了《动物庄园》

为假。在这个例子中，替换共指称词语并没有保存真值。显然，共指称词替换原则失效了。然而它是如何失效的呢？答案似乎是不证自明的。

为何这一原则在特定的情形下失效，尤其在关于信念和特定心理状态的句子中，是语言哲学关注的一个主要问题。然而，在这里我们没必要详述其失效的原因。我提出这个原则的目的只是为了说明内涵性的概念。（A）原则的失效是非外延性或内涵性的标志之一。

另一个标志是（B）原则"存在概括"的失效。这个原则是指我们能从关于某事物的命题中推断出它的存在。例如从命题：

奥威尔写了《动物庄园》，

我们能够推出：

存在一个人，他写了《动物庄园》。

这就是说，如果第一个命题为真的话，那么，第二个命题一定为真。

同样地，存在概括失效的一个明显的例子也是关于信念的命题。命题：

弗拉基米尔相信圣诞老人住在北极

可能为真，而下面这个命题则无疑为假：

存在这样一个人，弗拉基米尔相信他住在北极。

由于两个命题中第一个可能为真，而第二个为假，所以第二个命题在逻辑上不能与第一个衔接。这就是存在概括失效的一个例子。

概言之，内涵性是句子和语言项的特征；当一个句子是非外延时它就是内涵的；当（A）原则和（B）原则之一或全部可能失效的时候，这个句子就是非外延的。请注意我这里说的是这些原则在运用时可能失效，而不是必然失效。当然，存在很多我们可以在信念句中替换共指称词的例子，同时也有很多可以让我们推断出一个信念句中某事物存在的例子。可是，重点在于我们不敢保证这些原则能够用于所有的信念句和其他的"内涵语境"。

内涵性与我们的主题意向性有什么联系呢？乍看之下，它们之间有一种明显的关联性。在我们的例子中，用来显示内涵性的句子都是关于信念的句子。我们会很自然地想到，共指称词替换原则在这里之所以失效就是因为一个信念句是否为真不仅在于被相信者所表征的对象，而且在于这个对象被表征的方式。弗拉基米尔把奥威尔表征为奥威尔，而不是布莱尔。因此，内涵性似乎是由一个信念中包含表征的本质引起的。那么，或许一个信念句具有内涵性就是由信念本身的意向性导致的。

存在概括的失效也是如此。这个原则在信念句中失效或许是由这个事实（上面提过）产生的自然结果，即表征可以表达不存在的"事物"。我们能思考不存在的事物，这似乎是意向性的本质特征之一。因此，这件事情再一次说明，信念句的内涵性或许就是信念本身意向性的结果。

然而，内涵性和意向性两个概念之间的关系我们只能探讨到这里。我们不能对这两个概念的关系进行更深入探讨的原因有两个。

第一，可能存在只有内涵性却没有意向性（表征）的情况。也就是说，可能有一些句子是内涵的，但却与心理表征没有任何关系。其中最有名的例子就是涉及可能性和必要性概念的句子。要说某物必然如此，意思就是说，它不可能是其他情况。从这两个为真的句子，

9 必然比 5 大，
行星的数量是 9。

3 心理表征

我们不能推断出：

行星的数量必然大于 5。

因为有 9 颗行星，所以这个命题并不必然为真。行星可能是 4 颗，或者 1 颗都没有。那么，共指称词语替换原则（"9"和"行星的数量"）就失效了，但是它的失效与心理表征并没有任何关系。

第二，可能存在没有显示内涵性的意向性描述。现在以"X 看到 Y"这个句型为例说明，看是一种意向性或心理表征。但是，如果弗拉基米尔的确看到了奥威尔，那么他当然也看到了布莱尔，以及看到了《通往威冈码头之路》等作品的作者。（A）原则似乎适用于"X 看到 Y"。此外，如果弗拉基米尔真的看到了奥威尔，那一定有一个被他看到的人。因此，（B）原则也适用于"X 看到 Y"这个形式。事实上，并非所有的意向性描述都是内涵的。因此，在描述意向性时，内涵性也并不一定是必须的。

上面的第二个论证实际上是非常具有争议性的，然而我们并不真正需要用这个论证来区分意向性和内涵性。我们只用第一个论证就可以区分概念了，根据前面介绍过的充分条件和必要条件这两个术语，我们可以说内涵性对意向性既不充分，甚至也不必要。这就是说，因为在不涉及任何意向性情况下你可以具有内涵性，所以内涵性对于意向性的存在并不充分。这足以表明两者是非常不同的概念，因此我们不能用内涵性作为意向性的标准。

我们现在把内涵性放到一边，回到我们的主题意向性上来。本章的最后一个任务是考察布伦塔诺论题，即意向性是心理现象的"标志"。

3.4 布伦塔诺论题

我在前面说过，布伦塔诺认为所有的心理现象都表现出意向性，而且只有心理现象表现出意向性。布伦塔诺论题的这个观点在最近的哲学中影响很大。然而这个论题是真的吗？

让我们将这个问题分解为两个子问题：（1）所有的心理现象都表现出意向性吗？（2）只有心理现象才能表现出意向性吗？充分必要条件这个术语再一次发挥作用了。第一个子问题或许可以重构为心理状态对于意向性是充分的吗？那么第二个可以重构为心理状态对于意向性是必要的吗？

我们不禁会认为第一个子问题答案为"不是"。所有的心理状态都表现出意向性的意思就是所有的心理现象都是表征性的。但是，顺着这个思路走下去，通过内省我们可以知道有许多心理状态并不是表征性的。假设我的脊椎底部感到剧烈的疼痛。这种疼痛就是一种心理状态，而且只是具有意识的存在物才能具有的一种状态。可是疼痛似乎并不像思维那样具有表征性，疼痛仅仅是感觉，它们并不关于或者"指向"任何事物。另一个例子是，设想你感到一种一般化的抑郁或悲伤，或许是你感觉到抑郁但却说不出到底是什么让你感到抑郁。这不就是

3 心理表征

一个没有指向对象的意向状态的例子吗？

我们先来讨论疼痛的例子。首先我们必须弄清楚我们说疼痛是一种心理状态究竟是什么意思。有时候我们会把"生理"的疼痛与"心理"的疼痛，（例如）失去爱人，区分开来。显而易见，它们是非常不同的心理状态。因为我们把两者都称为"疼痛"，所以认为它们有诸多相似之处，这种看法是错误的。然而，这样的事实并不会使（例如）牙齿的疼痛缺少心理性。因为疼痛是一种意识状态，任何事物都不会感到疼痛除非它具有意识，而且任何事物都不会具有意识除非它有心灵。

那么感觉的存在会推翻布伦塔诺论题的第一部分吗？也就是说感觉的存在会推翻心理状态对于意向性是充分的这个命题吗？除非感觉完全不具有任何意向性为真，这个命题才有可能被推翻。但是，事情似乎并非如此。尽管我们不能说我后背的疼痛是"关于"任何事物的，但是疼痛感觉起来像是在我的后背上，就此而言，它的确有一些表征的特点。"就疼痛的方式而言"，我可以感到一模一样的疼痛，不过这个疼痛是在我脊椎的顶端而不是脊椎的底端。这两种疼痛的区别仅仅在于感受疼痛的位置不同。这个观点可以更加形象地表述为，我有两个疼痛，分别在两只手上，它们是完全相同的，只不过一个感觉起来是在我的右手，而另一个感觉起来是在我的左手。有理由认为，这种感受位置是意向性上的差别，即心理状态所"指向"的事物上的差别，那么说疼痛没有（一点儿）意向性是不正确的。

当然，这并不是说疼痛就是罗素所指的命题态度。因为它们并不指向情境。疼痛的归属——"奥斯瓦尔多感觉疼痛"——并不符合我采用的命题态度归属的评判标准,即"AΨs that S"。然而,一个心理状态不是命题态度并不意味着它没有意向性,因为就像我们在前面看到的,并不是所有的思维或心灵的意向状态都是命题态度(比如我们前面提到的关于爱的例子)。如果我们在这里以一般的方式理解"表征性特征"或意向性的话,那么我们就的确难以否认疼痛是具有表征性特征的。

而另一个例子,无指向的抑郁或痛苦又该怎样解释呢?当然,的确存在这样一种情况,一个人正在经历抑郁的感受但却不能确定自己究竟是为了什么而抑郁。可是这本身并不意味着这样的一种抑郁没有对象、没有指向。首先,某种意向状态的主体必须能够确定其对象,这并不能作为某事物存在意向状态的判断标准,否则世界上就不会存在某种形式的自我欺骗了。然而更重要的是,对这种并不指向任何事物的情绪的描述是一种错误的描述。因为用刘易斯·沃尔珀特的经济学术语来讲,任何形式的抑郁通常都是"一种彻底的对外部世界的负面观念"。[1] 无论是"无关任何特定事物"的抑郁,还是拥有确定的、容易辨认对象的抑郁,都是如此。这种一般化的抑郁是一种体验一般世界的方式——所有的事情看起来都很糟糕,所有的事情都不值得一做,抑郁者的世界都在"萎缩"。也就是说,一般化的抑郁是心灵指向世界的一种方式,因此它是有意向的,因

---

[1] 刘易斯·沃尔珀特(Lewis Wolpert):《恶性悲情:抑郁症的解剖》(*Malignant Sadness: The Anatomy of Depression*),菲伯出版社(Faber)1999年版。

3 心理表征

为这个"一般"世界能够作为心理状态的对象。

因此，完全不具有意向性的心理状态是很难发现的。然而，心理状态的一些属性和特征却可以是非意向性的。例如，尽管我的牙痛的确对我的牙齿具有一种意向性的指向，但是它很可能拥有一种完全没有意向性的独特属性——它只是一种念叨，这种念叨并不指向任何事物，它就是存在着。这些属性有时候被称为感受性质。如果疼痛这样的感觉拥有这些性质的话，那么感觉中可能还存在一种残留的元素，它并不具有意向性，尽管被当作是整个心理状态的感觉是有意向性的。因此，即使在整个心理状态的层面，布伦塔诺论题的前一部分是对的，即它们都具有意向性，但是心理世界中仍然可能存在一种非意向性的元素。对于布伦塔诺论题而言，这有点像皮洛士式的胜利。[1]

对于心理状态是意向性的充分条件这个观点的论述就到此为止。但是心理状态对于意向性是必要的吗？也就是说，如果一个事物显示了意向性，那么这个事物就是（或具有）心灵，这个观点是正确的吗？心灵是世界上唯一具有意向性的事物吗？这个问题更加棘手。如果认为心灵不是唯一具有意向性的事物，那么我们就需要找出一个具有意向性却没有心灵的东西。看起来好像有很多这样的例子。以书籍为例，这本书中有很多句子，每一个句子都有意义，都表征事物，因此在一定意

---

[1] 皮洛士（Pyrrhus）是古希腊伊庇鲁斯国王，曾率兵与罗马交战。虽然最终取得胜利，但付出了惨重代价。"皮洛士式的胜利"喻指以惨重的代价而取得的得不偿失的胜利。——译者

义上它们都具有意向性,但是这本书却没有心灵。

很自然,我们可以用前面讨论语言表征时所用的思路来回应这个例子。这就是,我们应该说这本书中的句子并不存在内在的意向性,是因为它们被读者解读所以才能具有意向性。不过,由读者的心理状态所提供的解释的确具有固有的意向性。

有时候,哲学家们会用"原初的"意向性和"衍生的"(derived)意向性来标记书本和心灵在这个方面的区别。一本书展现出的意向性仅仅是衍生的意向性,它是从书写和阅读这本书的人的思维中衍生出来的。而我们的心灵具有原初的意向性,它们的意向性不依赖于其他事物的意向性,或者说不是从其他事物的意向性中衍生而来的。

因此,我们可以这样来重构我们的问题,除了心灵以外,还有其他事物能够具有原初意向性吗?这个问题确实很让人困惑。它带来的一个问题是,如果我们发现了能够显示原初意向性的事物,我们很难不去继续追问这个事物是否具有心灵,那么我们愿意认为只有心灵才能显示原初意向性吗?麻烦的是这好像开始变成了一个规定。例如,如果我们发现计算机具有原初的意向性,我们可能会说:"多神奇呀!计算机居然能有心灵!"或许我们可以换个说法:"多神奇呀!竟然有东西具有原初的意向性却没有心灵!"而这两种反应的区别似乎在很大程度上只是术语的问题。我会在第7章详细地讨论这个问题。

布伦塔诺论题的第二个部分,即心理状态是意向性的必要条件,引发了一些令人困惑的问题。但是尽管如此,这一命题总体来说仍然是非常合理的。然而，在我们对什么叫拥有心灵有更多的了解之前，我们应该对此不做判断。

3.5 结语：从表征到心灵

先驱者10号上星际"文字"的例子让表征的本质问题成为我们关注的焦点。之后，我考查了图像表征和图像表征的相似理论。从表面看来，这种类型的表征似乎比其他种类的表征简单一些。但事实上并非如此。这不仅是因为相似性不过是形成表征的非常薄弱的基础，而且图像也是需要解释的。而对于语言表征而言，解释似乎也是非常必要的。由此，我提出解释来自心理表征或意向性。那么要理解表征，我们就需要理解表征性心灵状态。这将是下一章的主题。

4 理解思维者及其思维

4.1 心身问题

我说过,要理解表征我们必须先理解思维。但是对于思维,我们真正了解多少呢?或者就此而言,我们总体上对心灵有多少了解呢?

你可能会认为这个问题只有脑科学才能给出真正的答案。但如果真的如此,那么大多数人将会对思维和心灵知之甚少。毕竟多数人并没有研究过大脑,甚至对于一些专家而言,大脑的某些方面仍然是非常神秘的。因此,如果我们必须要掌握大脑运行的细节才能理解心灵的话,那么只有极少数人才能了解心灵。

可是在某种意义上,我们的确知道许多关于心灵的知识。事实上,我们对心灵太熟悉了,所以我们最开始才忽视了这个事实。我的意思是说,我们知道我们拥有思维、经验、记忆、

4 理解思维者及其思维

梦、感觉以及情感，同时我们知道别人也拥有这些。我们非常清楚各种心理状态之间的微妙区别，比如希望和预期，或者遗憾和懊悔。这些心灵知识可以在理解他人时使用。我们日常生活中的许多事物都依赖于我们拥有的关于别人在想什么的知识，而且我们也非常善于了解别人在想什么。通过观察、倾听和交谈，我们可以知道别人的想法和性格。这种关于人的知识经常可以帮助我们预测别人将要做什么——我们预测的精准度常常会让气象部门感到尴尬。

这里，我想出了一些非常普通的"预测"例子。例如，假设你给一个朋友打电话约她明天共进午餐，我猜想多数人对这个朋友（取决于这个朋友是谁）是否会去赴约的预测比对天气预报更有信心。在"预测"的时候，我们依据的是我们对她心灵的了解：她理解她听到话，她知道餐馆在哪里，她想要和你共进午餐，等等。

因此，至少在这个意义上讲，我们都是关于心灵的专家。但要注意的是，这本身并不意味着心灵是不同于大脑的事物。原因在于我们对心灵十分了解，所以我们认为这类（如欲望和理解等）心理状态最终只是大脑的生物化学状态。如果真是这样，那么我们关于心灵的知识也就是大脑的知识——尽管我们并不这么认为。

幸运的是，我们没必要为了弄清楚我们关于心灵知道什么而去解决心灵是否是大脑这个问题。要解释清楚为什么不需要，我需要稍微讲一下"臭名昭著"的"心身问题"。心身问题是心灵和身体如何相互关联的问题。我们知道两者当然是有联系的：我们知道人的大脑受损时，他们的思考能力就会变化。我们也都知道当人服用麻醉药或饮酒过量时，他们的身体活动就会影响大脑，进而影响他们的思维。我们的心灵和组成我们身体的物质显然是相关的——但它们是如何相关的呢？

这之所以成为一个问题，原因在于一方面我们的身体显然必须完全由物质构成，而另一方面我们又不能仅由物质构成——构成我们的一定还有别的东西。例如，我们认为我们一定只是物质，因为我们相信人类是由较低等的生命形式进化而来的，而这些生命形式自身完全是由物质构成的——当心灵首次进化出来的时候，生成它的原材料不过是一些复杂的物质而已。所以，认为我们完全由物质构成似乎是有道理的——例如，如果我身上的物质被一点一点地拿走，那么就不会有任何关于我的东西剩下了。

然而，在这样的理解下，我们不过是一堆物质——不过是价值几美元的碳、水和无机物，这似乎非常令人难以置信。任何经历过最轻微的身体创伤的人都很容易产生这样的感觉，就是这个脆弱杂乱的物质居然构成了思维和意识的本质，这简直不可思议。同样，虽然人们有时候说相爱的人之间会发生"化学反应"，但是这个用法显然是隐喻性的——按照字面意思理解，爱"不过是一种复杂的化学反应"这个观点看起来实在是太荒谬了。

菲茨帕特里克（P. J. Fitzpatrick）曾经讲过的一个故事（有可能不足为信）很好地描述了这种感觉。二十世纪四十年代一些医学研究者发现一旦母猫的饮食中缺乏镁元素时，它们就会停止照顾它们的后代。这个故事是报纸上报道的，故事的标题是"母爱就是镁元素"。这个故事真实与否并不重要，重要的是为什么我们会觉得它有趣。把我们有意识的精神生活当作化学元素之间"真实"存在的复杂的物理作用，这似乎与把母爱当作"真实"存在的镁元素一样地荒谬。

或者是这样的吧？科学家们在心理失调和大脑特定的化学元素之间发现了越来越多具体的相关性。他们发现的这些相关性是有限度的吗？从一个几乎完全被忽略的立场而言，坚持相关性必须是有限度的，这似乎是最后的办法了，因为我们对此真的不了解。或许真相并不像"母爱就是镁元素"那么简单，但是它会与之相去甚远吗？

我们一开始被拽到了一边，然后又被拽到了另一边。我们自认为不过是以复杂的方式组合而成的物质，然后经过反思，我们仅仅是物质又似乎是不可能的，我们一定会不止有这些东西。这是表达心身问题的一种最直观的方式。这也证明了心身问题是哲学中最棘手的问题之一，很多哲学家认为这个问题是无法解决的。十七世纪的英国哲学家约瑟夫·格兰维尔（Joseph Glanvill, 1636—1680）曾经尖刻地指出："纯洁的心灵如何与粗鄙的肉体相连是堕落的人类难以解开的死结。"

有些人则更加乐观，他们为这个问题提出了一些解决办法。一些唯物主义者或物理主义者认为，尽管这与我们的感觉相左，但是要证明心灵仅由复杂的物质构成，也就是心灵不过是大脑以特定方式组合起来的物质，这是有可能的。而另一些人认为，心灵不可能只是物质，一定还是别的什么东西，是别的类型的什么东西。比如，那些相信我们拥有能够超越肉体死亡的"非物质"灵魂的人一定会否认我们的心灵和身体是同一种事物。因为如果我们的心灵和身体相同，那心灵如何能从身体的毁灭中得以幸免呢？这些哲学家是二元论者，他们认为世界上存在着两种主要事物——物质和精神（现在还有一种不太常见的解决方案是认为事物最终都是精神的，这就是唯心主义）。

我们在第1章中看到，在诸多观点之中，物理主义倾向于采用较为正统的方法解决心身问题。虽然二元论不太常见，但是仍然有拥护者为它激烈地辩护。在第13章，我会再次回到这个问题，到那时我会尽力准确地再现这个问题，同时梳理二元论和唯物主义在这个问题上的争论。但是目前在探究心理表征问题的时候，我们可以暂且把心身问题放到一边。让我来解释一下原因。

心理表征问题可以简单地表述为心灵何以能够表征事物？暂且假设唯物主义是对的，心灵就是大脑。那么这有助于解决心理表征问题吗？我们能不能将问题重构为大脑何以能够表征事物？这个问题理解起来似乎和心灵问题一样困难。其复杂性就在于大脑仅仅是一种物质，而一种物质何以能够表征其他事物呢？这与心灵何以能够表征其他事物一样地令人困惑，无论这个心灵是否是物质。

暂且再假设物理主义是对的，那么想想你的脑袋里到底有什么。那里大约有一千亿个脑细胞。它们形成了一种类似于酸奶的灰白色水状黏稠物。你的大脑由大约一千克这样的东西构成。如果唯物主义是对的，那么单单这种酸奶状物质就能使你对自身、对你的生活乃至整个世界进行思考。它能使你推理出该做什么，它能使你拥有经验、记忆、情感和感觉。不过，这些是如何实现的呢？这种水状的酸奶物——"物质"——是如何构成你的思维的呢？

另一方面，让我们假设二元论是对的：心灵不是大脑而是其他的东西，是区别于大脑的事物，比如"非物质的灵魂"。然后，我们似乎可以对非物质的灵魂提出同样的问题：一个非物质的灵魂何以能够表征事物呢？笛卡尔相信心灵和身体是不同的事物。他认为，心灵是非物质的灵魂。他还认为灵魂的本质就是能思考。可是，说灵魂的本质就是能思考并不能回答"灵魂如何思考"这个问题。一般来说，用"其本质使然"来回答"它是如何做到这件事的"并不会令人满意。这样的回答就像在莫里哀（Molière）的剧本《奇想病夫》（*Le Malade imaginaire*）中那个有名的医生回答鸦片怎样使人入睡时说，鸦片有催眠能力或者有"催眠功效"。也就是说，鸦片的实质或本质就是使人入睡。

那么，物理主义和二元论都需要解决表征问题。然而结果是，无论是唯物主义还是二元论，它们对心身问题的回答本身都不能解决表征问题。即使我们用物理主义或者二元论解决了前一个问题，但是后一个问题依然存在。假如物理主义是正确的，即所有的东西都是物理的，我们仍然需要知道能思考的物质和不能思考的物质之间有什么区别。假如二元论是正确的，那么我们仍然需要知道使其能够思考的非物质心灵究竟是什么。

（另一方面，如果唯心主义是正确的，那么在这个意义上而言，所有的事物都是思维，因此这个问题就不会出现了。但是委婉地说，这种唯心论比许多其他的哲学观点更加难以让人相信，所以这就像是我们用一个谜团代替了另一个谜团。）

这意味着在讨论本书的主题时，我们可以不必判断究竟是唯物主义还是二元论为心身问题提出了正确的解决方案。唯物主义与二元论的争论与我们的问题并不直接相关。了解这些对于本章的目的而言是有益的。因为虽然我们对心灵和大脑的关系并没有具体的了解，但是在这里我的兴趣点是关于心灵，尤其是思维，我们究竟知道些什么，这是本章后面部分的主题。我们将在第 13 章再次回到心身问题。

4.2 理解他心

关于心灵我们知道些什么呢？回答这个问题的一个方法就是提问："我们怎样获得关于心灵的知识？"当然，这两个是不同的问题（比较一下这两个问题，"关于其他星球上是否有生命我们知道些什么"和"我们怎样获得关于其他星球上的生命的知识"）。然而我们会看到，在关于心灵的问题上，问"我们是怎样知道的"会让我们更好地理解"我们知道些什么"。

有一件事情是显而易见的，那就是我们获知别人心灵的方法与了解自己心灵的方法是非常不同的。我们在一定程度上通过内省的方式了解自己的心灵。如果我要知道对于某个问题我正在想什么，我可以专注于我的有意识的心灵内容，直到得出答案为止。可是我不能用同样的方法把注意力放在你的心灵内容上而获知你的想法。当然，有时候我也无法说出我在想什么，那么我就不得不向其他人——也许是朋友或治疗师——咨询我的思维和行为的意义，以及它们揭示了我心灵的哪些内容。然而问题在于，我们不能总是用这个办法去了解自己的心灵，而我们却经常用这个办法来了解别人的心灵。

这也就是说，我们了解别人心理状态的方式与我们了解自己心理状态的方式是不对称的。这种"不对称性"包含了另一个重要的不对称性，我们了解自己身体位置的方式和了解别人身体位置的方式是不同的。要想知道你的腿是否交叉着，我必须用眼睛看，或者其他形式的观察或检查（我可以问你），但是我不需要通过任何形式的观察来告诉自己我的腿是否交叉着。通常，用不着观察我就会马上知道。同样地，我不用观察自己的语言和行为就能说出我在想什么。然而，不去观察你的语言和行为，我是无法说出你在想什么的。

至于他心在想什么，显然我们需要以他们说的和做的事情为依据，也就是他们可观察的行为。那么，我们何以能够从别人可观察的行为了解到别人在想什么呢？

有一种哲学怀疑论认为我们无法做到这些。这就是"他心怀疑论"，由此引出的问题被称为"他心问题"。在这里，我们需要暂时偏离主题来讨论这个问题。根据这种怀疑论的观点，关于别人，我们真正知道的不过是与他们可观察的行为相关的一些事实。不过，有可能别人做出了这样的行为却并没有这样的心理。例如，你看到的周围所有人可能都是一些疯狂的科学家设计出的机器人，他们的行为举止和有意识能思考的人一样，你可能是周遭唯一一个拥有真正心灵的人。当然，这是一个疯狂的假设，然而这似乎与我们拥有的关于他心的证据是相容的。

我们来比较一下他心怀疑论与"外部世界"（也就是在心灵之外的世界）存在的怀疑论。后一种怀疑论认为，在你对世界上的对象形成信念时，你所有的依据是你的感官证据，也就是说你的信念的形成基于经验。但是这些经验和信念有可能就是它们自己的样子，而"外部"世界可能与你理解的极为不同。例如，把你的大脑置于一个装有营养物的缸中，它的输入和输出神经受到的刺激是由一个疯狂的科学家发出的，这看起来就像你在经验这个世界上的日常事物一样。这也是一个疯狂的假设，但它似乎也与你的经验并不矛盾。

这些怀疑论的观点在哲学上并不一定站得住脚，历史上很少有哲学家严肃地认为别人不具有心灵。而怀疑主义所做的其实是促使我们讲明我们到底知道些什么，并且推动我们去证明我们是如何知道它们的。要回应怀疑主义，我们需要解释到底什么叫作知道某件事情，进而说明我们"真正"知道什么。因此，支持和反对怀疑论的争论都属于知识理论（称为认识论），它们超出了本书的研究范围。出于这个原因，我将把怀疑论放到一边。在本书中我关注的是关于心灵，我们认为哪些东西是对的。事实上，我们都相信我们很了解他心，并且认为我们的这个信念是绝对正确的。因此，让我们把知识到底是什么这个问题留给知识分子去回答，但是无论答案是什么，我们都要承

4 理解思维者及其思维

认一个明显的事实,那就是我们对他心有很多了解。

我们的问题应该是,我们如何能够了解他心,而不是我们是否了解。也就是说,鉴于我们对他心有很多了解,那么我们是如何知道这些的呢?怀疑论的论证有一点似乎难以否认,那就是当我们在理解别人时,我们所有可以依据的就是他们的可观察行为。还可能有其他的方式吗?当然,我们无法感知别人的思维或经验,我们只能察觉他们的可观察话语和行为(有些人会反对此观点:参见本书末尾的延伸阅读指南)。那么问题就是,我们如何从他们的可观察行为中得到关于他人心灵的知识呢?有一个答案曾经被认真地提出过,那就是在某种意义上,可观察行为就是心灵。例如,疼痛就是"疼痛行为"(哭泣、牢骚、抱怨等)。这种观点被称为行为主义。在我们考察关于心灵的知识之前,讨论一下行为主义是很有必要的。

尽管看起来十分不可思议,但是在二十世纪很短的时间内,行为主义在心理学和心灵哲学领域流行起来。对于我们如何了解他心,行为主义给出了直接的答案。然而,对于我们如何了解自己的心灵,行为主义却使这个问题变得非常棘手,因为我在前面说过,我们不用观察自己的行为就能了解自己的心灵(因此,有一个广为流行的哲学笑话,它被反反复复地讲给每一届学生:两个行为主义者在街上相遇,一个人对另一个人说:"你今天感觉很不错啊,我现在感觉如何?")。而行为主义的这个问题与它对主观性意识经验——从内部而言拥有心灵是什么样子的——有意忽视(甚至彻底排斥)是紧密相关的。

我不打算把注意力集中在行为主义的缺陷上,这些在许多心灵哲学的书籍中都有详细的讨论。我关心的是行为主义内部的不足，即便是用它自己的术语，仅仅依据行为并不能对关于心灵的事实作出解释。

显然，对行为主义的第一个反击是，我们有很多思维，它们根本没有被行为揭示出来。例如，我相信里加是拉脱维亚的首都，可是我没有在任何行为中表露过这种信念。那么行为主义会否认我拥有这个信念吗？不。行为主义会说信念不是需要真实的行为，而是需要有行为的倾向。它会把倾向之于行为比作溶解性之于糖。即使一块糖没有放入水中，它也是具有溶解性的。这块糖的溶解性存在于这样一个事实，它一旦放入水中就倾向于溶解。与此类似，相信里加是拉脱维亚首都就是某种方式的行为倾向。

在我们追问"某种方式"是什么之前，这种说法似乎十分合理。就像糖的溶解与它的溶解性相关一样，与里加是拉脱维亚的首都这个信念相关的行为是什么呢？有一个可能性是，这个行为是言语行为：当问"What is the capital of Lativia（拉脱维亚的首都在哪儿）"这个问题时，回答说"Riga is the capital of Lativia（里加是拉脱维亚的首都）"（因此提问可能就是类似于与把糖放入水中的行为）。

这种设想虽然简单，但不可能是正确的。因为假使除了别的之外，我还会英语的话，那么对于"What is the capital of Lativia"这个问题，我将只能回答"Riga is the capital of Lativia"。可是会英语并不是相信里加是拉脱维亚首都的前提条件，因为众多只会讲本族语的拉脱维亚人同样有关于他们首都正确的信念。

因此，会英语一定和相信里加是拉脱维亚首都是不同的心理状态，那么这也必须用行为主义的术语来解释。我们先不考虑会英语是否可以完全用行为主义的术语来解释这个问题——答案毫无疑问是"不可以"，现在让我们再来看看这个例子。

假设行为主义者用我言说这个句子的倾向来解释我对"Riga is the capital of Lativia"这个句子的理解。显而易见，这个倾向不仅只是我发出"Riga is the capital of Lativia"这些声音的倾向，一只鹦鹉即使没有理解这个句子也可能会有这种倾向。我们（至少）需要的是这样的观点，声音是在理解的基础上发出的，也就是说，只有某种对句子的言说和对这些言说的某种方式的回应是恰当的，而其他的都不是。而什么时候对这个句子的言说是恰当的呢？当我相信里加是拉脱维亚的首都时吗？不一定如此，因为我可以在理解但却不相信的情况下说出这个句子。也许我说出这个句子是因为我想让我的听众相信里加是拉脱维亚首都，尽管我自己（错误地）相信维尔纽斯是其首都。

但是无论怎样，在解释何时是说出这个句子的恰当时间时，行为主义者不能诉诸里加是拉脱维亚首都这个信念，因为言说这个句子本应解释拥有的这个信念是什么。因此，这个解释将会陷入循环的窠臼。这里得到的一个普遍经验是思维不能完全由行为来定义，因为定义的过程中也会涉及其他的思维。每当我们试图把一个思维与一种行为相关联时，我们都会发现，除非提及其他的心理状态，否则这种关联将不能成立。而试图把这些心理状态与另外的行为相关联也会导致同样的问题。你的一个思维也许会与许多不同的行为相关，这取决于你所具有的其他思维是什么。

一个更简单的例子将会更清楚地说明这个观点。一个人出门之前向窗外看了看，然后走向壁橱拿了一把伞。他在想什么呢？答案显然是他认为天在下雨。但是要注意，即使真的如此，这个想法也不会导致他去拿伞，除非他不想淋雨，并且他相信带上伞能使他不淋雨，同时还要相信能让他不淋雨的东西就是雨伞。这似乎不言而喻。但是仔细想想，如果他没有这些（无疑是无意识的）想法，那么就很难理解为什么他认为天要下雨就该带伞这件事情了。我认为这个观点的结论非常明确，我们可以通过对他人行为的意义作理性的推测来理解他们的思维。

然而，像我们的小例子显示出的那样，通过将完全不同的思维方式归属于思考者，对同一个行为我们会有许多不同的理解方式。那么，对于某个人的思维是什么，我们该如何从所有可能的说法中挑选出正确的答案呢？我相信，答案就是列举出或者预先假定各种各样的关于作为思维者会是什么样的一般性假设，我们从中挑选出最有可能的情况。以上面的人和伞为例，我们可以对他的心理状态作出如下推测：

"他认为天在下雨，并且不想淋雨（甚至，我们几乎无需赘述，他认为他的伞能让他不被雨淋，并且认为这个就是他的伞，等等）。

"他认为天气晴朗，他想用这把伞阻挡炙热的太阳（同时他认为他的伞能帮他阻挡太阳并且他认为这个就是他的伞，等等）。

"他不知道天气如何，可他相信他的伞拥有魔力，他想用它来躲避邪灵（他认为这个就是他的伞，等等）。

"他正打算杀死一个敌人，他相信他的伞中有一个武器（他认为这个就是他的伞，等等）。"

所有这些都是对他为什么做这件事情的可能的解释，并且我们还能想出更多。可是，鉴于天确实在下雨，并且我们也知道天正在下雨，因此第一个解释就是目前最有可能成立的。为什么？一部分原因是我们相信他能看到我们所看到的事物（就是天在下雨），一部分原因是我们认为一个人不会希望衣冠整齐地被雨淋湿，并且如果不需要花费太大力气，人们就很可能会去规避这些不好的事情，等等。简而言之，我们就他对自己周边环境的理解、他的智力和他的理性程度做出某种假设，在假定他具有这些能力的前提下，我们将对于他来说是合理的思维归属于他。

许多心灵哲学家（也有些心理学家）习惯于把我们理解他心时采用的设定或假设描述为一种他心的理论。他们把这种理论叫作"常识心理学"或"民间心理学"。正像我们关于物理世界的常识知识是以物理对象行为特征的某些普遍规律（"民间物理学"）为基础一样，我们关于他心的常识知识也是以人们行为特征的某些普遍规律（"民间心理学"）为基础的。

如果在一种宽泛或一般意义上使用"理论"一词的话，我赞同我们关于其他思考者的常识知识是一种理论这个观点。可是我更喜欢用"常识心理学"而不是"民间心理学"作为这个理论的名字。当然这些都只是标签，在某种意义上，使用哪个并没有多大的差别。但是在我看来，"民间心理学"这个术语暗示着它包含的原则不过是一些"民间智慧"，就像"众人拾柴火焰高"这类朴素的民间真理。因为"民间心理学"这个标签暗示它的知识是陈腐的、平庸的，这个标签蕴含着对这个理论的一种不公正的态度。我们会看到，人们对这个理论的态度已经发生了巨大的转变，所以我们最好不要一开始就对事物有过于强烈的偏见。

由于我们对其他思考者为何做某事的理解（在大多数情况下）源于关于他们可观察行为的知识，所以这种由常识心理学得到的理解通常被称为"行为解释"。因此，哲学家常说常识心理学的核心或目的，抑或功能就是对行为进行解释。在某种意义上的确如此——我们通过归属心理状态来理解行为，进而解释行为。但是另一方面，"行为解释"这个表达又有误导性，因为这个术语好像表达的是我们主要关心人们在做什么而不是在想什么。很明显，我们想知道别人在想什么的目的是为了知道他们打算做什么，或者是理解他们做了什么。但有的时候，纯粹就是一种好奇心驱使我们去搞清别人在想什么。在这里，我们的兴趣不在于他们的行为本身，而是构成行为以及"隐藏"在行为背后的心理事实——那些让我们理解该行为的事实。

当然，行为主义者会否认行为之后隐藏有任何心理的东西。

他们会承认，就像承认一个基本事实那样，有些对行为的解释会比其他的解释更加合理。因此，在雨伞的例子中，行为主义者会接受那个人带伞的原因是他认为天要下雨，等等。这是一件合情合理的事情，而且行为主义者也会认同。但是根据行为主义，某种事物会产生行为或者导致行为的发生这个观点并没有实质性意义，我们不能把对一个人的思维如何引发行为的描述当作明确的事实。相较于其他解释来说，我们更加"精通"于某些解释，但这并不意味着它们就是正确的。它们只是对我们来说更加自然而已。

这个观点很难令人满意。确实，在理解别人时，我们想知道什么是对的，而不只是找出哪些解释能够更加自然地得出。对我来说，这就要求我们关注究竟是什么使这些解释为真，因此，找出我们认为一种解释比另一种解释更加自然的依据。也就是说，我们要重视是什么使行为产生或者导致行为的出现。因此，要想更加深入地了解这种行为主义观点的错误之处，我们就需要对隐匿于行为背后的思维观念进行更加细致的考察。

4.3 思维的因果图景

这个观点的一个方面不过是我在前面提到过的一个很普通的看法而已，那就是我们不能直接观察别人的思维。值得一提的是，这个事实本身并不会使他心变得奇怪或者神秘。有很多事物是我们无法直接观察的，但是它们并不会由此而变得神秘莫测。例如，微生物极其微小，不能直接观察；黑洞密度太大任何光都不能从中穿透，也不能直接观察。我们不具备直接观察这些事物的能力，这本身并不会使它们变得奇怪或者神秘。黑洞或许很神秘，但这不只是因为我们看不到它们。

然而，当我说思维"隐藏"于行为背后时，我要表达的不仅是思维不能被直接观察，我还指行为是思维的结果，思维产生行为。我们是这样了解思维的：我们通过思维的结果来了解它。换言之，思维是行为的原因，思维和行为之间是因果关系。

思维是行为的原因，这是什么意思呢？因果观念是我们用以理解世界的基本观念。想一想我们在日常生活中对这些概念的使用有多么频繁。我们认为政府的经济政策引发通货膨胀或高失业率，吸烟引发癌症，艾滋病毒引发艾滋病，大气中过多的二氧化碳导致全球变暖，随之又会引起海平面升高，等等。用大卫·休谟（1711—1776）的话说，"因果性是宇宙的黏合剂"。[1] 说思维是行为的原因，在一定程度上是说，这种"黏合剂"（无论它是什么）就是把思维与思维隐身于其中的行为连接起来的东西。如果喝酒的欲望导致我走向冰箱，那么我的欲望和我的行为之间的关系，在某种意义上基本等同于吸烟和患癌症的关系，即原因和结果的关系。也就是说，在某种意义上，我的思维促使我行动。我把思维和其他心理状态是行为发生的原因这个假设称为"思维的因果图景"。

1　大卫·休谟（David Hume）:《人性论摘要》(Abstract of A Treatise of Human Nature)，塞尔比-比格（L. A. Selby-Bigge）主编：牛津大学出版社（Oxford University Press）1978年版，第662页。

4 理解思维者及其思维

尽管我们关于原因和结果的讨论从来没有中断过，但是在哲学家中，对于因果性到底是什么，甚至是否存在因果性，都存在着巨大的争议。那么，为了彻底厘清思维是行为的原因究竟意味着什么，我们需要了解一点关于因果性的知识。在这里我只涉及因果性中一些毫无争议的特征，进而展示它们何以可能运用于思维和行为的关系中。

首先，当我们说 A 引起 B，我们通常会承认这个观点，即如果 A 没有发生，那么 B 也不会发生。例如，当我们说某人吸烟引发了癌症，我们一般会相信如果他不吸烟，他就不会得癌症。哲学家是这样来解释的，因果性包含反事实，反事实就是"与事实相反"的事件的真实性。那么我们可以说，如果我们相信 A 引起 B，我们就要接受反事实命题的真实性，那就是"如果 A 没有发生，B 也不会发生"。

把这个观点运用到思维和行为的关系上，反事实和因果性之间的关系就是，如果某个想法，比如对一杯酒的欲望，引发一个确定的喝酒行为的话，那么结果就是，如果这个想法没有出现，这个行为也不会产生。如果我没有这个欲望，那我就不会去喝酒。

我们从行为主义的讨论中学到的是，只有在其他思维也出现的时候，思维才会引起行为。那么，我喝酒的欲望导致我去喝酒，只有在我也相信我实际上能够给自己拿一杯酒的情况下这个愿望才能实现。非心理情况的因果性也是完全一样的。例如，我们可以说某种细菌会引发传染病，然而只有在其他因素同时存在时（如疫苗接种不充分、紧急救护缺失和卫生条件恶劣等），它才会发生。我们可以把这总结为，在这种情况下，如果没有细菌，就不会有传染病。对于欲望也是如此，在当时的情况下，如果我没有喝酒的欲望，就不会喝酒。这就是使欲望引起行动的部分原因。

我要谈到的因果性的第二个特征就是因果性和解释观念之间的关系。解释某个事物就是回答关于它"为什么"的问题。问"第一次世界大战为什么爆发"和"解释第一次世界大战的根源"几乎是一回事。回答"为什么"的一种方式就是援引你对原因所作出的解释。因此，例如，对"他为什么得癌症"这个问题的回答可能是"因为他吸烟"，对"为什么起火"的回答可能是"因为有个地方短路"。

我们很容易看出这个特征是如何应用于思维与行为的关系中的，因为到目前为止我们已经在前面的例子中使用过了。当我们询问"他为什么带伞"并回答"因为他认为天要下雨，等等"的时候，我们就是（按照因果图景）通过援引行为发生的原因，即隐匿其后的思维，来解释这个行动。

我要讨论的因果性的最后一个特征就是因果性与世界的规律之间的关系。原因与规律是相互关联的，和当代因果理论的很多内容一样，这个观点也出自休谟。休谟说原因就是"一个对象，它后面跟着另一个对象，然后所有的对象就像第一个对象那样，后面都跟着与第二个对象相似的对象"。[1] 因此，举例

---

[1] 大卫·休谟（David Hume）:《人类理解研究》(*An Enquiry Concerning Human Understanding*)，塞尔比-比格（L. A. Selby-Bigge）主编，牛津大学出版社（Oxford University Press）1975 年版，第 7 节。

而言，如果这个短路导致这起火灾，那么所有类似于这次短路的事件都会引起与这次火灾类似的事件。或许没有两个事件会完全相似，但是这个观点只是要求在某些特定方面相似的两个事件将会引起在某些特定方面相似的事件。

我们当然期望这个世界是有规律的。当我们往天上掷球时，我们期望它落到地上，这通常是因为我们习惯了这种事情的发生。那么如果我们往天上掷球，它没有落到地上，我们常常会推断它遇到了其他事物的阻碍，也就是说有别的原因阻止球落到地上。我们期望相似的原因引发相似的结果。因果性似乎包含有规律的成分。

然而，有些规律似乎比其他的规律更具有规律性。我吃披萨就有一个规律，我从来没有吃过直径超过20英寸的披萨。无支撑的物体（气球等除外）会落到地上，这也是一个规律。可是这两个规律看起来却大相径庭。阻止我吃直径超过20英寸披萨的是我做事的分寸，而阻止无支撑的物体飞到太空去的却是大自然。出于这个原因，哲学家区分了偶然规律（如第一个规律）和自然法则（如第二个规律）。

因此，如果因果性中存在规律的成分，那么思维和行为的关系中也一定存在规律，只要它们之间确实是因果关系。我将会在下一节讨论这些规律是存在的和这些规律可能是什么。

让我们总结一下关于因果性和思维的种种看法。思维导致行为的意思至少包含以下三个方面的内容。（1）思维和行为的关系涉及结果的反事实的真实性，在当时的情境下，如果思维不存在，那么行为也不会发生。（2）引用一个思维或一串思维作为一个行为的原因就是在解释这个行为，因为援引原因就是解释结果的一种方式。(3)原因通常会包含规律或法则，所以如果思维和行为之间有因果关系，那么我们可能会期望存在与思维和行为相关联的规律。

我从来没有说过因果性一定是一种物理关系。因果性可以是心理的也可以是物理的，这取决于它所关联的东西（它的"关系项"）是心理的还是物理的，所以心灵的因果图景并不蕴含物理主义或唯物主义。尽管如此，思维的因果图景是我称为"机械"心灵观的核心要素。"机械"心灵观认为，心灵就是一个因果机械装置，它是自然界因果序列的一部分，就像肝脏和心脏是自然界因果序列的一部分一样。同时，我们了解他心的方式与我们了解自然界中其他事物的方式一样，那就是通过其作用去了解。因此，心灵就是能对行为发生作用的机械装置，这是毋庸置疑的。

但是，我们为什么要相信心理状态就是行为的原因呢？毕竟否认行为主义是一回事，而接受心理状态是行为的原因又是另一回事。这并不是一个无足轻重的假说，这是任何理解心理状态概念的人都会接受的一件事情。但事实上，许多哲学家都拒斥这个观点。例如，维特根斯坦及其追随者就反对心理状态是行为的原因这个观点。他们认为，原因和机械装置的术语只适用于非心理事物或事件，用它们描述心灵其实是对这种解释模式的误用。维特根斯坦的学生，安斯康姆写到，"这个错误就是，把按照某个意向做某事或者有意地做某事这种关系当作一种

4 理解思维者及其思维

行动和意向之间的因果关系"。[1]

为什么他们会这样认为？他们何以证明心理状态不是行为的原因呢？这是一种理解这一看法的方法。请想一下幽默这个心理现象。我们可以把被逗笑的心理状态（或更精确地说，事件）与这种状态的可观察表现——大笑、微笑等——区分开来。显然，我们需要做这种区分，因为有人可能被逗笑了却没发出笑声，而有人可能是假装被逗笑了，然后让别人信以为真。但是这种区分意味着我们必须要认为是被逗笑这种内部状态引起了外部表现吗？反对心灵因果观的人不会同意这种看法。确切地讲，我们应该认为大笑（在真正的愉悦状态下）是愉悦情绪的表达方式。在这种情况下，愉悦的表达不能被认为是内部状态的结果，而是部分地构成了愉悦状态本身。认为内部状态引起了外在表现，这产生的误导作用和认为一幅画（或一首曲子）表达隐藏的事实是一样的。正如维特根斯坦所言，"可以把有思考地说话和没有思考地说话同有思考地演奏和没有思考地演奏一段乐曲相比较"。[2]

这或许说明了为什么有些哲学家会拒斥思维的因果图景。考虑到这种反对意见的存在，我们需要给出相信思维因果图景的理由。理由是什么呢？在此我将提出两个支持因果图景的理

---

[1] 安斯康姆（G. E. M. Anscombe）："行为的因果性"（"The causation of behaviour"），载吉尼特和休梅克（C. Ginet and S. Shoemaker）主编：《知识与心灵》（Knowledge and Mind），剑桥大学出版社（Cambridge University Press）1983年版，第179页。

[2] 参见维特根斯坦（Ludwig Wittgenstein）的《哲学研究》（Philosophical Investigations），第341节。

由。第一个论证来自唐纳德·戴维森[1]。第二个论证更普遍，更具"意识形态"性，它接受世界的某种图景，但却不接受从一系列无可争辩的前提必然能导出一个确定的结论。

我们最好用一个例子来说明第一个论证。试想有一个人，我们可叫他博莱斯拉夫，他想杀掉他的哥哥。我们假设他嫉妒他的哥哥，并且认为他哥哥正在破坏他的生活。我们可以说博莱斯拉夫有一个杀他哥哥的理由，或许我们认为这不是一个很好的理由，或者说不是一个非常道德的理由，不过它仍然是一个理由。而理由（在这个意义上）不过是使某个行为计划合理的一堆想法。现在，假设有一天晚上博莱斯拉夫参与了一起发生在酒吧的斗殴。出于与他的谋杀计划毫无关联的原因，他意外地杀了一个他并不认识的人，那个人恰巧是他哥哥（可能是他哥哥伪装了自己）。那么博莱斯拉夫有一个杀他哥哥的理由，然后杀了他哥哥，但却不是因为那个理由杀了他哥哥。

请比较一下这个故事的另一个版本，出于同样的理由，博莱斯拉夫想杀掉他的哥哥。他走进酒吧，认出了他哥哥然后开枪打死了他。在这种情况下，博莱斯拉夫有一个杀他哥哥的理由，并且出于这个理由杀了他的哥哥。

这两个故事有什么不同？或者换一种方式提问，出于某个理由而采取某个行动究竟包含哪些内容？思维的因果图景给出了一个答案，当他们的理由是其行动的一个原因时，一个人会

---

[1] "行动、理由和原因"（"Actions, reasons and causes"），载戴维森（Davidson）:《论行动与事件》（*Essays on Actions and Events*），牛津大学出版社（Oxford University Press）1980年版。

出于这个理由而采取行动。因此，在第一种情况下，博莱斯拉夫的杀兄计划并没有导致他杀死他哥哥，即使他的确有一个杀人的理由，并且确实杀了人。但是在第二种情况下，博莱斯拉夫的杀兄计划就是他行动的原因。正是博莱斯拉夫行为因果性的不同把这两个例子区分开来。

在第二种情况下，博莱斯拉夫的理由（他一连串的谋杀想法）是杀人的原因，而在第一种情况下却不是，这么说有道理吗？那么，还记得上面提到的因果性的特征吧。让我们先在这个例子中使用其中的两个（我先不考虑心理因果性和规则的联系，这个内容留到下一节再讨论）。

首先，反事实特征。在第一种情况下，在其他条件都相同的情况下（即尽量让其他环境因素保持一样），我们似乎可以说，即使博莱斯拉夫没有杀兄的想法，他依然会杀掉他哥哥。在斗殴的过程中，杀害他哥哥的行为与他杀兄的想法是无关的。但是第二种情况则不然。

第二，因果性的解释特征。第一种情况下，我们问"博莱斯拉夫为什么杀了他哥哥"，回答说"因为他嫉妒他哥哥"，这并不是一个很好的答案。在这个情境中他对他哥哥的嫉妒不能解释他为什么杀了他哥哥，他杀死哥哥并不是因为他有杀兄的欲望。而在第二种情况下，杀死他哥哥的行为可以由他的杀兄想法来解释，我们应该把这些想法当作原因。

这个论证说明我们需要对这两种情况予以区分，把理由与行动的关系当作因果关系就可以把它们区分开。这就回答了如下问题，什么是出于某个理由而行动？或者说什么是因为某个

42

理由而行动？答案是：因为某个理由而行动就是把这个理由作为某人行动的原因。

这个论证很有说服力，但不是绝对令人信服。因为对于什么是因为某个理由而行动，这个论证本身并没有把另一种解释排除掉。这个论证的结构是有两个迥然不同的情境，我们需要解释两者的区别，并诉诸因果性来解释它们之间的差异。这或许是正确的，但是要注意它并没有排除一种可能性，那就是对于因为理由去行动是什么意思或许还存在更好的解释。这个论证对思维因果图景理论的反对者是开放的，他们可以找出其他的解释来反击这个论证。因此，第一个论证并不能说服反对者。

然而，考察一下戴维森在当时的历史语境中提出的论证，这也是不无裨益的。前面我们提到过维特根斯坦及其追随者的观点，即从因果角度思考心灵完全是错误的，而戴维森的论证就是对这个观点的诸多反击之一。这些反对维特根斯坦的论证旨在说明许多心理概念中都有一个必不可少的因果成分。例如，感知被分析为包含了知觉者和知觉对象之间的因果关系，记忆被分析为包含了记忆和被记住的事实之间的因果关系，知识以及语言和现实之间的关系被看作是完全基于因果关系的。用因果关系分析心理概念形成了一场运动，戴维森的论证正是这个运动的一部分。在这个背景下，我可以引入我对思维因果图景提出的第二个论证。

第二个论证我称为意识形态论证。我之所以给它取这个名字是因为它依赖于对某个特定世界图景的认可，即机械／因果图景。这个图景认为整个世界都服从某种基本的因果规律，也就是物理、化学、生物等规律。它还认为心理学也有其规律，心灵符合自然的因果序列。纵观整个自然界，我们就会发现其中的因果关系，事件的规律循环和一个事件对另一个事件的决定作用。为什么要把心灵排除在这种决定作用之外呢？

毕竟，我们都相信心理状态会受到物理世界的影响：你看到的颜色，你闻到的味道，你尝到的食物，你听到的事物，所有这些经验都是在心灵之外纯粹的机械物理过程的结果。我们知道心灵会受到化学药品的影响，如兴奋剂、抗抑郁药物、麻醉剂、酒精，而且在这些情况下我们也期待在服用化学药品与思维的本质之间有一种规则的、似规律性的联系。因此，如果心理状态是结果的话，那么有什么理由认为它们不可能是原因呢？

4.4 结语：从思维的因果图景到思维科学

本书对思维因果图景的论证并非无可争辩或确凿不移。这些论证旨在为思维既产生于现实又作用于现实这一看法提供一些合理的考量。换言之，思维是哲学家们所言的"世界因果秩序"的一部分。这些论证是在邀请读者们接受这样的一种心灵的图景，即心灵归属于由事物相互作用的因果网络所构成的自然的世界。心灵的状态就是那些在心灵之外的世界中具有因果性的事物。这并不同于心理概念可以用因果性加以"分析"，或者只有那些具有因果性的事物才是唯一真实的这样的观点。而且，这也不同于本书 1.2 节和 4.1 节讨论的物理主义的学说。然而，思维的因果图景的确将问题推至什么样的思维能够以科学的方式研究。尽管我反对所有的科学都可以"还原为物理学"（见 1.2 节和 12.1 节）这一观点，但显而易见的是，许多因果现象都存在科学的解释。那么，思维的因果图景如何与一种心灵的科学相关呢？下一章将回答这一问题。

5 常识心理学与科学

5.1 常识心理学

现在我们要回到常识心理学，它是在我们理解他心时采取的（在一定意义上的）一种刻画或描述心理状态的"理论"。亚当·莫顿曾经把这种观念称为常识心理学的"理论论"（Theory Theory），即认为常识心理学是一种理论的理论，这里我会借用他的名称。[1]要理解理论论，我们需要知道理论是什么，以及常识心理学理论是如何用于心理状态的，然后我们还需要知道这个理论应该如何被思考者使用。

用最简单的话说，我们可以把一种理论当作一个原理或一些原理的集合，它们被设计发明出来是为了解释某种现象。那么，一个心理状态的理论，就是一个解释心理现象的原理的集

---

[1] 亚当·莫顿（Adam Morton）：《心灵的框架》（*Frames of Mind*），牛津大学出版社（Oxford University Press）1980年版，第7页。

合。在常识心理学那里，这些原理也许就像广为人知的真理一样简单。例如，人们一般都会努力争取他们想要的事物（其他事情也是如此），或者如果一个人在光线充足的情况下观察他面前的事物，那么他一般都会相信这个事物确实是在他面前（其他事情也是如此）（这些原理是不证自明的，我们会在后面讨论这一点）。

然而，从一般的角度理解，认为常识心理学是一种理论不仅仅是说它包含了一些描述心理状态的行为的原理。除此之外，它还意味着心理状态就是哲学家称为"理论实体"的东西。也就是说，心理状态不仅可以被一个理论描述，而且这个（正确的、完整的）心理状态理论会告诉我们所有关于心理状态的东西。拿原子论来比较，如果我们知道一系列描述原子的结构和运动的基本原理，那么这些原理就会告诉我们所有我们需要知道的关于原子的东西——因为关于原子，我们需要知道的每一件事情都包含在这个正确的、完备的原子理论中（与颜色相比，对于颜色，我们应该知道所有的东西都包含在颜色的物理理论中，这个观点可能是错的。我们知道拥有颜色理论的知识并不能让我们知道颜色看起来是什么样子的）。原子是理论实体，不仅因为它们是这个理论所假设的内容，而且因为它们的本质特征由这个理论充分地描述出来。同样，根据理论论，以信念为例，我们所有应该知道的内容都包含在这个正确完备的信念理论中。

用一个类比可能会讲得更清楚一些。让我们把这个理论想象成一个故事，故事是这样的："曾经有一个人叫李尔王，他有三个女儿，分别叫贡纳莉、里根和科迪莉娅。有一天他对她们说……。"现在，如果你问"谁是李尔王"，完全正确的回答方法也许是把故事的部分内容进行转述：李尔王是一个分裂了自己的王国，剥夺了自己最喜爱的女儿的继承权，然后疯了，最后死于荒野的一个人，等等。可是如果你问"李尔王有儿子吗？他儿子发生了什么事情"，或者"李尔王留着什么样的发型"，这个故事却没有给出答案。然而，并不是这个故事没有提到李尔王的儿子以及他留什么样的发型，而是关于李尔王，我们应该知道的所有内容都在这个故事里。认为应该还知道更多就是对这个故事的误解。同样，认为在这个正确、完备的原子理论包含的内容之外还有关于原子的知识（按照这个理论的观点），就是对原子是理论实体的错误理解。

下面是与常识心理学的类比。例如，信念理论可能会说，"有这样的一些状态，即信念，它们与欲望发生因果作用而引起行动……"，等等，并列举出所有关于信念及其与其他心理状态关系的常见事实。一旦这些常见的事实都被列出来之后，这个清单就为"信念"这个术语给出一个"理论定义"。根据这个观点，信念的本质特征将会由这些关于信念的事实完全表达出来。在这个信念理论之外，就不再有任何关于信念的知识，其他种类的思维也是如此。[1]

---

[1] 大卫·刘易斯（David Lewis）："心理物理学和理论证明"（"Psychophysical and theoretical identification"），载内德·布洛克（Ned Block）主编：《心理学哲学读本（第一卷）》（*Readings in the Philosophy of Psychology, Volume 1*），梅休因出版社（Methuen）1980年版。

原则上，把常识心理学是一种理论这个观点与思维的因果图景这个观点像这样区分开来是尤为重要的。有些人可能只接受思维的因果图景（只认为思维对行为有影响），而不接受常识心理学是一个理论。有些人可能会拒斥思维的因果图景（否认思维可以产生作用），却承认常识心理学是一个理论。例如，那些对因果性的存在持怀疑态度的人可能会有这种看法（尽管这个看法十分与众不同）。

请记住这一点，对于理论论是如何发挥作用的，以及理论论认为思维是什么，我们还需要进行更多的讨论。让我们再举一个日常生活中的例子。假设我们看到一个人拿着许多袋子在一条空旷的人行道上奔跑，当时一辆公交车超过她，正驶向公交站台。她正在做什么？答案显然是她跑着赶公交车。第4章的讨论会让我们意识到在这个显而易见的答案之外还会有其他的答案：也许她认为她在被人追赶，或者她只是想锻炼一下身体。可是这条路上空无一人，而且人们一般不会背着大大的袋子去锻炼身体。基于这些事实，我们得出了这个显而易见的结论。

就像我们在先前的例子中做的那样，我们会排除掉那些更加不合常理的解释，因为它们不会让我们觉得此人做的事情是合理的、理性的。在解释她的行为时，我们假设在她的心灵中具有一定程度的理性，我们假设她在追求她眼前的目标（赶上公交车），而这无疑是为了实现她的长期目标（也许是回家）。我们作出这样的假设是因为我们认为她做这些事情是合理的，同时她也在用理性的方式去尝试和实现这些事情（不理性的事情是，比如，她在马路中央的公交车前躺下来，希望公交车司机把她接走）。

这样说并不是否认非理性的疯狂行为的存在，当然不是。不过如果所有行为都是不合理的、疯狂的，那么我们就无法预测人们心里在想些什么。我们也不知道该怎样在一个荒谬的假设与另一个荒谬的假设之间做出选择。通常，为了使对其他思考者的解释成为可能，我们必须假设思维和行为的关联中存在某种规则。如果人们的思维和行为之间的规则性强到容许解释，那么我们自然会希望常识心理学包含对这些规则予以描述的归纳。事实上，如果常识心理学真的是一种理论，这就是我们应有的期待，因为一个理论（至少）就是一些普遍原理或规则的集合。

于是，下一个问题是，普遍的心理归纳是否存在？关于这些归纳，怀疑主义提出了各方面的质疑。有一种怀疑主义十分常见，它的依据是，如果存在心理归纳，那么我们（作为"常识心理学家"）当然应该知道它们，但事实上我们并不善于对心灵作出任何看似合理的归纳。亚当·莫顿说："'任何人只要认为房间里有老虎……他都会离开'，这样的原理几乎都是错的。"[1] 即使我们真的对心灵作出了一些正确的归纳，它们最终都会让我们失望。想想上面的例子："人们一般都会努力获得他们想要的东西（其他事情也是如此）。"我们会说："当然如此！还是说点我不知道的东西吧！"这里又要引用莫顿的话了：

---

[1] 莫顿（Morton）:《心灵的框架》(Frames of Mind)，第37页。

"常识心理学最引人瞩目的地方……就是它不需要进行任何强力或大胆的假设就具有一种强大而全面的解释力。当人们试图总结出一些日常生活中普遍使用的心理解释的原理时,他们只会发现这些原理无聊至极,不言自明。然而,在某些特殊的情况下,我们会提出一些大胆有趣而又尖锐激烈的假设来解释为什么某人……会那样做。"[1]

显然这个看法有一定的正确性,但重要的是它不应该夸大其词。毕竟,如果理论论关于常识心理学的论述是正确的,那么我们在互相解释的时候就一直在使用这个理论。因此,我们发现我们使用的归纳不过是一些"不言自明的道理",这就不足为奇了。正是因为我们对它们太熟悉了,所以它们才不言自明,但这并不意味着它们没有解释力。让我们来比较一下物理对象的日常理论——"民间物理学"。我们知道固体可以抵抗压力,也可以阻碍其他物体的穿透。在某种意义上,这就是一个自明之理,然而正是这个原理说明了我们与对象世界的所有交互。

理论论的辩护者们做出的另一种回应是,我们只是假设我们知道某些关于他心的心理学理论知识,这些理论可以圆满地解释为什么我们可以成功地理解他人。然而,这种知识并不需要清晰地为我们所知,也就是说我们无需把这些知识带入到我们有意识的心灵中。不管怎样,这种无意识的知识是存在的——比如讨论的美诺的奴隶拥有的数学知识(见 3.2 节)。这

---

[1] 莫顿(Morton):《心灵的框架》(*Frames of Mind*),第 28 页。

5 常识心理学与科学

也解释了我们是如何相互理解的，就像（比如）语言规则的无意识的或"内隐"知识解释我们如何理解语言一样。

到目前为止，我已经指出，常识心理学是通过假设人们具有高度的理性和假设某些归纳的真实性而发挥作用的。我们也许无法说出所有的归纳，但是鉴于我们知道它们中的某些内容（尽管它们不过是些"枯燥的自明之理"），我们现在就可以追问，关于思维本身常识心理学的归纳都说了些什么？

让我们回到跑向公交车的那个女人的例子。如果有人要问为什么我们认为她是向公交车跑去，我们可能回答说："很明显呀，公交车来了。"可是你再想一下，这似乎有点不太对。她之所以这么做并不是因为公交车来了，而是因为她认为公交车来了。如果公交车来了但她却没发现，那么她就不会跑向公交车。同样，如果她认为公交车来了而事实上那个时候公交车还没来（或许她误把卡车的声音当成公交车的声音），那么她还是会跑过去的。

在上一章介绍思维的因果图景时，我曾说过行动的理由（reason）包含于行动的原因（causes）之中。然而，"理由"一词在这类讨论中有两种用法，了解这一点十分重要。有时我们用这个词来描述人们的信念和欲望以及它们如何影响人们的行为，如我在上文中的用法。戴维森就曾经这样使用这个词语。[1]但是，在日常语言中，"理由"一词似乎更多地是用来找出支持

---

1 见"行动、理由与原因"（"Actions, reasons and causes"），收录于戴维森（Davidson）的《论行动与事件》（*Essays on Actions and Events*）。

某种想法或做法的事实，而非指出其重要性。在这个意义上，斯坎伦将理由定义为"一种支持某事物的考量"。[1] 所以，在我们的例子中，当我们回答"她为什么跑"这个问题时说"因为公交车就要来了"，我们正是在这个意义上给出理由。这被称为理由的"规范"意义。[2] 但是，当我们说她跑是因为她认为公交车就要来了，这就为她提供了所谓的"动机"意义。两者都是"理由"一词的合法使用，但是我们需要澄清我们使用的是哪一种。

尽管这与我们应当如何使用"理由"一词无关，但我们可以这么讲，人们做什么是由他们如何认知世界决定的，不过一个思维者对世界的认知并不总是世界本来的样子（我们都会犯错）。一个思维者以某种方式"认知"这个世界，换一种表达方式说就是这个思维者以某种方式表征这个世界，所以思维者做什么取决于他们如何表征这个世界。这就是说，根据常识心理学，决定行为的思维是表征性的。

要注意，常识心理学关注的是事物是如何在思维中被表征的，而不仅仅是哪些事物被表征了。认为公交车来了的人一定是把公交车表征为公交车，而不只是表征为（例如）某种类型的机动车——因为一个人怎么会去追某种类型的机动车呢？或者想一想博莱斯拉夫的例子。尽管在第一个场景中他杀掉了他

---

[1] 见《我们彼此负有什么义务》(*What we Owe to Each Other*)，哈佛大学出版社（Harvard University Press）2000年版，第1章。

[2] 迈克尔·史密斯（Michael Smith）：《道德问题》(*The Moral Problem*)，布莱克韦尔出版社（Blackwell）1994年版。

的哥哥，他把他哥哥表征为某种形式，而没有把他哥哥表征为他哥哥，这也就是为什么他要杀掉他哥哥的欲望不能作为谋杀的原因（见 3.3 节"意向性"）。

常识概念的另一个核心内容就是思维是行为的原因，至少就思维的因果图景而言是如此的。常识告诉我们，当我们用信念和欲望来对某人的行为作出解释时，这个解释援引的就是这个行为的原因。当我们说这个女人跑向公交车是因为她相信公交车来了并且她想乘公交车回家，这里的因为这个词就表达了一种因果性，这和"他得了癌症是因为他吸烟"中的因为表达的因果性是一样的。

把思维的因果图景和理论论结合起来，我们可以得出：常识心理学包含了一些归纳，这些归纳描述了具有某些思维的结果或潜在的结果。例如，前面我们讨论过一些简单例子，某人做某事取决于他或她相信什么和他或她想要什么以及对什么有欲望。因此，如果将因果图景和理论论结合起来，我们就可以说，常识心理学包含一个或一些关于信念和欲望如何引起行为的归纳。我们或许可以尝试着将这个归纳表述为：

"信念与欲望的结合会引起某些行动，这些行动的目的是满足或实现这些欲望。"

因此，举例来说，如果我们想喝一杯酒，同时我相信冰箱里有酒，而且我相信冰箱就在那边的厨房里，这些信念会使我采取某种行动，这个行动的目的是为了满足我的欲望。比如，我会向冰箱那边走去。

　　当然我也可能不这么做，即使我有这些信念和欲望。如果我还有一个更加强烈的欲望，我希望自己保持清醒的头脑，或者如果我相信冰箱里的酒是别人的，而且认为我不应该拿它，那么我也许就不会按照我想喝酒的欲望去行动了。但是这并没有削弱这个归纳，因为无论是什么欲望引起我的行动，它都与这个归纳相符。如果我保持头脑清醒的欲望比我想喝酒的欲望更强烈，那么它就会引起一个不同的行动（不去冰箱那里，而是到乡间小路舒心惬意地散步等之类的行动）。这个归纳表达的是人们行动是为了满足自身的欲望，无论这些欲望是什么。

　　值得再次强调的是，像这样的思维路径其实并不会进入人们有意识的心灵中。一个想喝酒的人从来不会有意识地去想"我要喝酒，酒在冰箱里，冰箱在那边，因此我应该走到那里"等（如果他或她有意识地去思考这些内容，那么再喝一杯就很可能非常不明智了）。这个观点认为，具有这些表征内容的无意识思维引起了思维者的行为。这些思维是思维者行动的"源泉"，但是它们无需居于意识心灵之中。

　　这就是从因果关系的角度对理论论的理解，现在到了对理论论进行评价的时候。在评价时，我们需要提出两个核心问题。第一，即使我们相互之间的日常心理理解是一种理论，那么它是一个好的理论吗？也就是说，假设一系列关于信念和欲望的原理和自明之理引发行为（等等），我称之为常识心理学，它确实是一种人类心灵的理论，那么有什么理由让我们认为它就是一个正确的人类心灵理论？这看起来好像是一个怪异的问题，但是我们将会发现，人们对这个问题的态度会影响到他们对心灵的整体态度。

第二，理论论对常识心理学给出了充分的解释吗？也就是说，把常识心理学当成一种理论是正确的吗？或者我们应该用其他的方式解释常识心理学？（要记住的是，在这个基础上对理论论进行反驳实质上并没有拒绝思维的因果图景。）

如果我倒过来回答两个问题，那么事情就会变得无比简单了。

5.2 思维的科学：取消还是辩护？

那么让我们来假设，常识心理学是一种理论，它是一种关于信念、欲望、相信、希望、恐惧、爱以及我们会相互归属的其他心理状态的理论。在称这种理论为常识心理学的时候，哲学家会暗地里把它与作为科学学科的心理学相比较。掌握常识心理学这种理论，只需要拥有一个成熟的心智、一点想象力和对他人的熟悉。在这个意义上，我们都是心理学家。然而，科学心理学使用的许多技术概念和量化方法，只有一小部分"常识心理学家"才能理解。可是从表面上看，这两种理论都宣称自己是关于同一个事物的理论，这个事物就是心灵。那么，它们之间有什么关系呢？

我们不应该简单化地认为科学心理学和常识心理学实际上是关于不同事物的理论，即科学心理学是大脑的理论，而常识心理学是人或心灵的理论。至少有三个理由说明这种看法是不对的。首先，就目前我们关于这些理论展开的讨论来看，心灵可能就是大脑。我在第 1 章中说过，我们在讨论思维和心理表征时可以先把这个问题放到一边。但是无论结论如何，我们当然都不应该认为仅仅由于我们有两种不同的理论，所以我们就有两种不同的事物（比较：常识说桌子是实心木的，粒子物理学说桌子大部分是空的。因此，正如物理学家亚瑟·爱丁顿曾得出的著名结论，我们也得出结论说，这里有两张桌子，原因是我们有两个理论。这是一个非常糟糕的推理[1]）。

其次，科学心理学同样讨论了许多我们在常识心理学中讨论的心理状态。科学心理学家试图回答这样的问题：记忆是如何工作的？我们是怎样看到事物的？我们为什么会做梦？什么是心理图像？所有的这些心理状态和事件——记忆、视觉、梦和心理图像——都是常识心理学所熟悉的。你无需任何科学素养就能够使用记忆或视觉这些概念。科学和常识心理学都对这些现象有所言及，所以我们没有理由在一开始就认为科学心理学家那里的视觉现象与"常识心理学家"那里的视觉现象就是不同的。

最后，许多现行的科学心理学研究并没有涉及大脑的实际工作状态。通常，这并不是因为参与研究的心理学家都是相信心灵是不朽的灵魂的笛卡尔式的二元论者，而是因为在研究大脑神经实现的细节之前，试图从大范围的宏观角度（即日常行

---

[1] 亚瑟·爱丁顿（Arthur Eddington）：《物理世界的性质》(*The Nature of the Physical World*)，剑桥大学出版社（Cambridge University Press）1929 年版，第 xi—xiv 页。

5　常识心理学与科学

为的角度）去观察心灵是如何工作的通常会更有意义。所以认为科学心理学只关注大脑是不对的，至少在心理学的具体实践上就不是如此。

鉴于科学心理学和常识心理学都关注同一个事物——心灵，那么厘清两者之间的关系问题就变得十分迫切。对于两者关系的研究可以有很多进路，但最终可以归结为两种：辩护或取消。让我们来看看这两条进路。

根据辩护的进路，我们已经知道（或者有充分的理由相信）常识心理学的归纳在很大程度上都是正确的。那么，我们可以期望科学心理学做的一件事就是对它们如何或为什么是正确的进行解释。例如，我们知道如果正常的观察者在光线良好、没有东西遮挡的情况下观察一个对象，那么他们会相信这个对象就在他们面前。视觉和认知科学心理学的目标之一就是去解释这样一个简单的真理实际上是正确的，究竟是关于我们、我们的大脑、我们的眼睛和光的什么东西使我们有可能看到对象，并且在看到对象的基础上形成关于它们的信念。辩护的路径也许需要与常识物理学做一个类比。在牛顿之前，人们已经知道如果把一个物体抛到空中，它最终会落回地面。但是，这却需要用牛顿的物理学来解释为什么这个真理实际上是正确的，那么常识心理学就是如此。

相比之下，取消论则认为我们有诸多理由去怀疑常识心理学是否正确。如果常识心理学是不对的，那么我们就应该容许心灵科学或脑科学在不使用常识心理学范畴的情况下发展。科学心理学没有义务去解释常识的归纳为什么是对的，因为我们有充分的理由认为它们是不对的！因此，我们应该期望科学心理学最终取消常识心理学，而不是为它辩护。取消论用炼金术这样的不足为信的理论进行类比。炼金术士认为有一种"魔法石"可以把铅变成金子，然而科学并没有证明这是真的——这是不对的，然后炼金术最终被取消了，那么常识心理学也是这样的。

由于取消论的支持者通常都是唯物主义者，所以这种理论被称为取消式唯物主义。取消论的主要辩护者之一保罗·丘奇兰德说：

> "取消式唯物主义是这样的一种理论，它认为我们心理现象的常识概念构成了一个完全错误的理论，这个理论存在根本缺陷，它的原理和本体论最终将会由完备的神经科学所取代。"

对于"这个理论的本体论"，丘奇兰德意指这个理论宣称存在的事物，如信念、欲望、意向等（"本体论"是对存在或存在着什么的研究）。因此，常识心理学的本体论有缺陷的意思是说常识心理学关于心灵里存在什么的观点是错误的。事实上，取消式唯物主义者通常认为常识心理学讨论的心理状态都是不存在的，也就是说，信念、欲望、意向、记忆、希望、恐惧等都是不存在的。

这个观点或许会让你觉得难以置信。一个有理智的人怎么会认为思维是不存在的呢？这难道不是和一边说话一边说词语

5 常识心理学与科学

是不存在的一样自相矛盾吗？但是，在评价这个观点之前我们应该注意，它是多么容易从上一节中提及的作为理论的常识心理学和作为实体的心理状态的观念中轻易地得出。要记住的是，根据这个观念，思维的所有本质都被这个理论描述了出来。因此，对于"思维是什么"这个问题的回答就是："思维就是思维的理论言其所是的东西。"因此，如果思维的理论被证明是错误的，那思维就不存在了。这就是说，要么这个理论是正确的，要么思维根本就不存在（比较：原子就是原子理论言其所是的东西。这个理论说原子是什么，原子就是什么，所以说如果这个理论是错误的，那么原子就是不存在的）。

取消式唯物主义先承认常识心理学是一种理论，然后再论证这个理论是错误的。但是他们为什么认为这个理论是错误的？他们给出的第一个理由就是（与辩护论相反）常识心理学事实上并没有对以下事物给出充分的解释：

>"心理疾病的本质和驱动力、创造性想象的能力……睡眠的本质及其心理功能……各种各样的错觉……记忆力的神奇之处……学习过程本身的实质……"[1]

根据丘奇兰德的观点，所有的这些现象对常识心理学来说都是"完全神秘的"，而且很可能以后也依然如此。反对常识

---

[1] 丘奇兰德（Churchland）："取消唯物主义和命题态度"（"Eliminative materialism and the propositional attitudes"），第 73 页。

心理学的第二个理由在于它的"停滞不前"——在其悠久的历史中，它很少显示出发展的迹象（至于其历史跨度，丘奇兰德相当武断地说有 25 个世纪[1]）。第三个理由是，将常识心理学的范畴（信念、欲望等）"还原"成物理范畴是不太可能的。也就是说，科学家们不可能系统而详细地说明是哪种物理现象支撑了信念和欲望（还记得"母爱就是镁元素"这个荒谬的结论吧！）。丘奇兰德主张，如果做不到这些，那么常识心理学就不可能获得科学尊重。

在评价这些理由之前，我们必须回到那个或许还在困扰着你的问题，那就是人们如何能够真正地相信这个理论？人们如何能够相信信念是不存在的？事实上，人们如何能够坚持这个理论？坚持某个事物就是表达对它的信念；但是如果取消式唯物主义是对的，那就不存在信念了，所以也就没有人能表达它们了。因此，取消式唯物主义者自己高谈阔论，这难道不是他们在极力地震动空气波发出的没有意义的声音吗？难道他们的理论不是在自我反驳吗？

丘奇兰德用十九世纪的活力论信仰做类比来回应这个论证。活力论者认为，我们不可能完全从生物化学的角度去解释生物和非生物之间的区别，而只能诉诸生命的精气或"隐德莱希"（entelechy）来解释生命的存在。丘奇兰德设想有人会争辩说，对活力论的否定（即非活力论）就是一种自我反驳：

---

[1] 丘奇兰德（Churchland）："取消唯物主义和命题态度"（"Eliminative materialism and the propositional attitudes"），第 76 页。

5 常识心理学与科学

"我的博学之友宣称不存在生命精气这样的事物,但是这个陈述是不合逻辑的。因为如果是真的,那么我的朋友就没有生命精气,因此他一定是死的。但如果他是死的,那他的陈述不过是一连串的噪音,没有意义或真值。最后,反活力论为真的这个假定蕴含着它不可能为真!证明完毕。"[1]

这个被拙劣模仿的论证是这样的:活力论者认为活着的本质在于人的身体中含有生命的隐德莱希,因此任何否认隐德莱希存在的人实际上就是在宣称没有任何事物是有生命的(包括他们自己)。这显然是一个糟糕的论证。丘奇兰德说,那些对取消式唯物主义自我反驳的指责中也包含了同样低劣的论证。那就是,根据常识心理学,断言某个事物就是表达对它的信念,所以任何否认信念存在的人实际上就是在宣称没有人可以断言任何事物(包括取消式唯物主义)。

当然,支持活力论的论证是不成立的。但这个类比却不是很有说服力。因为虽然我们很容易想明白生命中或许没有隐德莱希这个观点,但却很难理解断言中可能不包含信念的表达这个类比的观点。断言本身就是一个源自常识心理学的概念,断言某事物就是宣称它是真的。在这个意义上,断言与信念的概

---

[1] 保罗·丘奇兰德(Paul M. Churchland):《物质与意识》(*Matter and Consciousness*),麻省理工学院出版社(MIT Press)1984年版,第48页。

念非常接近——相信某事物就是认为它为真。因此，如果常识心理学被取消的话，断言和信念也要被取消。那么一个科学理论的断言，比如唯物主义，会有怎样的命运呢？[1]

丘奇兰德也许会说，我们不应该让科学未来的发展受到我们的想象和理解的限制。如果在十九世纪，还有人不理解生命并不是由隐德莱希构成的，那么这些人就是他们自身想象力局限性的受害者。然而，尽管认识到我们认知的局限性是个好事，但是这种谨慎本身并不能让我们趋近取消主义的立场。

我们并不需要为了评价取消式唯物主义而解决其自我反驳的问题，因为研究后我们发现，支持这个观点的那些正面论证也都不是十分具有说服力。我将简要地对它们进行梳理。

第一，先说说常识心理学解释力不足的问题。从表面上看，用信念和欲望来解释行为的理论不能用来解释我们为什么要睡觉（以及前面提到的那些事情），这个事实本身并不能作为反驳信念和欲望的理由。原因就是，为什么信念和欲望理论一定要解释睡眠呢？这个回应似乎对辩护论要求过多了。

第二，让我们来看一看对常识心理学"停滞不前"的指责。这个指责是非常成问题的。心灵的常识理论是如何发生改变的，一个令人印象深刻的例子就是它在意识中的运用。人们广泛认为西方的许多人都认可对某些心理状态（例如无意识的冲动或欲望）是无意识性的假设。这是在心灵观方面发生的变

1　希拉里·普特南（Hilary Putnam）:《表征与实在》(*Representation and Reality*)，麻省理工学院出版社（MIT Press）1988年版。

化,这种变化似乎也可以看作是常识的一部分。

无论怎样,即使常识心理学在过去几个世纪中变化不大,这个指责也是难以立足的。一个理论许多年未变这个事实显示,要么它是停滞不前的,要么它是十分完备的。究竟是哪种情况,这取决于这个理论能否很好地解释现象,而不是这个理论是否有变化,等等。(比较:没有支撑的物体会掉落到地上这个常识物理学信念已经有好几百年没有改变了,我们可以下结论说这种常识信念是停滞不前的吗?)

第三,还有这样一个问题,即常识心理学的范畴是否可以还原为物理(或神经生理学)范畴。这里的假定是,一个理论要被科学地尊重,它必须能被还原为物理学。这是一个非常极端的假设,我在导论里写到,我们没必要为了接受心灵可以由科学来解释这个观点而承认这个假设。如果的确如此,那么辩护论就可以直接反驳还原论,而不需要驳斥对心灵的科学解释。

因此,即使取消主义的论证从根本上来说不是自我反驳,然而支持它们的论证也不是非常地令人信服。并且取消式唯物主义者为其理论辩护所提供的具体理由也颇具争议。不管怎样,虽然取消主义只具有微乎其微的可能性,但许多心灵哲学家还是受到了困扰。原因在于这种可能性(无论多么遥远)就暗含在理论论中。如果常识心理学真的只是一个经验理论,也就是说这个理论在常规的经验世界中是正确的,那么和任何经验理论一样,它的支持者必须接受它在将来有被证伪的可能性。无论我们多么相信进化论或相对论,我们必须(至少)要接受有一天它们有可能被证明是错误的。

有一个办法可以避免这种不幸局面的出现，那就是彻底地拒斥将理论论看作是我们关于他心日常理解的描述。这个办法会为上一节末尾提出的第一个问题——"理论论是否为常识心理学提供了充分的解释？"——给出否定的答案。现在我们来简要地分析一下这个方法。

5.3 理论 vs 模拟

事实上，许多哲学家认为，当我们用心理学概念去理解他心时，理论论完全歪曲了我们所做的事情。而他们的看法是，理解他心涉及一种对他人心灵的想象性投射。他们将这种投射称为"复制"或"模拟"。

这个观点的实质很容易把握，当我们试图弄清别人在做什么时，我们通常会让自己"设身处地"，尽量从他们的角度来思考事物。也就是说，我们在想象中"模拟"或"复制"可能解释他们行为的想法。在反思他人的行为时，简·希尔写道：

"我竭力去复制或者再创造他的思维。通过想象世界在他眼中所显现的样子，我将自己置身于他当时的初始状态，然后仔细地思考、推理和反思，看看到底会出现什么决定。"

五十多年前，奎因也表达了类似的观点：

5 常识心理学与科学

"命题态度……可以看作是一些思维,这些思维包含了一些东西,比如某个人对某种想象的情景给出想象的语言反应。当我们让真正的自己扮演虚假的角色时,我们通常并不知道应该保持多少真实性,那么困惑就会随之而来。但是尽管如此,我们仍发现自己甚至将信念、愿望和努力归属于没有说话能力的生物,这便是我们引人瞩目的精湛技艺。我们甚至能设身处地地根据其行为想象一只老鼠所具有的心态,生动地把它表达为一种信念、愿望或者努力,还用语言把它描述出来,就好像这些是在假想的状态中与我们相关而且自然而然的东西一样。"[1]

近代的思想家开始认真地思考奎因的观察,他们对这个理论进行了许多扩充和解释。但其中最普遍的观点是,要弄清别人在想什么并不是去观察他们的行为,然后再用一个理论去解释这个行为。相反,它更像是我们拥有的一个技能,这种技能把我们自己通过想象代入他人的心灵之中,然后去预测和解释他们作为结果的行为。

我们很容易发现这种常识心理学中的"模拟论"回避了心灵的取消这个问题。在前一节中,取消式唯物主义的论证是从一些假设开始的,即常识心理学是一个理论,它所讨论的事物完全是由这个理论定义的,并且它与科学心理学是相互竞争

---

[1] 奎因(Quine):《词语和对象》(*Word and Object*),麻省理工学院出版社(MIT Press)1960年版,第219页。

的。然后，这个论证说常识心理学不是一个很好的理论，最后得出结论说没有足够的理由认为心理状态是存在的。但是，如果常识心理学根本就不是一个理论的话，那么它甚至就不能与科学相提并论，那么这个论证根本就无法展开。

尽管采纳模拟论可能会否定取消式唯物主义论证中的一个前提（即理论论），但这本身并不是我们去相信模拟论的非常好的理由。因为换一个方式来看，模拟论与取消式唯物主义可能是相当志趣相投的。可以这么说，如果常识心理学不把自己当成科学，或"准科学"，那我们也根本不需要认为常识心理学是正确的东西。因此，我们可以接纳模拟论而不必相信心灵是真实存在的（当然这里的假设是，唯一能够告诉我们世界上存在什么的命题都是由科学理论得出的命题）。

实际上，这种将模拟论和取消式唯物主义结合起来的看法实际上来自奎因。请将前面引用的奎因的观点与下述内容进行比较：

"问题是……最终是否可以完美地解释所有的事物……它可以有效地构建我们的概念图式，从而为物理类型之外的所谓心理类型的实体或单元划出一个范围。我秉持自然科学假说之精神提出的假说，的确不是行之有效的。"[1]

---

[1] 奎因（Quine）："论心理实体"（"On mental entities"），载《悖论的方式》(*The Ways of Paradox*)，哈佛大学出版社（Harvard University Press）1976年版，第227页。

5 常识心理学与科学

由于取消式唯物主义和模拟论能以这种方式相容，为了避免取消式唯物主义而相信模拟论本身可能就是一个非常坏的动机。当然，模拟论者有许多自身的理由去相信他们的理论。其中的一个理由已经在 5.1 节中提到了，那就是迄今还没有人能够提出足够多有效力或者有趣的常识心理学归纳。还记得亚当·莫顿说大部分常识心理学的归纳都是"无聊的自明之理"吧！这并不是一个让人无法反驳的论证，但是（模拟论者认为）这会鼓励我们去寻找理论论的替代者。

那么，我们应该怎样理解模拟论呢？当然，我们中的大部分人都会发现，我们在互相理解的过程中通常就是以这样的方式看待事物的。"从别人的角度看问题"实际上就是理解他们的同义表述，而不能从别人的视角看问题无疑就是一个人作为常识心理学家的能力缺失。但是，如果模拟是我们现实生活中显而易见的一部分，那么为什么有人会否认它的发生呢？如果没有人（即便是一个理论论者）否认它的发生，那么理论论怎么被认为是与模拟论相冲突的呢？为什么一个理论论者不能回答说："我同意，我们似乎就是这样来理解他心的。但是你不能模拟，除非你具有某种基础理论的知识，这个理论的真理性使模拟成为可能。这种基础理论并不需要被有意识地运用，但是正如我们所知，这并不意味着这个理论是不存在的。"

答案在于我们说常识心理学是一个"应用于"思考者的理论是什么意思。在"常识心理学"这一节，我指出理论论也许会说常识心理学的归纳是无意识地或默默地由思维者拥有的（我们会在第 8 章再次讨论这个观点）。但是从表面上看，这个观点似乎并没有直接受到模拟论的威胁。因为模拟是与我们在解释的过程中所明确意识到的东西相关，所以我们模拟他人的事实并不能表明我们不具备常识心理学归纳的内隐知识。因此，模拟论者需要提供独立的论证来反驳这种观点。

如果可以诉诸内隐知识的话，理论论似乎也可以为自己提供辩护，而且理论论似乎可能接受模拟论的主要观点，那就是我们时常用从他人的角度思考事情等方法来解释他人。通过这种方法，我们有可能同时获得这两种理解他心路径的精华之处。或许这里并没有真正的分歧，有的只是不同的侧重点。

5.4 结语：从表征到计算

那么，我们如何认识心灵？经过思考，我赞同的答案是：我们通过运用关于人们心灵的猜测——或者是运用心灵理论——去解释他们的行为。对心灵理论的考察可以帮助我们回答另外一个问题——那就是关于心灵，我们知道些什么？找出这个理论对心灵做了哪些论述就可以回答这个问题。就我对常识心理学的理解，常识心理学（至少）认为思维就是心灵状态，这些心灵状态表征世界并在世界中发挥作用。我们就是这样从对"如何"问题的回答中得出"是什么"问题的答案的。

从这里开始，我们的研究可以沿着许多不同的路径展开。状态可以表征世界以及状态可以促使它的拥有者以某种方式去行动，这个观点不仅仅适用于人类。因为我们关于思维的知识来自行为——并不必然是言语行为——所以这些常识心理学的

5 常识心理学与科学

基本要素也可能运用到动物身上。

在进化的历程中,这种解释处于什么位置呢?我们可以把这种解释用在哪些动物身上呢?让我们来看看来自格里斯泰尔的这段令人印象深刻的话语:

> "在平淡无奇的突尼斯沙漠上,一只移动很快的长腿蚂蚁离开了它潮湿的巢穴,开始了一段觅食的征途。它在这片沙漠上穿行,路线蜿蜒曲折,开始是往这个方向跑,然后又往那个方向跑。但是,渐渐地它距离可以维持自己生命的那个潮湿的洞穴越来越远。最后,它发现了一只蝎子的尸体,它用自己强壮的双钳挖下了一块几乎和它自己一样大小的蝎子肉,然后就开始在它自己和巢穴入口——一个宽1毫米、40米开外的洞——之间的直线偏离1度或2度的范围内进行定位。它沿直线爬行了43米,通过维持自己与太阳之间的角度来保持行进的方向。在超过了它定位的入口3米远的地方,这只蚂蚁突然进入了搜索模式,就这样,它最终找到了它的目的地。目睹了这场回家之旅的人发现以下这个推断是难以否认的:觅食的蚂蚁每时每刻都拥有一个自己相对于巢穴入口位置的表征,使它能够计算出太阳的角度和从任何可能发现食物的地点到家里的这段距离。"[1]

---

[1] 格里斯泰尔(C. R. Gallistel):《学习的组织》(*The Organisation of Learning*),麻省理工学院出版社(MIT Press)1990年版,第1页。

在这里，蚂蚁的行为根据其所处环境中的位置表征得到解释。然而，其他的东西被加了进来：格里斯泰尔说这只蚂蚁"计算"太阳的角度和返程的距离。我们应该怎么理解一只蚂蚁"计算"表征呢？为什么这个结论是"难以否认"的？就这件事情而言，究竟应该怎样理解计算表征？当然，事实证明，在格里斯泰尔看来适用于蚂蚁的事情，在很多人看来也适用于我们的心灵——那就是，在我们四处移动和思考世界的时候，我们就在计算表征。这是下一章的主题。

6 计算与表征

6.1 提出正确的问题

到目前为止,我尝试性地解释了关于表征本质的哲学问题,以及它与我们理解他心的关系。人们说什么和做什么是由他们想什么引起的,即他们所相信、希望、愿望和欲望的东西——也可以说是由他们的表征性心灵状态或思维引起的。换言之,人们做什么取决于他们表征世界的方式。如果我们要解释思维,那么我们就必须解释既能作为世界的表征同时又能作为行为原因的状态何以可能存在。

为了理解事物何以能够拥有这两种特征,引入心灵就是计算机这个观点是非常有用的。许多心理学家、认知科学家和哲学家都认为心灵是一种计算机。他们有很多理由这么认为,而这个观点与我们当前主题之间的关系是,一台计算机,在某种意义上讲,就是一个"包含"了表征的因果机器。在之后的三章中，我会阐释这个观点，并阐明它对思维和表征相关问题的影响。

心灵就是计算机或者计算机可以思考这个观点掀起了巨大的情感波澜。有些人认为它令人振奋，有些人则认为它荒诞不经，甚至是贬低了人类的天性。对于计算机能够思考和心灵就是计算机这些观点，我会对支持和反对它们的一些主要论证进行评价，尽可能客观公正地呈现这个极富争议的问题。不过，我们首先需要理解这些观点。

也就是说，在一开始提出正确的问题就非常关键。例如，有的时候问题是这样提出来的——人的心灵可以在计算机上模拟吗？但是，即便这个问题的答案的确是肯定的，那么它怎么能够证明心灵就是计算机呢？英国财政部创造了经济的计算机模型——但没有人会认为这表明经济就是计算机。本章将要解释这种混乱是如何产生的并提出解决的思路。本章的主要目标之一就是区分下面两个问题：（1）计算机能思考吗？或者更准确地说，任何东西只要能成为计算机就能思考吗？（2）人类的心灵是计算机吗？或者更准确地说，任何真实的心理状态和过程都是计算的吗？

本章和第7章主要关注第一个问题，第8章将会回答第二个问题。目前这两个问题的区别可能还不是非常清楚，但是到了本章的结尾它就会十分清晰了。要理解这两个问题，我们至少需要知道两件事情：第一，计算机是什么；第二，是关于心灵的什么东西让人们认为计算机可能拥有心灵，或者说人类的心灵可能就是计算机。

6 计算与表征

计算机是什么呢？我们都很熟悉计算机，我们中的大多数人每天都使用它们。但是对于许多人来说，计算机却是非常神秘的，解释它们怎么工作似乎是一个十分困难的任务。然而，尽管现代计算机的具体细节确实复杂得令人出乎意料，但是它们背后的基本概念实际上却非常简单美妙。理解计算机的困难之处不在于掌握相关的概念，而是明白这些概念为什么如此有用。

如果你熟悉计算机的基本概念，你就可以跳过本章，直接阅读第 7 章的内容。如果你对这些概念不熟悉，那么接下来的一些术语也许会让你望而却步。你可能需要快速浏览后面几节，它们的主要观点也许会在你阅读了本章和第 7 章之后就变得更加清晰了。

为了帮助你更好地理解计算机，你最好摒弃你可能拥有的关于计算机的大多数预设。我们在日常生活中使用的个人电脑一般都有一个打字机样式的键盘和一个屏幕。计算机通常是由金属和塑料制成的，我们大部分人都知道计算机内部有一些被称为"芯片"的东西，它们以某种方式使计算机运行。我们现在要将所有的这些观念暂且搁置一旁——计算机的这些特征中没有一个对它们来说是必不可少的。即便它们是电子的这一点对计算机来说也不是至关重要的。

那么，什么对计算机来说是必不可少的呢？最后，我会得出一个简单的定义，计算机是一个以系统方式处理表征的装置。这个定义有点含糊不清，除非我们能够更加准确地理解"处理""表征"和"系统"的含义。要理解它们，我们需要了解两个更深层次的概念。第一，计算的抽象数学意义是什么；第二，计算是如何自动实现的。我将依次介绍这两个内容。

6.2 计算、函数和算法

我们需要的第一个概念是数学中的函数概念。我们都非常熟悉这个来自初级算术的概念。我们在学校最先学到的东西中就包含基本的算术函数：加、减、乘和除。然后，我们通常还会学习其他的函数，比如平方函数（将 X 与自身相乘，我们可以得出数字 X 的平方：X^2）、对数等。

正如我们在学校里学过的那样，算术函数并不是数字，而是对数字所"做"的事情。我们在基础算术中学会做的事情是选取某些数字并将某种函数运用于它们。以 7 和 5 这两个数字相加为例。实际上，我们是把两个数字当作"输入"代入加法函数中得到另外一个数字 12，12 就是"输出"。我们用"7+5=12"来表示这个加法运算。当然，我们可以把任何两个数字放在 7 和 5 的位置上（即输入的位置），然后加法函数会给出一个唯一确定的数字作为输出。我们需要训练才能算出任意数字相加之后的结果是什么。然而问题的关键是，根据加法函数，我们会得到一个精确的数字，这个数字是任何一组给定的输入数字经过函数运算后输出的结果。

如果我们计算 7+5=12，然后把 7、5 和 12 从算式中移除，我们会得到一组带有三个空格的复杂符号：_+_=_。我们在前两个空格中填入加法函数的输入项，在第三个空格中填入输出项。这个函数本身可以表示为 _+_，两个空格标明的是输入项应该被填入的地方。把这些空格用 x、y、z 等斜体字母规范地表示出来，那么这个函数就可以写成 $x+y$。这些字母称作"变量"，它们是一种标示函数中不同的空格或位置的非常有用的方法。

现在我们来介绍一些术语。函数的输入称作函数的自变量，输出称作函数的值。等式 $x+y=z$ 的自变量是 x 和 y 这对数字，z 是它们的值。也就是说，加法函数的值就是这个函数的自变量之和，减法函数的值是一个数字（自变量）减去另一个数字的结果，等等。

虽然函数的数学理论包含非常复杂的细节内容，但是像加法这样简单的例子就可以解释一个函数的基本概念。虽然在介绍函数的时候我使用的是数学的例子，但是函数的概念是极为普遍的，它可以扩展到数字以外的事情上去。例如，因为每个人都只有一个亲生父亲，所以我们可以把表达式"x 的亲生父亲"看作是对一个函数的描述，这个函数以人为自变量，以他们的父亲为值（熟悉基础逻辑的人也知道"与"与"或者"这样的表达式被称为真值函数。比如，复合命题 P & Q 包含了这样的一个函数：当这个函数的两个自变量都为真时，其值为真，否则为假）。

函数的概念十分普遍，在日常生活中我们总是隐性地使用这个概念（例如，每次在超市我们把一些东西的价格相加的时候）。但是函数的抽象意义是什么与如何使用函数完全是两码事。为了弄清楚如何运用一个函数，我们需要知道为一个或一些给定的自变量求出函数值的方法。还记得你是怎么学习基础算术的吗？假设你要计算 127 和 21 这两个数字的乘积，计算乘积的标准方法是长乘法：

$$\begin{array}{r} 127 \\ \times\ 21 \\ \hline 127 \\ +2540 \\ \hline 2667 \end{array}$$

谁都知道这个乘法运算是怎么做的，所以完全不需要把这老套的方法一步一步地写出来。但是实际上，当你学会如何做长乘法的时候，你学到的东西具有一种难以置信的强大力量。你获得的是一种可以计算任意两个数字乘积的方法，即一种为任意两个自变量计算出乘法函数值的方法。这种方法具有普遍意义，它不仅运用于某些数字，还能运用于某些事物。而且这种方法十分明确，如果你学会了它，那么你就知道在每一步之后该做什么，直到最后得出答案。

（让我们把这个方法与我们和初次见面的人打交道的方法比较一下。与某人初次见面时，我们有一些简单现成的规则可以使用，也许我们会介绍自己、微笑、握手，并且询问一些关于他们本人的事情，等等。但是很明显，这些方法并不会得出确定的"答案"，有时我们的社交礼节会产生事与愿违的结果。）

计算函数值的方法（如长乘法）被称作算法。算法也叫作"有效程序"，因为如果正确地使用它们（这和我们用在与人交往上的那些程序不同），它们就可以得出完全有效的结果。它们还被称为"机械程序",但是,我非常不愿意使用这个术语。这是因为在这本书中,我并不是在非常确切的意义上使用"机械"这个词语。

区分算法和函数是非常重要的。算法就是一种找出函数值的方法。对于任何给定的自变量,一个函数可能有不止一个算法来得到它的值。例如,我们可以用长乘法来计算127乘以21的值,我们也可以用127加上20次127得到这个值。这就是说,我们可以使用不同的算法。

我们说一个特定的算术函数有一个算法的意思并不是说使用这个算法一定会给你一个数字作为答案。例如,你想知道一个数字是否刚好被另一个数字整除而没有余数,当你使用除法算法时,你可能发现结果并非如此。因此,这里的重点不是算法给了你一个数字作为答案,而是它总是为你提供一个找出答案是否存在的程序。

如果一个算法能为任何自变量给出函数的值,那么数学家就说这个函数是可计算的。用最一般的话来说,计算的数学理论就是可计算函数的理论,也就是拥有算法的函数的理论。

像函数的概念一样,算法的概念也具有普遍性。只要满足如下条件,任何寻找问题解决方案的程序都可以被称为算法:(1)这个程序的每一步都明确了下一步该做的事情。从这一步到下一步,不需要任何特定的猜测、理解或灵感;(2)这个程序可以由有限的步骤表示出来。

因此,我们可以把一个算法看作一个或一组规则,它们为某个给定的问题给出解决方法。这些规则可以用"流程图"来表示。例如，我们来想一想把两个整数 x 和 y 相乘的一个简单的算法，也就是把 y 与其自身相加来进行运算。你可以想象这个程序是在三张纸上进行的，这也许能够帮助你理解。在这三张纸中，一张纸对应第一个数字（我们把这张纸称为 **X**），一张纸对应第二个数字（我们把它称为 **Y**），一张纸对应答案（我们把它称为**答案**）。图 2 是这个过程的流程图，这一系列计算步骤表示运算的过程：

步骤一：在答案纸上写"0"，然后进入步骤二。

步骤二：X 纸上写的是 0 吗？

　如果是，进入步骤五；

　如果不是，进入步骤三。

步骤三：用 X 纸上的数字减去 1，把答案写在 X 纸上，然后进入步骤四。

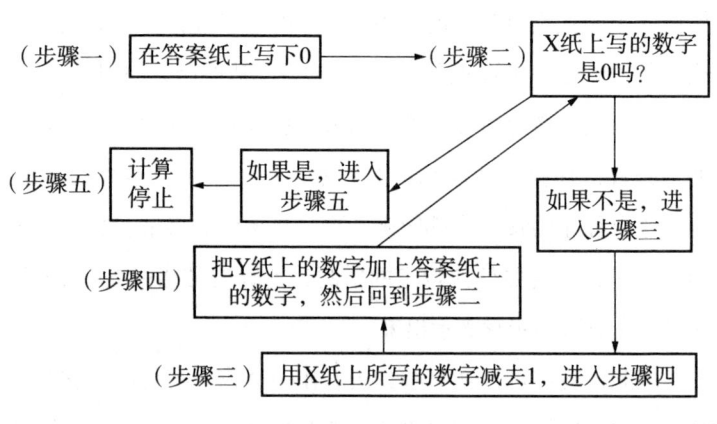

图 2　乘法算法流程

6 计算与表征

步骤四：把Y纸上的数字与答案纸上的数字相加，然后进入步骤二。

步骤五：计算停止。

现在我们把这个程序应用到一个特定的运算中，比如5乘以4（如果你很熟悉这套程序，你就可以跳过这个例子直接进入下一段）。

首先，分别在X纸和Y纸上写下相乘的两个数字4和5。执行步骤一，在答案纸上写0。然后执行步骤二，看X纸上的数字是否为0。不是，它是4。所以进入步骤三，用X纸上的数字减去1。你得到的结果是3，所以你应该在X纸上写3，然后进入步骤四。把Y纸上的数字（也就是5）与答案纸上的数字0相加，答案纸上得到数字5。再回到步骤二，再看X纸上的数字是否为0。不是，它是3。所以，进入步骤三。用X纸上的数字减去1，在X纸上写2，然后进入步骤四。把Y纸上的数字与答案纸上的数字相加，答案纸上得到数字10。再看X纸上的数字是否为0。不是，它是2。所以，进入步骤三。用X纸上的数字减去1，在X纸上写下1，然后进入步骤四。把Y纸上的数字与答案纸上的数字相加，答案纸上得到数字15。再看X纸上的数字是否为0。不是，它是1。所以，进入步骤三，用X纸上的数字减去1，在X纸上写下0，然后进入步骤四。把Y纸上的数字与答案纸上的数字相加，答案纸得到数字20。进入步骤二，看X纸上的数字是否为0。这次是0了，所以，进入步骤五，停止计算程序。答案纸上得到数字是20，这就是

5乘以4的答案。[1]

这种计算5乘4的方法的确耗时费力。但是，我们使用这个例子的用意并不是要显示它是一个好用的程序，而是要说明它是一个完全有效的程序。在每个步骤上，下一步要做什么是明确无误的，而且程序会在有限的步骤之后停止运行。虽然步骤数目可能会很多，但是对于任何一对有限数而言，这些步骤的数目也是有限的。

这个例子中的步骤三和步骤四展现了算法的一个重要特征。在把这个算法用于乘法运算时，我们使用了一些其他的算术运算：步骤三中用了减法，步骤四中用了加法。只要存在加法和减法的运算——这当然是存在的——这样做就没有任何问题。事实上，大多数算法在某一步骤都会用到其他算法。想一想长乘法，它用加法把"短"乘法的结果相加，所以当你做长乘法的时候，你会使用某种加法算法。因此，可以把这个复杂费力的乘法算法分解成一些步骤，它们只按照其他（也许更简单）的算法一步一步地简单"移动"。我们会发现，这个观点对于理解计算机非常重要。

算法可以用流程图来表示，这表示算法概念具有普遍性。因为我们可以为所有的程序写出流程图，所以我们也可以为所有事情写出算法。例如，某些食谱就可以用流程图表示。让我

---

[1] 这个例子来自内德·布洛克（Ned Block）："心灵的计算机模型"（"The computer model of the mind"），载丹尼尔·欧什森（Daniel N. Osherson）等主编：《认知科学的邀请（第三卷）：思想》（*An Invitation to Cognitive Science*, volume 3, *Thinking*），麻省理工学院出版社（MIT Press）1990年版。

们来想一想煮鸡蛋的算法：（1）打开炉子；（2）往平底锅里加水；（3）把平底锅放在炉子上；（4）水沸腾后，放入一个鸡蛋，设置定时器；（5）定时器响，关掉煤气；（6）把鸡蛋从水中取出；（7）结果：一个煮熟的鸡蛋。

这个程序能在有限的步骤内完成。每一步之后要做的事情都是确定明晰的。这个过程不需要任何灵感或揣测。因此，在一定意义上，煮鸡蛋可以描述成一个算法程序。图3所示的就是这个煮鸡蛋的流程。

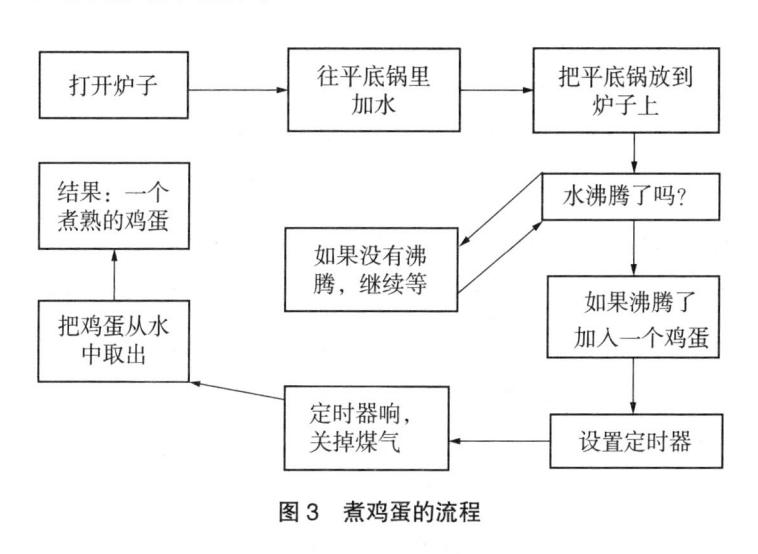

图3 煮鸡蛋的流程

6.3 图灵机

用算法计算函数值至少像古希腊数学一样古老。但是一直到不久前（实际上是在二十世纪三十年代）这个观念才开始得到密切的关注，数学家们尝试着对算法的概念进行精确地说明。从十九世纪末开始，人们对数学的基础产生了浓厚的兴趣。是什么使得数学陈述为真？如何将数学置于坚实的基础之上？有一个问题变得尤其紧迫，是什么决定了某种特定的计算方法是否适用于我们当前的工作？我们知道一个算法在某些特定的例子中是否适用，但是对于任何一个拟用的计算方法，有没有一个普遍的办法让我们判别它是否是一个算法？

这个问题对于数学来说具有深刻的理论意义，因为算法是数学实践的核心——如果我们不知道算法是什么，我们就真没有办法回答数学是什么。1937年英国数学家艾伦·图灵（Alan Turing, 1912—1954）给出了这个问题的答案。除了是一个数学天才之外，图灵可以说是二十世纪最有影响力的人物之一，他以并不是以那么直接的方式影响着人类。我们会看到，从他发展的那些基本概念中诞生出了现代数字计算机和与之相关的所有事物。除此之外，他还因为在第二次世界大战期间破解了纳粹的埃尼格玛密码（the Nazis' Enigma code）而闻名于世。这种密码曾用于U形潜水艇的联络，当时这些潜水艇正准备要歼灭英国海军。可以说密码的破解是当时使英国免于战败的主要因素之一。

图灵用生动新颖的方式回答了计算的本质问题。实际上，他提出的问题是，不论是什么样的计算，无论它们有多复杂，能够运算它们的最简单的装置是什么？然后，他就开始描述这样的装置，现在这个装置（自然而然地）被称为"图灵机"（Turing Machine）。

图灵机并不是一般意义上所指的机器。也就是说，它不是一个物理的机器，而是对一个可能机器的抽象理论说明。虽然人们已经按照这些说明制造出了很多机器，但是他们关注的（首先）并不是把机器制造出来，而是要阐明算法和计算的一些非常普遍的性质。

不同种类的计算对应不同类型的图灵机，但是这些图灵机都具有一些共同特征：有一条被分成许多小方格的长长的（事实上，无限长的）纸带，有一个装置可以在纸带上书写符号，并能读出这些符号。这个装置也处于某种"内在状态"（后面它会经常处于这种状态），它可以让纸带向右或向左移动，一次移动一个方格。为了简单起见，我们设想只有两种符号可以写在纸带上，即"0"和"1"，每个符号只能占纸带上的一个方格，因此这个机器每次只能读取一个方格（我们现在不必担心这些符号的"意思"是什么，我们只把它们当作纸带上的记号）。

因此，这个装置只能做四件事情：(1) 它可以让纸带每次移动一个方格，从左向右或者从右向左；(2) 它可以读取纸带上的符号；(3) 它可以在纸带上书写符号，写在一个空白方格里或者覆盖方格里的那个符号；(4) 它可以改变它的"内在状态"。

对某个特定机器的可能性操作就可以用这个机器的"机器表"表示出来。实际上，机器表就是一系列指令，即"如果机器处于X状态，读取符号S，那么它就会执行某个特定操作（例如写下或擦掉一个符号，移动纸带），切换到状态Y（或者停在相同的状态下），向左/右移动纸带"。如果你愿意，你可以把机器表想象成机器的"程序"，它告诉机器要做什么。要详细说明机器表中的某个特定位置，我们需要知道两件事情：机器当前的输入和机器当前的状态。机器做什么完全由这两件事情决定。

这看起来十分抽象，所以让我们来看一个图灵机的具体例子。我们让它执行一个简单的数学运算，即在一个数字上加上1。为了使机器执行某个特定的运算，我们需要解释纸带上的符号，也就是让这些符号表征一些事物。我们假定纸带上的符号1代表数字，显然1就表示数字1。但是我们还需要一些方法来表示1之外的数字。那么我们可以使用一个简单的方法，就像一个囚犯会在墙上画出一排排的竖线代表他坐牢的天数一样，一排或"一串"1中有几个1，就代表数字几。因此，111表示数字3，11111表示数字5，等等。

为了使纸带上能够写下两个或者更多的数字，我们可以用一个或多个0把数字分开。0的作用只是标示数字之间的间隔——它们是这个简单标记法中唯一的"标点符号"。因此，例如纸带，

……000011100111111000100……

就是代表数字3、6、1的序列。在这个标记法中，数字0和写下的数字是无关的。符号"……"表示这个空白纸带在两个方向上可以无限延续。

我们还需要对机器的"内在状态"进行说明。我们发现正在运用的简单机器只需要两个内在状态，我们可以把它们称为

状态 A（初始状态）和状态 B。我们正在考察的这个图灵机通过下面的说明规定了自己的运行状况。（1）如果机器处于状态 A，它读到了一个 0，然后它会保持状态 A，写下一个 0，并向右移动一个方格。（2）如果机器处于状态 A，它读到了一个 1，然后它会转为状态 B，写下一个 1，并向右移动一个方格。（3）如果机器处于状态 B，它读到了一个 0，然后它会转为状态 A，写下一个 1，并停止运行。（4）如果机器处于状态 B，它读到了一个 1，然后它会转为状态 B，写下一个 1，并向右移动一个方格。这个机器的机器表可以表示为图 4。

		输入 1	输入 0
机器状态	A	转为B；写下一个1；向右移动纸带	保持状态A；写下一个0；向右移动纸带
机器状态	B	保持状态B；写下一个1；向右移动纸带	转为状态A；写下一个1；停止运行

图 4　简单图灵机的机器表

现在我们设想用下面这样的纸带来表示这个机器：

0	0	0	1	1	0	0	0

这个纸带代表数字 2（记住 0 只是用作"标点"，它在这个标记

法中不代表任何数字）。我们想要这个机器做的是运用机器表的规则在这个数字上加 1。

它是这样做的，假定它从初始状态（即状态 A）启动，从纸带最右端的方格开始读起，然后它按照机器表的说明运行。在这个过程中，纸带"看"起来是这样的（纸带上正在被机器读取的方格用下划线标出）：

(i)   0 0 0 1 1 0 0 <u>0</u> · · ·
(ii) · · 0 0 1 1 0 <u>0</u> 0 · ·
(iii) · · 0 0 0 1 1 <u>0</u> 0 0 · ·
(iv) · · · 0 0 0 1 <u>1</u> 0 0 0 · ·
(v)   · · · · 0 0 0 <u>1</u> 1 0 0 0 · ·
(vi) · · · · · 0 0 <u>0</u> 1 1 0 0 0 · ·
(vii) · · · · · 0 0 1 1 1 0 0 0 · ·

在第（vi）行中，机器处于状态 B，它读到的是一个 0，因此它写下了一个 1，转换到状态 A，并停止运行。"输出"在第（vii）上，它代表数字 3，因此机器就成功完成了在它输入的数字上加 1 的任务。

但是你可能会问，机器到底做了些什么？枯燥地沿着一条假想的纸带来回移动究竟有什么意义？就像前面乘法运算的例子，它似乎是在用一种耗时费力的方法做一件极为琐碎的事情。但对于我们的算法而言，这件事情意义重大。机器做的事情是计算函数。它为自变量 2 计算出函数 x+1。它只用了一种最简单的可能"行动"就算出了这个函数,这些"行动"由机器表中的四个方格表示。虽然它们只是一些极为简单的步骤组合,但是这些简单的步骤部分地定义了一个图灵机所有能做的(读、写、转变状态、移动纸带)事情。我马上就会解释其中的原理。

你可能会好奇"内在状态"在整个过程中的角色。当我们说到"内在"状态的时候,我们有没有偷偷地向这个简单装置的描述中注入些什么?也许注入了它们正在计算的东西?我认为产生这种担忧是很自然的事情,但实际上也很令人困惑。机器的内在状态就是机器表中所说的东西,再没有其他的内容了。按照定义,内在状态 B 就是如果机器得到输入 1,机器就会做某事的一种状态;如此这般,如果机器得到输入 0,机器就会做某事。这就是这些状态的内容(因此,"内在"可能会让人误解,因为这个词会让人觉得状态具有一种"隐藏的性质")。

要设计一个能够执行更加复杂操作的图灵机(例如上一节中的乘积算法),我们就需要一个更加复杂的机器表、更多的内在状态、更多的纸带和更加复杂的标记法,但是我们不需要任何更加复杂的基础操作,不需要深入了解更加复杂的图灵机的具体细节,因为简单的加法机就可以说明这些基本要点。然而,重要的是解决标记法的问题。

囚犯使用的数字计数标记法有一些明显的缺陷。其一是它不能表示 0——这是一个很大的缺陷。此外,特别大的数字需要花费很长时间来计数,因为机器每次仅能读取一个方格(把

7000000 加 1 需要纸带上的方格数甚至比伦敦的居民数量还要多）。更有效的系统是二进制系统或者基数系统，在此系统中所有的自然数都可以用 1 和 0 的组合表示。在二进制标记法中我们把标准"十进制"系统（基数为 10）中 10 的倍数这一纵列换成 2 的倍数，这样我们就完成了十进制到二进制的转换：

1=1

2=10

3=11

4=100

5=101

6=110

7=111

8=1000

等等。显然二进制编码可以让我们表示更大的数字，这比囚犯使用的计数法效率更高。

二进制标记法的优势之一在于我们可以设计极为复杂的图灵机，而不必在基础指令表中增加更多的符号。我们从 0 和 1 这两种符号开始。在囚犯的计数法中，0 的作用只是把数字与数字分开。在二进制中，作为数字的 0 可以让我们用 0 和 1 构成的字串来表示任何数字。但要注意的是，机器仍然只需要进行相同次数的基本操作：读到一个 1，写下一个 1，读到一个 0，写下一个 0，移动纸带。因此，二进制向我们展示了一种不

6　计算与表征

给机器增加基本操作就能更为有效地表示更多数字的潜能（显然我们也需要用标点符号来表示一条指令或输入在什么地方结束，另一条指令或输入在什么地方开始。不过通过精心设计，我们也可以用1和0来编码这些标点符号）。

我们将会有一个令人欣喜的发现。利用适当的标记法，例如二进制，不仅图灵机的输入（最初的纸带），而且机器表自身也可以在这个标记法中编码为数字。要做到这一点，我们需要一种用数字标明机器的不同操作（读、写等）和机器"内在状态"的方法。我们用标签"A"和"B"来标注机器的内在状态。但这完全是任意的，我们可以用任意符号表示这些状态，如%、@、*或者别的符号。因此，我们也可以用数字表示这些状态。如果用二进制的话，我们就能把这些内在状态和"行动"编码成图灵机纸带上的1和0。

因为任何一个图灵机都是完全由机器表定义的，而且任何图灵机器表都能用数字编码，显然我们可以推出任何图灵机都能用数字编码。因此，一个机器就可以用二进制编码，被写入另一个图灵机的纸带上。那么，这个图灵机可以把第一个图灵机的纸带当作输入，它可以读取第一个图灵机。它需要的只是一个转换方法，那就是把在第一个图灵机纸带上描述的操作（即程序）转换成它自己的操作。但这不过是另一个机器表，它自身也可以被编码。例如，假设我们把"加1"机器编码成二进制，然后它就可以用纸带上的一串1和0表示。如果我们在纸带上加上一些1和0来表示某个数字（例如127），那么这些数字再加上"加1"机器的编码，就可以作为另一个图灵机的输入。这个机器自身可能有一个解读"加1"机器程序。然后，这个机器就可以丝毫不差地做"加1"机器做的事情，那就是把1加到输入的数字127上。通过"模仿"原始的"加1"机器的行为，它就能做到这些。

这个令人欣喜的发现就是，一个图灵机可以模仿其他所有图灵机的行为。因为任何一个图灵机都可以用数字编码，只要那个机器有读取纸带的方法，它就可以作为另一台图灵机的输入。图灵由此证明，我们并不需要用不同的机器去执行图灵机可以运行的每一个操作。我们只需要一个机器，它能模仿其他所有的机器。这个机器被称作通用图灵机。通用图灵机的观点是现代通用数字计算机的基础。实际上，我们可以毫不夸张地说，通用图灵机很可能影响了我们生活的方方面面。

然而，说通用图灵机能做任何专用图灵机所做的事情，这就引出了一个问题，专用图灵机能够做什么事情呢？除了我举的那个极为烦琐的例子之外，它们还能执行哪些类型的操作呢？

图灵宣称，只要有足够的纸带和时间，原则上任何一个计算函数都可以由图灵机计算。也就是说，任何算法都可以由图灵机执行。如今大部分逻辑学家和数学家都接受了这个观点，那就是，简单而言，要成为一个算法就是能够在某个图灵机上执行，从某种意义上讲，能够在一个图灵机上执行就告诉了我们算法是什么。这个观点被美国逻辑学家阿隆佐·丘奇（Alonzo Church, 1903—1995）命名为丘奇论题，丘奇曾独立地得出了和图灵相似的结论（有时候这个结论也被称为丘奇-图灵论题）。实际上，这个论题的基本观点是要给算法的标记法一个明确的意义，从而告诉我们算法是什么。

你可能仍然要问，我们怎样从图灵机的概念获知算法的概念呢？这些无穷无尽的纸带和纸带上一串串枯燥乏味的 1 和 0 是如何发挥作用的呢？图灵的回答可能是，我们自然而然地会把一些东西当作有效程序，那么我们做的事情就是把这个有效程序还原为一个由极简装置执行的一系列简单步骤。这些步骤实在太简单了，任何人都不会认为它们很神秘。那么，我们需要做的只是去除有效程序这个观点的神秘性。

6.4 编码与符号

一个图灵机就是一种特定的输入-输出装置。你把某个东西"放入"机器，比如一条写有一连串 1 和 0 的纸带，然后你得出另一个东西，一条写有另一串 1 和 0 的纸带。在这个过程中，机器对输入做了一些事情，这些事情是由它的机器表或指令决定的，由此把输入变成了输出。

然而，让你担忧的事情可能不是图灵机的定义，而是这样的机器可以执行任何算法这件事情。我们很容易理解它是如何执行"加 1"算法的，而且只要用一点小小的想象力，我们也能明白它是如何执行前面提到的乘法算法的。我还说过你可以为一个简单的食谱写出一个算法，例如煮鸡蛋，或者为找出哪一把钥匙可以打开某一把锁写出一个算法。图灵机如何能够做到这些呢？当然，图灵机只能用数字进行计算，因为纸带上只能写数字。

图灵机当然不能煮鸡蛋,也不能开门,但是我们提到的算法是对煮鸡蛋的一种描述。而且只要使用正确的标记法,这些描述就能被编码并输入图灵机。

怎么编码呢?有一个简单的办法。我们的算法是用英文书写的,因此首先我们需要一种把英文的指令编码成数字的方法。我们可以简单地把英语字母表中每一个字母和每一个重要的标点符号都与一个数字相对应,如下所示:

A-1,B-2,C-3,D-4,等等。

那么我的名字就可以写成:

20 9 13
3 18 1 14 5

显然,标点符号非常重要。我们需要一种方法说明一个字母的结束和另一个字母开始,另一种方法说明一个单词的结束和另一个单词的开始,还需要一种方法说明一个完整文本(例如一个机器表)的结束和另一个完整文本的开始。但这都不会有原则上的问题(想一想老式电报机是怎么把单词当标点符号的,例如用"STOP"作为句子的分界)。只要我们能把一个文本编码成数字,我们就能把这些数字改写成二进制。

因此,我们可以把所有用英语(或者其他语言)书写的算

6　计算与表征

法转换成二进制编码，然后把它们写在图灵机的纸带上，作为通用图灵机的输入。

当然，真正的计算机程序员是不会用这套标记系统记录文本的。在这里，对于他们实际操作的细节，我并不感兴趣，我想解释的是其中抽象性和理论性的东西。一旦你认识到任何文本都能用数字编码，那么任何能用英文（或者其他文字）写出来的算法都能在图灵机上运行。

这种表征方式完全是数字的，这就意味着每一个被表征的元素（一个字母或者一个单词）都可以用"开-关"的方法表示出来。图灵机纸带上的任何一个方格要么有一个1，要么有一个0，不存在"中间"状态。与数字形式相对的是模拟形式，它们之间的差别可以用模拟时钟和数字时钟这个常见的例子进行说明。数字时钟用步进式表示时间的推移，不同的数字代表每一秒钟，在这些数字之间什么都没有。相比之下，模拟时钟通过表盘上指针平稳的运动表示时间的推移。模拟计算机与这里讨论的问题并不直接相关——计算机与思维这一章讨论的计算机全部都是数字计算机。

现在我们终于正在接近对计算机特性的描述了。还记得我说过计算机是一个用系统方式处理表征的装置。为了理解这个观点，我们需要搞清楚两个概念：(ⅰ)"用系统的方式处理"和(ⅱ)"表征"。第一个概念可以用算法来解释，进而用图灵机的概念来解释。第二个概念隐含在图灵机的概念中，因为图灵机所做的实际上是在计算一个函数，它纸带上的数字被认为是代表或者表征了某种事物。其他的表征，例如英语的句子，也可以被编码成这些数字。

计算机有时候被称作信息处理器,有时候被称作符号操作器。在我的术语中,这就等同于说计算机处理表征。表征携带信息,在这个意义上讲,表征其实是在"说话",或者可以理解为表征"正在说话",这就是计算机处理或者操作的内容。执行有效的程序就是它们处理或者操作内容的方式。

6.5 例示与计算一个函数

当前关于表征的讨论可以使我们作出一个非常重要的区分,这对于理解计算的概念如何应用于心灵至关重要。

我们要记住,函数的概念是可以扩展到数学之外的。例如,在建立科学理论的过程中,科学家总是用函数的方式描述世界。让我们来看一下这个简单而著名的例子:牛顿第二运动定律,这个定律说物体的加速度由物体的质量和它所承受的作用力决定。这可以表述为 $F=ma$,读作"作用力 = 质量 × 加速度"。这个定律的具体内容无关紧要,重要的是作用于某物体的力等于质量乘以加速度。一个自变量和值都是数字的数学函数(如乘法)可以表示自然界中质量、作用力和加速度之间的关系。这种自然界中的关系也是一个函数:物体的加速度是它的质量和它所受的作用力的函数。简单起见,我们把这个函数称为"牛顿函数"。

但是当一个特定的物体受到一个特定的作用力,然后按照一定速率加速,这并不能计算出牛顿函数的值。如果能算出的话，那么自然界中的任何一个作用力－质量－加速度的关系都是一种计算，那么每一个物体都可以是一个计算机。因此，我会说是一种特定的相互作用例示了这个函数，换言之，这是牛顿函数的一个例示。同样地，当太阳系的行星围绕太阳运行时，它们按照以引力和惯性为"输入"的函数运动。开普勒定律就是描述这种函数的一种方式。然而，太阳系并不是一个计算机，行星们也不能通过它们收到的输入"计算"出它们的运动轨道——它们只是运动而已。

因此，我们需要知道一个系统例示与一个系统计算一个函数之间的重要区别。"例示"的意思是"成为……的一个实例"（如果你喜欢，你也可以用"被……描述"）。把太阳系与一个真实的计算机相比较，比如一个简单的加法机（我是说一个真正的物理加法机，而不是抽象的图灵"机器"），我们会很自然地认为，加法机就是把两个或者两个以上的数字作为输入（自变量），然后给出它们的和作为输出（值）来计算加法函数的。但是严格地讲，加法机并不是这样做的。因为无论是什么数字，它们都不是那种可以输入到机器中进行操作或转换的东西（例如，把世界上所有写下的数字3都消灭掉，这种办法并不能消灭3这个数，这样做是没有意义的）。加法机真正做的就是把数字——也就是数字的表征——当作输入，再给出一些数字作为输出。这就是加法机和行星的区别，虽然它们都例示了一个函数，但是行星不能用它们的引力或者其他输入的表征来形成它们的输出表征。

那么，计算一个函数需要一些表征，即作为输入的表征和作为输出的表征,这是理解"计算一个函数"的一个非常自然的方式。例如,当我们用钢笔和纸或者算盘计算时,我们用的是数字表征。杰里·福多说:"没有表征就没有计算。"[1]

这个观点与图灵机和算法有什么关系呢?图灵机器表详细说明了机器状态之间的转换。根据丘奇论题,任何步进式算法的程序都可以在图灵机上模拟。因此自然界中任何可以用步进的方式表示的过程,都能由一个图灵机表示。图灵机只是规定了这个过程中状态之间的转换,但是这并不意味着这些自然过程就是计算,这就和我的体温这个物理量可以用数字表示并不意味着我的体温实际上就是数字一样。如果某个自然现象的理论能用算法表示出来,那么这个理论就是可计算的——但是这里说的是理论,而不是现象本身。我们不会在本书中继续探讨理论是否可以计算这个观点。

虽然不打算花费精力进一步讨论这些内容,但我还是要强调这就是为什么我们需要在本章的开始就去区分这两个观点的原因,那就是有些系统可以被计算机模仿而有些系统实际上在执行计算。当一个系统的理论是可计算的,这个系统就可以由计算机模仿。然而,当一个系统用有效的程序处理表征时,这个系统就是在执行计算。

---

[1] 杰里·福多(Jerry Fordor):"心身问题"('The mind-body problem'),《科学美国人》(*Scientific American*)1981年第244期。重新收录于约翰·海尔(John Heil)主编:《心灵哲学:导论与选编》(*Philosophy of Mind: A Guide and Anthology*),牛津大学出版社(Oxford University Press)2004年版,第168—182页,本句引自第180页。

6.6 自动算法

如果你理解了前面的讨论，那么你就会想到一个非常自然的问题。图灵机描述了计算的抽象结构，但是在对图灵机的描述中，我们却使用了"移动纸带""读取纸带""书写符号"这样的概念。我们把这些概念视为理所当然，但它们是怎样发挥作用的呢？在程序的每一步，在没有人干预的情况下，每一个有效程序到底是如何进展的呢？

答案就是我们熟悉的计算机运用了自动算法。计算机使用算法、输入表征和输出表征，这些东西以某种方式"镶嵌"在计算机的物理结构中。至于它们是如何被"镶嵌"的，我们会在解释计算机的最后一部分中对此进行简要的描述。关于计算机实际上是如何工作的，这个简短的讨论当然不会涵盖它所有的主要特征，但是我希望这足够让你对这个问题有一个基本的了解。

设想有一个非常简单的机器（不是计算机），它被用来捕捉老鼠。我们可以从输入和输出的角度理解这个捕鼠器：捕鼠器把活老鼠作为输入，把死（或者刚刚捕到的）老鼠作为输出。图5简单地呈现了这个捕鼠器的表征方式。

从对这个捕鼠器的简单描述来看，**捕鼠器**的"箱子"里有什么并不重要，无论"箱子里"有什么，它都用来夹老鼠。这样的箱子被工程师们称为"黑箱"。我们可以把某些东西当作黑箱，只要我们不在乎它内部的工作机制，而只关心它执行的输入-输出任务。当然，我们也可以"强行闯入"捕鼠器的黑箱中，用图 6 来表示它的内部结构。

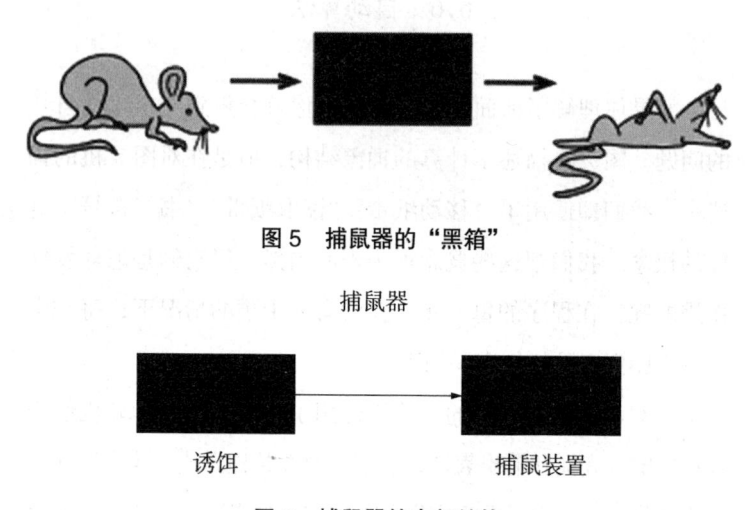

图 5　捕鼠器的"黑箱"

图 6　捕鼠器的内部结构

黑箱的两个内部组件分别是诱饵和实际上用来捕获老鼠的装置（箭头表示的是老鼠将从诱饵移向捕鼠装置，而不是相反方向）。实际上在图 5 中我们把**诱饵**和**捕鼠装置**当作黑箱。我们关注的只是它们所做的事情，无论**诱饵**是什么，它都诱惑了老鼠；无论**捕鼠装置**是什么，它都捕获了老鼠。

我们当然也可以进入这些黑箱，搞清楚它们是怎么工作的。假设我们的捕鼠器是漫画书上的那种老式捕鼠器，上面有一根被弹簧固定的金属条，当诱饵被拿走时，金属条就会弹下来。然后我们可以根据这个捕鼠器的构成部分来对它进行描述。它的组成部分（如**弹簧**、**金属条**等）也可以被当作黑箱。它们到底是什么并不重要，重要的是它们在捕鼠器中发挥了什么作用。然而，这些箱子也是可以进入的，我们可以更为详细地说明它们是如何工作的。在一个层次上被视为黑箱的东西可以分解为其他层次上的黑箱，直到我们能够理解捕鼠器的工作机制为止。

这种对机器的分析有时被称为"功能分析"（functional analysis），即把对机器工作机制的分析转化为对其组成部件功能的分析（有时这也被称为"功能箱子学"）。然而，需要注意的是，这里使用的"功能"一词与我们之前讨论的功能具有不同的意义。在这里，一个系统的某个组成部分的功能是指它在这个系统中所扮演的因果角色。"功能"的这种用法与这个词的日常用法更为接近，如"比特的功能是什么"。

现在回到计算机。还记得乘法的简单算法吗？这个算法包括了许多的任务，例如，在 X 和 Y 纸上书写符号，进行加法和减法运算。现在我们设想有一个能执行这个算法的机器，然后让我们想一下怎么用功能的方式来分析它。当然，从最普通的层面上讲，它就是一个乘法器。它把一些数字作为输入，并把它们的乘积作为输出。在这个意义上，它可以被当作一个黑箱（图 7）。

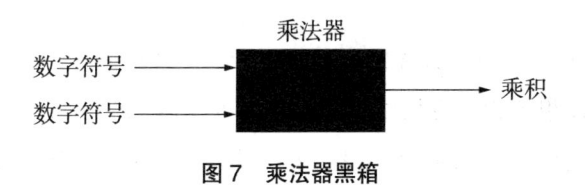

图 7　乘法器黑箱

74 但这并没有告诉我们更多的东西。当我们往黑箱里面"看"的时候，流程图 8 表示了正在发生的事情。流程图中的每一个方格都表示被机器执行的一个步骤，但是其中有些步骤可以被分解成更简单的步骤。例如，步骤（iv）包括把 Y 纸上写的数字与**答案纸**上的数字相加，但相加也是一个步进式程序，因此我们也能为它画一个流程图。其他的步骤也是如此，如减去、"读取"等。当我们对乘法器进行功能分析时，我们发现它的任务变得越来越简单，直到我们得到它能够执行的最简单的任务为止。

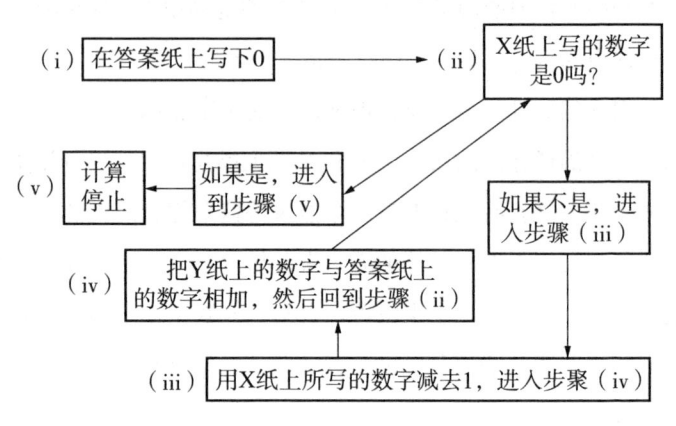

（i）在答案纸上写下0 → （ii）X纸上写的数字是0吗？

（v）计算停止 ← 如果是，进入到步骤（v）

如果不是，进入步骤（iii）

（iv）把Y纸上的数字与答案纸上的数字相加，然后回到步骤（ii）

（iii）用X纸上所写的数字减去1，进入步聚（iv）

图 8　乘法算法流程

丹尼尔·丹尼特曾经提出了一个思考计算机结构的生动方法。设想流程图方格中的每一个任务都由一个小人或者"矮人"执行。最大的方格（图 7 标为乘法器的那个方格）里有一个非常聪明的小人，他把这些用十进制标示法表示的数字相

6 计算与表征

乘。但是这个小人的身体里还有另外一些不是那么聪明的小人，他们只能做加法和减法运算，并且把十进制符号写在纸上。这些小人里面是一些更加笨拙的小人，他们会把十进制标记法转换成二进制。在他们内部是一些最笨拙的小人，他们只能读取、书写和擦除二进制数字。因此，通过一步步地假定小人越来越笨拙，智能乘法器的行为就这样从功能的角度被解释了出来。[1]

如果我们可以制作一个真正的物理装置，它的功能和一个简单的装置一样（比如一个笨拙的小人），那么我们就可以把这些简单的装置组合成一个可以执行乘法器任务的复杂装置。归根结底，乘法器不过是这些简单装置按照流程图的说明排列而成的。现在让我们来想一想图灵伟大而深刻的见解，他说任何算法都能被分解成简单到可以被图灵机执行的任务。因此，我们设想有一些最简单的装置，它们是一些可以执行简单的图灵机操作的装置，如向左或向右移动、读取、记录等。现在我们需要做的只是制造出一些能够执行这些简单操作的装置。

当然，我们有许多方式制造它们。为了形象地描述这个机器，你可以设想用一排开关代表某个图灵机的纸带，开关打开表示1，开关关闭表示0。任何计算都能被这个机器执行，这个机器沿着一个一个开关移动，并记录下这些开关的位置（"读

---

[1] 丹尼尔·丹尼特（Daniel C. Dennett）：《头脑风暴》（*Brainstorms*），哈维斯特出版社（Harvester）1978年版。

取"),然后把开关打开或者关闭("记录")。只要我们具有某种给这个机器编程的方法(也就是告诉这个机器它正在模仿的是哪个图灵机),我们就可以用开关制造一个计算机。

从某种意义上而言,真正的计算机就是用"开关"制造的,虽然不是用刚才描述的那种简单的方法。最早的计算机(制造于1944年)用的是电话继电器,而美国著名的军事成果埃尼阿克(ENIAC)(曾用于计算导弹轨迹)用的是真空管。实际上真空管和继电器就是开关。当人们用半导体生产出最简单的处理器("开关"),并且当它计算的速度比图灵曾经梦想的速度还要快的时候,真正的进步就到来了,而其他的主要进步则伴随着高层次"程序语言"的出现到来。程序语言就是一种编码系统,它可以用机器的基础操作来执行各种类型的复杂操作。但是,就本书撰写目的来说,即使对于这些非常复杂的机器,它们背后的基本原则也可以用我前面概括的方法来理解(更多关于计算机历史的信息可参考本书最后的年表)。

6.7 结语:计算机是什么?

计算机是一种根据规则系统地处理表征的机器。据此定义,我们可以得出一个关键的结论,那就是计算机是由什么制造的并不重要。作为一个计算机,重要的是它做了什么,也就是它执行了哪些运算任务,或者运行了哪些程序。我们今天使用的计算机利用蚀刻在硅片上的微电子电路来执行这些

6 计算与表征

任务。虽然这个技术效果令人难以置信，但是原则上这些任务也可以由成排的开关、珠子、火柴棍、易拉罐，甚至可以由大脑的神经化学来完成。这个观点称为程序（或软件）通过物理装置（计算机硬件）的"可变化实现性"（或"可多样实现性"），即相同的程序可以由不同的硬件可变地或多样地"实现"。

关于真正的计算机，我应当再加上最后一点说明。所有计算机都是按照算法运行的，这是一种简化的说法。例如，当人们设计一个下棋的计算机程序时，国际象棋的规则会清楚明白地告诉计算机一步合法的走棋是什么样的。在游戏时，只有某些路径的棋子移动是游戏规则所许可的。但在所有可能的走棋方法中，机器如何知道该走哪一步棋呢？因为国际象棋游戏会在有限数目的棋步后结束，尽管这个数字可能很大，所以原则上机器有可能提前扫描并计算出每一个允许棋步的结果。然而，即使是最强大的计算机，也可能会花费（保守地说）大量的时间做这件事情（约翰·豪格兰德估计计算机需要提前计算出 10 步——这个数字比整个宇宙历史中的量子态的数目还要大[1]）。因此，国际象棋程序的设计者把某些拇指规则（称为启发法 heuristics）用到了他们的机器上。尽管这种方法提出了一些很好的走棋方案，但是与算法不同，它们并不保证某个特定结果的出现。下棋机器中使用的启发法可能是这样的："在游

---

[1] 约翰·豪格兰德（John Hangeland）：《人工智能：非常的想法》（*Artificial Intelligence: The Very Idea*），麻省理工学院出版社（MIT Press）1985 年版，第 178 页。

戏中要尽早尝试王车易位。"启发法在人工智能的研究中颇具影响力。人工智能有时被描述为一种关于能思考的机器，或能思考的计算机的科学。但是，计算机能思考意味着什么？这将是下一章的主题。

7 计算机能思考吗?

7.1 能思考的计算机?

在对计算机是什么有了基本了解之后,现在我们需要问的问题是:为什么会有人认为成为一台计算机,即可以系统地以前文描述的方式处理表征,就能够形成思维?

在第6章的开头,我说过要回答"计算机能思考吗"这个问题我们需要了解三件事情:计算机是什么,思考是什么,关于思维和计算机的哪些内容能够支持计算机可以思考。我们现在已经对计算机是什么有了一些了解,我们在第一章和第二章中也对思维的常识观念进行了一些讨论。我们可以把这些观点结合起来吗?

就我们所掌握的关于心灵和计算的知识来说,它们之间存在许多明显的联系。其中之一就是,表征的概念似乎突然出现在这两个领域中。心理状态的基本特征之一是它们能够表征事物，在上一章中我们也发现计算机基本特征之一是它们能够处理表征。同样地，你的思维致使你去做什么事情也取决于它们是如何表征世界的。同时，计算机得到什么输出取决于它们是如何表征的这个观点也是可证实的。在输入了"2""+""3"和"="之后，加法机给出输出"5"，这在一定程度上是因为这些输入的符号表征它们所做的事情。

然而，我们不应该被这些相似性引入歧途。表征的概念可以用来定义思维和计算机，但这个事实完全不能说明计算机能否思维。想一想这个类比：表征的概念可以用来定义思维和书籍。书籍的一个基本特征是它们包含表征，但是书籍并不能思维。与此类似，表征的概念可以用来定义思维和计算机，但仅仅因为这个就说计算机能思维，这种做法是愚蠢的。

对"信息处理"这个概念的泛化使用也会使我们误入歧途。在某种意义上思维显然包括了对信息的处理——我们从环境中提取信息，对它进行加工，然后在现实行动中使用它。但是从这件事情和计算机被称为"信息处理器"这件事情出发，就得出结论认为计算机是在进行某种形式的思考，这是错误的。将"信息处理"运用于人类思维需要对这个概念作非常泛化的理解，而在计算理论中，"信息处理"具有极为精确的定义。能思考的计算机这个问题（部分地）关涉到计算机所做的信息处理是否与思维中的"信息处理"有任何关联。指出"信息处理"这个词语既可以用于计算机也可以用于思维，并不能回答这个问题，这叫"歧义谬误"。

另一个错误的说法是，正如我们前面看到的，计算机能思

7 计算机能思考吗？

维是因为它一定有一个用来思维的图灵机器表。说它有用于思维的图灵机器表的意思是思维的理论是可计算的。这也许是对的，也许不是。即使它是对的，这也不能说明思维者就是计算机。假定天文学是可计算的，这并不意味着宇宙就是计算机。有必要再次强调，区分计算函数和例示函数是至关重要的。

另一方面，我们肯定不能急于否认计算机可以思维这个观点。一个常见的反击就是，人们总是沿着最新的技术思路来思考心灵或大脑，当前我们对能思维的计算机这个观点的迷恋也是这种情况。让我们来看看约翰·塞尔是怎样说明这一点的：

> "因为我们对大脑的了解有限，所以我们总是忍不住把最新的技术当作理解大脑的模型。在我的孩童时代，我们深信大脑就是一个电话交换机……伟大的英国神经科学家谢林顿（Sherrington）认为大脑像电报系统一样工作。弗洛伊德经常把大脑比作是液压系统和电磁系统。莱布尼茨把它比作磨粉机。有人告诉我说古希腊的一些人认为大脑像弹弓一样工作。显然，现在人们用的是数字计算机这个隐喻。"[1]

根据这个观点，我们若是用六七十年前对数学基础进行纯粹思

---

[1] 约翰·塞尔（John R. Searle）：《心灵、大脑与科学》（*Minds, Brains and Science*），企鹅出版社（Penguin）1984年版，第44页。

辨得到的看法去解释经过几百万年演化而来的人类大脑（或心灵），这简直匪夷所思。

塞尔或许是正确的，人们总是用最新的技术来类比心灵，这可能是正确的。然而，计算机这个例子和塞尔提到的其他例子非常不同。历史上，发明计算机的各个阶段总是与系统化的人类知识和心智技能的尝试紧密相连，因此用前者去模拟（甚至解释）后者并不奇怪，这与液压装置、磨粉机或者电话交换机的例子不同。我们需要详细分析几个例子。

与许多同时代的人一起，伟大的哲学家和数学家莱布尼茨（1646—1716）提出了"通用字符"（英文：universal character；拉丁文：characteristica universalis）的观念：这是一种像数学一样精确、没有歧义的语言，我们的观念能够被翻译为这种语言，并且借助于这种语言，我们在智力上的争论可以通过"计算"得到消解。在一段著名的文字中，莱布尼茨展望了这种语言可能给我们带来的好处：

"一旦人们对大部分的概念建立起特征数，人类将获得一种新的工具。这种工具会极大地提高我们的智能，它给我们带来的影响将远胜于光学工具对我们视力的增强，它将会取代显微镜和望远镜，就像理性超越视力一样。"[1]

---

[1] 莱布尼茨（G. W. Leibniz）：《莱布尼茨选集》（Selections），维纳（P. Wiener）主编，斯克里布纳（Scribner）1951年版，第23页。

7 计算机能思考吗？

实际上莱布尼茨并没有设计出通用字符（然而有趣的是，他发明了二进制符号）。但是在这个概念计算装置的惊人构想中，我们看到了许多计算机先驱者的共同兴趣，一方面他们希望剥离人类思维中所有歧义和模糊的成分；另一方面，他们又希望有一种微积分或者机器能够处理这些剥离后的思维"骨骼"。

这两个愿望与计算机历史上另一个主要人物，英国逻辑学家和数学家乔治·布尔（1815—1864）的研究不谋而合。在他的著作《思维规律》（1854）中，布尔发明了一种代数，用以表达陈述（或命题）之间的逻辑关系。就像普通代数表达数字间的数学关系一样，布尔提出陈述或命题之间的基本逻辑关系——用"与""或者"等表示的关系——也可以用代数的方法表示出来。布尔的办法是用二进制标记法（1 和 0）来表示由"与""或者"等词语表达的函数的自变量和值。我们以二进制运算 $1 \times 0 = 0$ 和 $1+0=1$ 为例。现在假定 1 和 0 分别表示真和假，那么我们可以认为 $1 \times 0 = 0$ 表达的是"如果你有一个真理和一个谬误，那么你会得到一个谬误"，而 $1+0=1$ 表达的是"如果你有一个真理或者一个谬误，那么你会得到一个真理"。也就是说，我们可以把"×"当作与的"真值函数"，把"+"当作或者的真值函数（学过初级逻辑的学生会非常熟悉布尔的观点。当 P 和 Q 同时为真时，"P 和 Q"为真；当 P 为真或者 Q 为真时，"P 或者 Q"为真）。

布尔认为，通过运用这些简单的代数形式建立推理模式，我们就能够发现"心灵运转的基本法则，理性就是基于这些法则工作的"。[1] 也就是说，布尔的目标是把人类思维的原则系统化或者为其编码。有趣的是，布尔的代数法在现代电子计算机的设计中扮演了关键角色。布尔系统中"×"函数的行为可以用一个叫作"与门"的简单装置编码（图9）。与门是一种机械装置，它以两个端口（X和Y）的电流为输入，产生一个电流作为输出。这个装置是这样设计的，当且仅当它同时从X和Y获得电流时，它输出电流。事实上，这个装置表示了"与"的真值函数。我们还可以构造出相似的门来表达其他的布尔运算。通常，这些装置被称为"逻辑门"（logic gates），它们是当今数字计算机设计的核心。

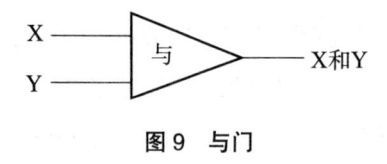

图9 与门

最终，可编程的通用电子计算机的想法从布尔、莱布尼茨和其他伟大的发明家（比如英国数学家查尔斯·巴尔奇）的观点中诞生了。然后这个想法随着图灵和丘齐的理论发现以及战后电子技术的进步（详见本书末尾的年表）变成了现实。我们在布尔和莱布尼茨的例子中看到，隐藏在计算机背后的观点尽管模糊，但是它们经过系统化和编码处理后常常与理解人类思维的总体方案联系密切。只有当普通大众认识了计算机以后，

---

1 乔治·布尔（George Boole）：《思维规律》（第Ⅱ卷）(*The Laws of Thought*, volume Ⅱ)，公开法庭出版社（Open Court）1940年版，第1页。

7 计算机能思考吗？

它们就会自然而然地被誉为"电脑"。[1]

当然这并不能证明计算机可以思考，但它让我们发现了对这个观点持草率看法的错误之处。我们很快就会看到一些支持和反对这个观点的详细论证，但是首先我们需要简单地了解一下人工智能的内容。

7.2 人工智能

什么是人工智能？这个问题并没有一个准确的答案，因为这个术语被用于许多不同的智能项目。有些人把人工智能（或者 AI）称为"思维机器的科学"，而另一些人则更加雄心勃勃，例如玛格丽特·博登，他们称它为"普遍的智能科学"。[2] 对于刚刚接触这个概念的人而言，"智能"一词在这里会让人产生某种误解，因为它暗示了 AI 关注的只是那些我们通常认为要求智力参与的事情，比如阅读艰深的书籍，或者证明数学定理。事实上，许多 AI 研究关注的并不是我们通常认为需要使用智力的事情，例如识别和操控简单的三维空间物体，或者理解简单的文本。

一些挂在 AI 名下的项目几乎与我们对思维的本质和能思

---

1 豪格兰德（Haugeland）：《人工智能》（*Artificial Intelligence*），第 168 页。

2 玛格丽特·博登（Margaret Boden）主编：《人工智能哲学》（*The Philosophy of Artificial Intelligence*），牛津大学出版社（Oxford University Press）1990 年版，绪论，第 3 页；前一个引文来自艾伦·加纳姆 Alan Garnham 的《人工智能导论》（*Artificial Intelligence: an Introduction*）[卢德里奇出版社（Routledge）1999 年版，第 xiii 页]。

考的计算机的探讨没有任何关系。例如，算法就是为专门的知识领域，如药品识别，提供快速响应和建议而设计的。谷歌就经常改善其"智能"搜索方法和翻译机制：在 AI 发展早期，这些成果是难以想象的。尽管这个系统精密复杂，但它并不是（而且也没有打算成为）能思考的计算机。

AI 背后的想法具有深刻的哲学趣味，那就是制造一台能思考的计算机（或者其他的机器）。显然这个问题本身就非常有趣，但是如果布尔和其他人的想法是正确的，那么制造出能思考的计算机就能够帮助我们理解智能（或思维）在一般意义上指的是什么。也就是说，通过制造能思考的计算机，我们就可以了解思维。

至于为何应该如此，也许还不甚明了。制造一台能思考的计算机如何能够让我们了解我们是怎样思考的呢？设想制造一个飞行机器这个类比。鸟能飞翔，飞机也如此，制造飞机这件事并没有告诉我们多少关于鸟如何飞行的信息。正如飞机的飞行方式与鸟的飞行方式不同，能思考的计算机思维的方式与我们人类思维的方式也是不同的。因此，制造一台能思考的计算机又如何能够告诉我们更多关于人类思维的东西呢？

另一方面，这个观点可能有些怪异。毕竟思考是由我们作出的——思考的本质就是人类的思考，那么事物怎么可能脱离人类的思考方式而进行思考呢？这是一个很好的问题。它的意思是我们不应该先去制造一个能思考的计算机，然后去问关于思考，这个计算机告诉了我们什么，或许我们应该首先弄清楚思考是什么，然后再看我们是否可以造出一个能思考的机器。

7 计算机能思考吗？

然而问题在于，一旦我们搞清楚思考是什么了，制造这个机器就不会给我们提供任何我们不知道的信息了！

如果思考仅有的种类是人类的思考（无论思考是什么意思），那么只有在人类的思考确实就是计算的情况下，我们才有可能制造一个能思考的机器。为了制造这个的机器，显然我们必须细致地研究思考和其他的心理过程究竟是什么。因此，这个方法需要一个心理学理论作为支撑，因为在找出是哪些计算机制执行这些过程之前，我们需要先弄明白这些过程是什么。然后这个方法还要把心理学和AI结合起来，以此得出人类心理加工的一套完整理论。按照最新的术语，我把这种结合称为"认知科学"——这将是第8章的主题。

从另一方面来讲，如果某些东西可以思考，但不是按照人类的思考方式，那么AI就不应该局限在发现人类心理的工作方式上。更确切地说，不管人类的思考方式是什么样的，AI都应该继续发展下去，制造出一个用思考或智能执行任务的机器。事实上在二十世纪五十年代，AI的研究最开始就是这样进行的。它的目标是制造出一个机器，这个机器可以做那些人类可能需要运用思考来做的事情。他们认为制造这个机器并不需要使用人类心理学或生理学的具体知识。

人们对这件事情的一个正常反应是，这个方法只能制造出一个思维的模拟品，而不是一个真实的东西。有些人认为这并不是一个问题，如果这个机器能以人类智能的方式工作，那么我们为什么要去担心它是不是一个真实的东西呢？然而，如果认为AI是一种"普遍的智能科学"，那么这样的回答是毫无益处的，因为它模糊了真实的思维和模拟之间的区别，它无法告诉我们更多关于我们的（假设是真实的）思维是如何工作的信息。但是，为什么会有人认为模糊真实的思维和它的模拟品之间的区别是一件可以接受的事情呢？

我认为答案存在于 AI 的早期历史之中。1950 年图灵发表了一篇极具影响力的论文，题目为"计算机器和智能"，该文为 AI 提供了某些哲学基础。在文章中，图灵提出了这样一个问题："机器能思考吗？"图灵发现这个问题太过模糊，于是用另一个问题代替了它："在什么样的情况下，一个机器会被误认为是一个真实的能够思考的人？"图灵设计了一个测试，在测试中一个人在某个距离之外与一台机器和另一个人交流。简单地讲，这个"图灵测试"就是：如果第一个人不能区分他是在与那个人还是在与那台机器交流，那么我们就可以说那台机器能够思考。

这个测试有很多衍生版本，要讲清楚它究竟涉及了哪些内容是相当复杂的。[1] 我个人的观点是，这个测试背后的假设是行为主义的（见第 4 章，4.3 节），因此这个测试，作为一种对思考是什么的解释，是不充分的。但在这里我只想说明一点，接受图灵测试作为鉴别智能的决定性测试，有可能让我们区分开某种事物思考和某种事物以人类的方式思考这两个观点。如果图灵测试对思维测试而言是充分的，那么现在关键的问题就是这个机器在测试中是如何运行的。而机器是否以人类的思考方式

---

[1] 图灵的论文再版于博登（Boden）主编的论文选集《人工智能哲学》（*The Philosophy of Artificial Intelligence*）。

7 计算机能思考吗？

通过了测试就无关紧要了。图灵对"机器能思考吗"这个问题的重新定义使 AI 模糊了真实的思维与它的模拟品之间的区别。

这就需要我们对上一章开头提出的两个问题进行区分，它们是：（1）计算机能思考吗？换言之，某些东西只要成为计算机就能思考吗？（2）人类的心灵是计算机吗？换言之，我们（全部地或部分地）以计算的方式思考吗？

这两个问题是不同的，因为持后一种 AI 观[1]的人可能对第一个问题的回答是"是的"，而对于第二个问题保持不可知（"我并不知道我们是怎么思考的，但是计算机却能"）。同样地，有人也可能对第二个问题的回答是"是的"，但却否认一个纯粹的计算机能思考（"任何东西都不能仅通过计算来思考，但计算部分地解释了我们是如何思考的"）。

第 8 章将会回答第二个问题，而本章的其余部分将会讨论对第一个问题给出否定回答的一些最为有趣的哲学原因。为了表述清晰，我会用"AI"和"人工智能"这两个术语来代表计算机能思考这个观点——但是我们要记住这些术语还有其他用法。

对于 AI 的观点，哲学是如何回应的呢？有两个最为经典的哲学上的反对意见。第一个是计算机不能思考，因为思考需要的能力计算机在本质上是不可能具备的。计算机必须遵守规则（不论是算法还是启发法），但是思考永远都不可能被规则体系充分概括，无论这些规则有多么复杂。思考需要生命的

---

[1] 认为人工智能是一种"普遍的智能科学"。——译者

积极投入，对文化的融入，以及那些永远都无法由规则形式化的过程性知识。这是休伯特·德雷福斯在其著作《计算机不能做什么》中对 AI 进行激烈批判时所持的观点。第二个是计算机不能思考，因为它们只是根据符号的形式化特征操纵符号，它们并不能理解那些符号的意义。这是约翰·塞尔提出的著名的"中文屋"论证的主要观点。

我将在本章的最后两节对这些反对意见进行评价。

7.3　思考能被规则加表征描述吗？

1986 年 5 月 31 日，《亚利桑那每日星报》报道了这样一个不幸的故事：

> "某联邦官员称，一个公交车新手司机因对车上女乘客突发心脏病一事处理不当而被停职。当时他严格遵守了禁止司机在未经许可的情况下改变行驶路线的规定。'如果必须要有人承担责任的话，那么应该怪罪的是那些人们必须遵守的规定。'（该官员说）公交公司的发言人为其规定作出辩护说：'你可以给规则一些回旋的余地，但是到头来会怎样呢？'"[1]

---

[1] 这个故事来自哈里·柯林斯（Harry Collins）："机器还会思考吗？"（"Will machines ever think?"），《新科学家》（New Scientist）1992 年 6 月 20 日，第 36 页。

7 计算机能思考吗?

这个倒霉司机的行为可以用来解释长期困扰 AI 的一个问题。要是严格遵守规定——"未经许可,不可改变行驶路线"——那么这个司机就不能以聪明的、理性的方式处理这个紧急情况。但是根据自身的性质,计算机必须遵守(至少是一些)严格的规则,所以它永远都不可能像真实的思考者那样做出灵活、自发的反应。这个反对意见的结论是,思考不是在严格规则下进行的,所以计算机不能思考。

这个反驳有些仓促了。为什么问题不是出在选定的特定规则上,而是出在了遵守这样的规则的观念上呢?在这个案例中,规则的问题——"未经许可,不可改变行驶路线"——只是在于它太简单了,而不在于它是一个规则。公交公司应该给司机这样的一个规定:"未经许可,不可改变行驶路线,一旦在车上发生紧急医疗状况,在这种情况下,你应该把车开到最近的医院"。这个规则能够解决突发心脏病的情况,但是如果司机知道最近的医院被恐怖分子围攻,他该怎么办呢?或者他知道车上有一个医生,又该怎么办?他应当按照规定去医院吗?可能不会,但是如果他没有遵守这个规定,他是否应该遵守其他规定呢?他应该遵守哪一个规定呢?

假设公交公司给这个司机这样一个规定,"未经许可,不可改变行驶路线,一旦在车上发生紧急医疗状况,在这种情况下,你应该把车开到最近的医院,一旦这个医院被恐怖分子围攻,或者公交车上有一个医生的话,或者……,在这种情况下,你应该……"——我们甚至不知道在省略号处还应该写些什么,这个假设是非常荒谬的。我们如何能够得到这样的一个规则呢？——它既具体到可以给规则的遵守者发出应该做什么的精确指示（例如"把车开到最近的医院"，而不是"做合理的事情"），又普遍到可以适用于所有的意外情况（例如不仅适用于心脏病突发，而且还适应所有的突发事件）。

乔治·奥威尔在"政治与英语"一文中给出了许多优秀写作的规则（例如，"在能用简短单词的地方绝不使用长单词"），在文章的最后他却提出了这样一条规则："如果按照规则会说出粗俗的话，应立即打破上述规则。"[1] 我们也可以在给公交司机制定的一大堆规定上再加一条类似的规则："如果按照规则会做出愚蠢的事情，应立即打破上述规则。"或者更礼貌地说："用你的常识吧"！

对于人类，我们通常可以相信他们会使用常识。如果（在某个阶段）不诉诸常识之类的东西或者去想"什么是合理的做法"，我们很难理解诸如公交司机之类的难题。如果计算机要处理这样的简单问题，那么它也必须使用常识。但是计算机的工作方式是根据规则（算法或者启示法）来处理表征。因此，为了使计算机能够处理这样的问题，常识必须以规则和表征的方式储存于计算机中。那么，AI需要的是一种能将常识知识明确表征出来的计算机编程方法。

德雷福斯曾极好地辩明这是无法做到的事情。他说人类智能需要"常识的背景，成年人凭借自己的身体与物质世界灵巧

---

[1] 乔治·奥威尔（George Orwell）："政治与英语"（"Politics and the English language"），载《鲸腹之内和其他论文》（*Inside the Whale and Other Essays*），企鹅出版社（Penguin）1957年版，第156页。

7 计算机能思考吗？

的互动以及在文化中的训练而获得这种常识"。[1] 按照德雷福斯的说法，这种常识知识不能被表述为"各种命题知识"，也就是不能表述为关于事实的一套规则和表征。[2]

不能把常识知识表述为一套规则和表征，支持这一观点的一个理由是，常识知识是，或者取决于，一种过程知识。哲学家区分了知道某事是什么样的和知道怎么做某事。第一类知识是事实知识（可以被写入书本中的一些事情，例如知道索非亚是保加利亚的首都），而第二种是技能或能力知识（例如会骑自行车）。许多哲学家相信，能力（如知道怎么骑自行车）不是一种可以被完全还原为某些规则或者原则的东西。要知道怎么骑自行车，你需要具备的知识并不是"从书本上学来"的。你不会去运用诸如"向右转弯的时候，你和自行车要稍微向右倾斜"这样的规则，你只能通过一次次的尝试和失败而掌握诀窍。

德雷福斯说，只要拥有一般智能，你就可以从所做的事情中获得掌握某种事物的诀窍。知道椅子是什么不是只知道"椅子"这个词的定义，它也必然包含了知道可以用椅子做什么，怎么坐在上面，怎么起来，怎么找出在这间屋子里哪些物体是椅子，或者在身边没有椅子的时候，知道哪些东西可以当椅子用——也就是说，知识预设了身体技能的清单，这个清单可能无限庞大，因为椅子的种类和坐在上面的方式（优雅地、舒适地、安全地、平稳地等）似乎是数不尽数的。这类知识植根于

---

1 德雷福斯（Dreyfus）:《计算机还不能做什么》（*What Computer Still Can't Do*），第3页。

2 同上书，第 xvii 页。

我们的日常生活之中，它要么就是一种实际的过程性知识，要么以实际的过程性知识为基础。

计算机是一个依据规则处理表征的装置。显然，表征和规则并不是技能。一本书可以包含表征，也可以包含规则的表征，但是这本书中并没有技能。如果计算机具备知识，那么它一定是"某事物是什么样的知识"，而不是"如何去做某事的知识"。因此，如果德雷福斯是正确的，那么一般智能需要常识，常识是一种过程性知识，而计算机无法拥有常识，所以 AI 也不能成功地创造出拥有一般智能的计算机。显然，为 AI 辩护的两个办法是，要么拒斥一般智能需要常识的观点，要么拒斥常识是过程性知识的观点。

第一个办法是没有希望的——怎么可能有不使用常识的一般智能呢？这个观点 AI 的研究者也不赞同。第二个办法是一种更为常见的回应。这个方法的支持者可能会说，把隐含在常识世界观中的假设清晰地表述出来需要一些艰苦的工作；但这并不是说这是一件不可能完成的事情。然而，即使所有的常识知识都可以被储存为一套规则和表征，这也只是 AI 任务的开始。因为对于计算机而言，仅仅储存信息是不够的，它还必须能够以智能的方式读取和使用信息。也就是说，拥有一本百科全书是不够的，关键是要知道怎么在它上面查东西。

在这里，关联性这个概念尤为重要。如果计算机不知道哪个事实和哪个事实相关联，那么它就不能很好地使用它储存的常识去解决问题。但是一个事物与另一个事物是否关联会随着世界观的变化而变化。一个人的性别不再与他是否拥有投票权

7 计算机能思考吗?

相关,但是在两百年前这两件事情却是相关的。

关联性与不协调、例外或不同寻常的情况如影随形。关于一个用来理解餐馆故事的程序,德雷福斯曾经这么讲:

> "并不能像我们文化中的人那样理解这个餐馆的故事,除非它能回答这些简单的问题:服务员来到桌子旁边的时候他穿衣服了吗?他是向前走的还是向后走的?顾客是用嘴巴还是用耳朵吃东西的?如果程序的回答是'我不知道',那么我们会觉得它给出的所有正确答案不过是些小把戏或侥幸的猜测,它根本没有理解我们在餐厅中的日常行为。"[1]

德雷福斯指出,我们在这个世界上的生活方式是以技能和事物之间的相互作用(而不是命题知识的表征或"某某事物是什么样的知识")为基础的,仅仅出于这个原因,我们就知道哪些事情是格格不入的,哪些事情与哪些事情是相关的。

德雷福斯对 AI 的批判比前文概括的内容要丰富得多,但是我希望这个概括能显示出对 AI 批判的主要思路。德雷福斯提出的这些问题有时被归于"框架问题"[2]的标题之下,它们

---

[1] 德雷福斯(Dreyfus):《计算机还不能做什么》(*What Computer Still Can't Do*),第43页。

[2] 关于框架问题,可参考丹尼尔·丹尼特(Daniel Dennett)的论文"认知的车轮:AI 的框架问题"("Cognitive wheels: the frame problem of AI")[载玛格丽特·博登(Margaret Boden)主编:《人工智能哲学》(*The Philosophy of Artificial Intelligence*)]和杰克·科普兰(Jack Copeland)的《人工智能:哲学导论》(*Artificial Intelligence: A Philosophical Introduction*)[布莱克韦尔出版社(Blackwell)1993年版]第五章。

向本章介绍的 AI 的传统研究路径提出了一些最棘手的问题。对德雷福斯的回应有很多，其中一个我们可以称为谷歌回应：改善算法，存储更多数据，开发计算机的关联意义。

当德雷福斯写下他的著作，甚至当 1993 年我写完本书第一版时，对于今天计算机的能力——巨大的存储空间和飞快的处理速度——我们是难以想象的。任何人预测计算机能做什么或不能做什么时都必须十分小心。然而，有趣的事情是，无论谷歌搜索引擎有多么优秀的表现，人们却并不倾向于得出它是真的在思考这个结论。现在的计算机已经非常擅长完成那些怀疑论者先前认为不可能的事情——面部识别、文字识别和自动翻译——但是人们却愈发不认为 AI 即将制造出能思考的机器。实际上，现在的 AI 只是工程学的一个分支，还不是心灵科学的一部分。

在此，关于 AI 系统是如何工作的，辨别真正的事实和代替它们所发布的那些言过其实的说辞是非常重要的。IBM 对其开发的沃森机（Watson Machine）的描述就是一个很好的例子。沃森在电视竞技节目《危险边缘》（Jeopardy）中，打败了最优秀的人类对手，赢得一百万美元的最高奖金。IBM 网站宣布，"制造沃森的目的是为了完全拷贝我们人类的学习程序……影响人类做出判断的普遍的认知框架——观察、解释、评估和决定"。但是在此之后，IBM 又说："沃森没有容量或内存限制，它可以在几秒钟内阅读完数百万份毫无条理的结

7 计算机能思考吗?

构凌乱的文档。"[1]反过来说,我们却受容量和内存的限制。然而,我们实际上的确是在设法观察、解释、评估和决定,但这并不是通过数秒钟内阅读完几百万份文档完成的。

然而,这类言辞应当被认为是 AI 的一种公关辞令,而不是科学表述。其实,如果观察者可以从最近几十年 AI 的发展中得出一个结论的话,那就是机器变得越来越先进,而他们提出的可以"真正地思考"或"效仿人类行为"这些重要的观点正在日渐隐退。他们的机器做到了我们永远都做不到的事情(比如在数秒钟内读完几百万份文档),但这并不能算作 AI 研究的成功。

对德雷福斯论证的另一个不同的回应是,承认以规则和表征图像为基础的"经典"AI 无法获得思维应具有的基本能力——如果打算制造一个能思考的计算机的话,AI 需要采用一种完全不同的路径。这也许需要从机器人获得灵感,或者采取一种更加以大脑为基础的计算观(第 8 章和第 11 章将探讨这些观点)。当然,还有一种回应是绝望地放手,完全放弃这个制造能思维的机器的计划。德雷福斯的观点至少为 AI 的研究计划提出了一个挑战,这就是如何用规则和表征去表示常识知识,然而这些观点至多体现了思维的本质就是根据规则来操作符号这个观点的瓦解。无论你采取什么立场,我认为德雷福斯提出的问题都引起了人们对在这个思维概念的

---

[1] http://www.ibm.com/smarterplanet/us/en/ibmwatson/what-is-watson.html,访问日期:2015 年 8 月 19 日。

基础上制造能思考的计算机这个想法的怀疑。

7.4 中文屋

德雷福斯认为传统的 AI 计划完全不可能制造出任何可以成功通过一般智能测试的东西，例如图灵测试。约翰·塞尔则采取不同的路径对 AI 进行反驳。为了论证的需要，他先承认 AI 计划能通过图灵测试，但是他接着说即使通过了测试，它也只是一个对思考的模拟，而不是真实的东西。[1]

为了证明他的理论，塞尔使用了一个思想实验，他称之为"中文屋"。他想象自己在一个带有两扇窗户的屋子里——我们把这两个窗户分别标记为 I 和 O。一些写有复杂符号的纸片通过 I 窗户被送了进来。屋子里有一本用英文写的很厚的书，书上写着这样的指令："无论何时你从 I 窗户得到一张写有这些符号的纸片，你都要对纸片进行某种处理，然后把带有那些符号的纸片从 O 窗户递出去。"屋子里还有一堆写有符号的纸片。

现在假定这些符号就是汉字，从 I 窗户送进来的纸片是一些问题，从 O 窗户送出去的是问题的合理答案。现在的情况与电脑的内部设置是相似的：有一套规则（程序）来处理符号，它从输出窗口给出某些符号，这些符号是对从输入窗口进入的

---

[1] "心灵、大脑与程序"（"Minds, brains and programs"），载《行为与脑科学》（*Behavioral and Brain Sciences*），1980 年版；《心灵、大脑与科学》（*Minds, Brains and Science*），企鹅出版社（Penguin）1984 年版，第二章。

7 计算机能思考吗?

另一些符号的回应。

为了论证的需要,塞尔承认一个拥有适当程序的机器能够通过图灵测试。在屋子外面,说汉语的人可能认为他们正在和屋子里面的人进行对话,但实际上屋子里面的人(塞尔)并不理解汉语。塞尔仅仅是依据符号的形式(简单而言,符号的形状)处理了符号——他不知道这些符号是什么意思。因此,中文屋表明运行一个计算机程序并不构成真正的理解或思维,因为所有计算机能做的只是根据符号的形式来处理符号。

塞尔论证的总体结构如下:(1)计算机程序是纯形式或者"句法的",简单地讲,它们仅仅对它们处理的符号的"形状"敏感;(2)真正的理解(甚至扩展到所有的思维)是对符号的意义(或"语义")敏感;(3)形式(或句法)永远无法构成(或不足以构成)意义(或语义);(4)因此,运行计算机程序不足以构成理解或者思维。

塞尔论证的核心是前提(3)。前提(1)和前提(2)被认为毫无争议,而前提(3)的论证是由中文屋思想实验论证提供的(第8章将会详细解释"句法"和"语义"这两个术语,现在我们暂且认为它们的意思分别是"形式"和"意义")。

对塞尔论证的明显的回应是,这个类比行不通。塞尔指出计算机不理解汉语,因为在中文屋中他不理解汉语。但是批评者说 AI 并不是这样的。屋子里的塞尔只是被类比为计算机的一部分,而不是计算机本身。计算机本身应该类比为塞尔+屋子+规则+一张张纸片(数据)。因此,批评者说,塞尔提出

171

的观点是 AI 认为计算机能理解是因为计算机的一部分能理解，但是没有一个研究 AI 的人会这么说。相反，他们会说整个屋子（也就是整个计算机）是理解汉语的。

塞尔忍不住要对一个屋子能够理解汉语这个观点进行嘲讽——当然，这与哲学无关。他对这个观点的严肃回应是，假定我记住了所有的规则和数据，那么我就可以做到我在屋子里做过的所有事情，唯一不同的地方在于我是在屋子外面做这些事情的，因为我已经记住了所有的规则和数据，但是我仍然不理解汉语。因此，说屋子能理解汉语并不能回答这个问题。

有些批评者反驳说，记忆这些规则和数据并非毫无意义的事情，谁会说你记住了这些规则和数据但却没有理解他们呢？他们认为，是塞尔想象力的缺乏使他排除了这种可能性的存在（我还会在后面回到这个话题）。

另一个对塞尔的反驳是，如果塞尔不仅记住了这些规则和数据，而且还在中国人的世界中使用它们，那么我们似乎有理由认为他很快就会意识到这些符号的意义。假设这些数据是关于一个餐厅对话的（以真实的 AI 计划的方式），塞尔实际上是一个中国餐馆的服务员。他会看到某个符号总是和炒饭的需求相关，另一些符号总是和鱼翅饺的需求相关，等等。这就是（以某种方式）理解它们意义的开始。

塞尔回击这个观点说 AI 的捍卫者现在已经承认了他的观点，一个程序的运行不足以构成理解，你必须与这个世界互动才能获得真正的理解。他说 AI 的原意是运行程序自身就足以

7 计算机能思考吗？

构成理解，因此这个观点实际上承认了 AI 背后的主要思想是错误的。

严格地讲，就这一点而言塞尔是正确的。如果你认为，要思考你必须与世界互动，那么你就已经抛弃了计算机能思考仅仅是因为它是计算机这个观点。但要注意的是，这并不意味着计算没有出现在某个层次的思考中。某人虽然记住了（也许实际上是不可能的）规则和数据，但是他仍然以一种由规则控制的方式或者算法的方式来操作符号，只是他需要与世界互动来赋予这些符号意义（当然，"与世界互动"的意思非常模糊，更精确的内容将会在第 9 章进行讨论）。因此，塞尔的论证并没有触及认知科学的核心思想，那就是思考可能执行计算，虽然并非所有的思考都是如此。塞尔清醒地意识到了这一点，他还提出了一个不同的论证来反对认知科学，我们将在第 8 章看到这些内容。

我们能从塞尔的论证中得出什么结论呢？我认为，在以上的论证中，前提（3）是非常正确的：句法对语义来说是不充分的。这就是说，符号不能"解释自己"。这实际上是自我表征难题的一种直接陈述。如果前提（3）是错的，那么从某种意义上讲，表征难题就不存在了。这意味着我们无法对符号的意义作出解释吗？未必如此——某些解释将会在第 9 章和第 10 章中讨论。但是我们必须时刻小心，当我们给出一个这样的解释时，我们并不能暗中把我们正在尝试进行说明的东西（理解、意义、语义等）放入其中。我认为这是我从塞尔反对 AI 论证中得到的主要教训。

然而，一些哲学家质疑塞尔是否应该使用这个前提。取消式唯物主义者保罗·丘奇兰德和帕特丽夏·丘奇兰德用一个物理的类比说明了这一点。假定某人承认（ⅰ）电和磁是力，（ⅱ）光的本质属性是发光性，那么他可能会认为（ⅲ）力不足以构成，或者不能构成发光性。他们可以用以下的思想实验（"发光屋"）来证明这一点。假设一个人在一个黑屋子里手里摆弄着一块磁铁并围着屋子转。这么做会产生电磁波，但是无论她围绕屋子摆动磁铁的速度有多快，这个屋子仍然是黑的。由此得出结论光不是电磁辐射。

然而，光的确是电磁辐射，那么是哪里出错了呢？丘奇兰德夫妇说错误就在第三个前提中：力不足以构成或不能构成发光性。这个前提是错误的，发光屋思想实验不能确立这个前提的真理性。同样，他们认为塞尔论证的错误也在他的第三个前提中，即句法对语义来说是不充分的，诉诸中文屋论证不能确立这个前提的真理性。对于丘奇兰德夫妇而言，句法对语义来说是否充分是一个经验的、科学的问题，而不是一个可以用虚构的思想实验（像中文屋）解决的问题：

> "自身能够构成或者足以构成光这个客观现象，歌德认为这非常不可思议。甚至在二十一世纪还有人认为这是超乎想象的：无生命的物质自身，不管是用什么方法组织起来的，能够构成或者足以构成生命。坦白地说，人们的想象力与事物是什么样子常常是没有关系的，即使这些人极

7 计算机能思考吗？

其聪明。"[1]

这个反驳认为塞尔被自己的想象力束缚了。作为回应，塞尔否认句法对于语义是否充分就是或者可能是一个实证的问题，因此发光屋并不是一个很好的类比。为了理解他的观点，我们需要了解一些句法和语义的概念，以及它们是如何运用于心灵的。这将是第 8 章的目标之一。

7.5 结语：计算机能思考吗？

我们应该怎么理解 AI 和能思考的计算机的观点呢？ 1965 年 AI 的先驱之一赫伯特·西蒙（Herbert Simon）预测："不出二十年，机器就能做所有人类能做的工作。"[2] 半个多世纪之后，计算机的能力取得了令人难以置信的进步，甚至连西蒙自己也一定会对这些进步感到惊叹。然而，尽管取得了如此进步，西蒙提出的机器能做所有人类能做的事情这一观点依然看起来不切实际。那么，是不是应该放弃制造能思考的计算机这个想法呢？

德雷福斯和塞尔认为是的。至少，德雷福斯的论证得出的

---

[1] 保罗·丘奇兰德（Paul Churchland）和帕特丽夏·丘奇兰德（Patricia Churchland）："机器能思考吗？"（"Could a machine think?"），《科学美国人》（*Scientific American*）1990 年 1 月，第 29 页。

[2] 德雷福斯（Dreyfus）：《计算机还不能做什么》（*What Computer Still Can't Do*），第 129 页。

结论是，如果计算机要拥有一般的智能，即能够对事物进行推理，那么它就必须具备常识知识，但常识知识不能用规则和表征表示。如果这是对的，那么制造出真正的会思考的计算机就绝无可能。但是，正如我曾经强调的，真正的 AI 不应该再被认为是一种制造能思考的机器的科学，这不是它的目标。因此，这个失败不应该被认为是对 AI 的否定，相反，正如我在上文所言，它应该被视为在 AI 令人沉醉的发展初期提出的一种夸张渲染的豪言说辞。

在我看来，塞尔论证的教训是相当不同的。通过拒斥 AI 的核心观点——思考是一种形式上的符号操作——塞尔论证本身回避了对 AI 的反驳。但尽管如此，塞尔的假设在我看来还是正确的。我认为对于塞尔论证的恰当回应该是：当然，屋子里的塞尔或者屋子自身不能理解中文，但是如果你让外部世界对这个屋子施加一些影响的话，意义或者"语义"就有可能开始拥有立足之地了。当然，这个回应承认了思考不能只是对符号的操作。任何事物，仅仅成为计算机是不足以思考的。

然而，这并不意味着计算的概念不能以某种方式应用于心灵。因为仅仅成为一个计算机并不能思考可能是对的，并且我们在一定程度上以计算的方式思考也可能是对的。这个观点将在下一章进行讨论。

8 思维的机制

8.1 认知、计算与功能主义

机械心灵观,当我使用这一术语时,其核心思想是:心灵是自然界的一部分,它具有一种受规则和规律制约的因果结构。这和说心灵的因果结构也是一种计算结构,即思考就是计算,并不是一回事。然而,还有许多认同机械心灵的人也信奉计算心灵。事实上,思考与计算之间的联系和机械世界图景自身一样古老:

> "当一个人进行推理时,他所做的不过是在心中将各部分相加求得一个总和,或是在心里从一个数字中减去另一个数字求得一个余数。(如果这种过程是用语词进行的)他便是在心中把各部分的名词序列连成一个整体名词或从整体及一个部分的名词求得另一个部分的名词……据此,我

们可以界定（也可以说规定）推理这一词语在我们把它列入心理官能时它的意义是什么。因为在这种意义下，推理就是一种计算，也就是将公认为标明或表达思维的普通名词所构成的序列相加减；我所谓的标明是我们自己进行计算时的说法，而表达则是向别人说明或证明我们的计算时的说法。"[1]

这段摘录来自托马斯·霍布斯的《利维坦》(1651)。许多哲学家，如约翰·豪格兰德，认为霍布斯的推理就是"推算"（即计算）的观点是思维计算观的前瞻，它吸引了一些学者的注意。[2] 本章的目的就是考察这种计算观。

我在第7章中强调过，思维的计算观不同于一个事物只要成为某种类型的计算机就能思考这个观点。尽管我们否认任何事物仅仅通过计算就能进行思考的观点，但是我们仍然可以认为我们的思维具有计算基础。也就是说，我们可以认为我们的一些心理状态和过程在某种方式上是计算的，同时不必认为计算的观点穷尽了思维的本质。

某些心理状态和过程是计算的这个观点在当代心灵哲学与认知心理学中居于主导地位，仅凭这一点，这种观点就值得我们进行详细的探讨。但是在讨论这些理论之前，我们需要知道

---

[1] 引自霍布斯（Hobbes）的《利维坦》（*Leviathan*），第一部分"论人类"（"Of Man"），第五章"论推理与学术"（"Of reason and science"）。

[2] 参见约翰·豪格兰德（John Haugeland）的《心灵设计》（*Mind Design*）导言。

哪些心理现象可以被合理地认为是计算的，因为只有这样我们才会知道对于哪些现象而言这些理论是正确的。

我曾经说过心灵就是计算机这个观点，但是现在我们需要更加严谨。在第 3 章关于心理现象的讨论中（尤其是第 3.4 节"布伦塔诺论题"），我们开启了是否所有的心理状态都是表征的（或者表现意向性）讨论。有些哲学家认为某些心理状态——例如对身体的感知——具有非表征的属性，它们被称为"感受性质"。从这个观点来看，并非所有的心理状态都是表征的。如果这是正确的，那么整个心灵就不可能是一台计算机。因为计算是根据表征来定义的——要记住计算机是一种以系统的方式处理表征的装置，所以只有那些具有表征性的心理状态才有可能成为计算状态。另一种观点（称为"表征主义"或者"意向主义"）认为本质上所有的心理状态都是表征的。基于这种看法，所有的心理状态在本质上都是计算的这个观点在原则上就不存在任何障碍了。

在这里我先不去评判这个争论，我会在第 13 章简要地讨论这个问题。在本章我的计划是为心灵的计算理论给出最好的证明，即考察能够证明心理状态和过程在本质上是计算的最有说服力的例子和证明这些心理状态和过程存在的论证。然后，我们将会看到这些论证可以在多大程度上应用于其他所有的心理状态。从某种意义上讲，这是一个很好的哲学方法，评估一个理论，我们应该去评估它最合理的版本。没有人会对评论一个言过其词的理论感兴趣。但是在这里，无论人们对所有的心理状态都是计算的这个观点持什么样的看法，对表征性心理状态的计算本质进行的论证都具有独立意义。因此，我们将暂时忽略是否存在（比如说）疼痛的计算理论这个问题。

我们现在需要暂时偏离主题，回顾一下哲学史。那些熟悉二十世纪六十年代功能主义心灵哲学的读者可能会认为这个观点令人费解，因为这个理论的目标不就是要表明心理状态能够通过它们的图灵机器表来分类吗？可是他们不就是以疼痛为范例来说明这一点的吗（输入＝组织损伤，输出＝呻吟／抱怨行为）？这些哲学家可能对心灵就是图灵机的理解有误，但可以肯定的是他们并不像我所说的那样令人费解。事实上，我可不是说他们疑惑不解。在我看来，心理状态具有机器表这个观点是对认为心理状态与某种类型的神经状态紧密相连（"疼痛＝C-纤维的激活"等）的唯物主义理论的反对。因此，图灵机器表是对没有受制于某种神经结构的心理状态类型给出的一种相对抽象的说明。许多不同种类的物质实体也可能处于同样的心理状态——机器表的类比就是试图说明这是如何可能的。但是，像我们在第6章中看到（第6.5节"例示与计算一个函数"）的那样，我们需要区分两个观点，即状态之间的转换可以用图灵机器表来描述和状态之间的转换实际上包含计算。为了区分它们，我们需要使用表征的概念：计算机处理表征，而（例如）太阳系却不。然后，我们必须区分功能主义的心灵理论和心灵的计算理论，前者认为心灵是由自身的因果结构定义的，后者认为这种因果结构是计算的，即因果结构是表征之间的一系列严格有序的转换。当然，两者的差异不难理解，只要我们认识到并不是所有的因果结构都是计算。

8 思维的机制

让我们回到心灵计算理论这个问题上来。我说过，疼痛是否完全是表征的这件事情存有争议，那么是否存在不折不扣的关于疼痛的计算理论也同样具有争议。哪些心理状态和过程更加合理地例示了计算状态和过程呢？现在答案显然是那些在本质上是不折不扣的表征性心理状态。我在第3章中提出，信念和欲望（命题态度）就是那样的状态。它们的本质就是表征世界，尽管它们常常出现于意识之中，然而对它们而言，有没有意识并不重要。至少从常识心理学的角度来看，没有理由认为它们具有其他所有的属性而不具有表征的属性。信念的本质是通过它如何表征这个世界而得到彻底展现的，并且它所具有的属性也都来自于此。因此，如果有的话，信念可能就是心灵计算状态的最好示例了。

被称为认知计算理论的主要观点是心灵的表征性状态以计算的方式彼此相关。也就是说，它们彼此关联的方式和计算的表征性状态彼此关联的方式类似，它们依据算法（也许是启发式的）规则运行。"认知"这个术语表明认知计算理论关注的是认知的过程，例如推理与推断，以及那些联结认知状态的过程，比如信念。因此，认知计算理论是认知科学的哲学基础（关于认知科学的概念请参考第7.1节"能思考的计算机？"）。

这个理论的另一个名称叫心灵的表征理论。这个名称没有"认知计算理论"恰当，这至少有两个原因。第一，心灵表征理论宣称要描述整个心灵，正如我们所见，这是有问题的。第二，心理状态表征世界这个观念本身就十分空泛：几乎所有的心灵理论都承认心灵在某种意义上"表征"世界，然而并不是所有的理论都承认心灵包含表征。例如，让－保罗·萨特（Jean-Paul Sartre）曾经说过："表征……是心理学家发明的幻象。"[1]某种心灵理论可能接受心灵表征世界这种简单的自明之理但并不必坚持心灵"包含表征"这个观点。

说心灵"包含"表征是什么意思呢？概括而言，它的意思是思考者的心灵中存在代表外界事物的不同状态。例如，我正在想我即将开始的布达佩斯之行。根据心灵计算理论，在我之中——在我的头脑里——存在一个状态，它表征我的布达佩斯之旅（与之类似，我的计算机硬盘里有一个文档，即计算机的一个复杂状态，它代表了这个章节）。

这可能会让你想起我们在第 2 章中搁置的一个具有争议的概念——"脑中的图像"。但是计算理论并不致力于处理脑中的图像，除了图像以外还有许多其他种类的表征。这就产生了一个问题，认知计算理论如何看待这些心理表征呢？

关于这个问题有多种回答，本章余下的部分将会概述其中几个最有影响力的回答。我先来说说这个引起了近三十年来最激烈争论的观点，即照字面意义来说，心理表征就是一种语言的词语和句子，即"思维语言"。

8.2 思维语言？

我们经常用语言表达我们的思想，我们也经常默默地用语

---

[1] 格雷戈里·麦卡洛克（Gregory McCulloch）：《运用萨特》（*Using Sartre*），卢德里奇出版社（Routledge）1994 年版，第 7 页。

8 思维的机制

言自我思考。没有语言，一般而言，所有的思考都不可能发生。尽管这种说法肯定不是真的，但无可否认的是，我们的语言给予了我们形成复杂思维的能力（很难想象没有语言能力的人如何能够思考后现代主义这样的东西）。但这并不是人们所说的我们用思维语言思考的真正含义。

他们的意思是，当你具有一个想法，比如"The price of property is rising again"（房地产的价格又在上涨）这个信念，你的大脑中就（逐字地）写下了一个句子，这个句子和用英文写出来的句子"The price of property is rising again"的意思一样。你大脑中的这个句子本身（通常）并不是一个英文的句子或者任何公共语言的句子，它其实是一个用假定的心理语言表达的句子，这就是思维语言，有时缩写为 LOT，有时也称为心理语言。思维语言的观点是，有一个可信的科学或经验假说，它假定存在一种心理语言，并且认为认知科学应该证明这个假说，试图找出心理语言。

第一次见到这个理论的人可能会觉得它非常怪异，为什么有人会相信它？然而在回答这个问题之前，我们应该先回答的问题是，思维语言假说（Mentalese Hypothesis）到底是什么意思？

我们可以把这个问题分成两个问题：

说一个符号或者任何符号写在某人的大脑中是什么意思？

说一个句子写在某人的大脑中是什么意思？

通常，我们可以回到符号的一般本质来回答这些问题。也许当我们第一次思考词语和其他符号（例如图片）时，我们认为它们是可以用眼睛察觉的：我们看到书页上的词语、看到交通标识等。当然就词语来说，这与我们在和别人讲话时听到的句子一样普通。并且大多数人也很熟悉储存和传输句子的其他方式：无线电波、磁带和磁盘上的图案或者电脑的电路。

95 　　还有许多存储和传输符号的方式。事实上完全相同的符号可以由多种不同的方式存储、传输或者（我即将讨论的）实现。"The man who broke the bank at Monte Carlo died in misery（蒙特卡洛的那个倾家荡产的男人在痛苦中死去）"这句英文可被写下来，被说出来或者存储在磁带上或者电脑磁盘上。但是在某种意义上，它们仍然是同一个句子。如果我们区分了词语或句子的类型和个例的话，那么我们就可以把这件事情解释得更加清楚了。在"Est! Est! Est!"这个词语列表中，同样类型的词语出现了三次。哲学家和语言学家认为，这是同种类型的三个个例。在我们的例句中，同一个句子类型拥有许多物理个例，并且这些个例能够以非常不同的方式实现。

　　同一类型的句子有不同的个例，它们有不同的存储方式，我将这些不同的存储方式称为不同的媒质，句子在这些媒质中得到实现。书面英语的词语是一种媒质，口头英语的词语也是一种媒质，记录在磁带上的词语又是另外一种媒质。同一个句子可以通过许多不同的媒质实现。然而为了接下来的讨论，我们还需要做一个区分。我们不仅要区分存储相同符号的不同媒质，而且也要区分存储相同信息或者相同内容的不同方式。

8 思维的机制

想一下印有这个图案的路标:一个红色的三角形中有两个儿童手牵手。这个路标传达的信息是:"小心!儿童穿越!"比较这个路标与用英语表达的口头符号:"Beware! Children crossing!"(小心!儿童穿越!)。这两种符号表达的信息相同,但是表达方式却大相径庭。这种差异不能通过媒质的概念来把握,因为媒质这个词表达的是不同方式之间的差异,方式是指相同的(例如)英语句子由不同的物理材料实现的方式。但是在路标的例子中,我们根本没有句子。

我把这种信息存储方式的不同称为表征载体的不同。同一个信息可以存储于不同的载体,并且这些载体可以在不同的媒质中"实现"。表征载体之间最显著的差异存在于句子和图像之间,尽管还有其他种类的载体。例如,有些哲学家认为存在一种自然表征,他们称其为"指示"。树的年轮就是这种表征,它们表征或者指示树的年龄。显然这既不是语言表征,也不是图像表征:它涉及了一种不同的载体。

我们已经区分了表征的媒质和载体,现在我们可以开始系统地阐述思维语言假说了。思维语言假说认为句子在头脑中被写出来。它的意思是当人们相信某件事物时,比如价格正在上涨,这个思维的载体就是一个句子。这个句子实现的媒质是大脑的神经结构。前面这个陈述隐含的主要观点是,把大脑想象为一台计算机,大脑的神经元和突触组成了它的"基本处理装置"。为了形象地表达这个观点,我们可以把组成大脑细胞的神经元想象成第 7 章讲过的逻辑门,当它们获得一个适当的输入信号时,它们就会发出一个输出信号("激活")。然后我们可以假定，这些基本处理装置（以某种方式）结合起来就构成了心理语言的句子，这些心理语言的句子转译为英文就是"Prices are rising"（价格正在上涨）。

第一个问题就先说到这里。第二个问题是，假设大脑中有表征，那么把这些表征看成句子是什么意思？也就是说，为什么会存在思维语言，而不是某个其他的表征系统（例如大脑中的图像）？

说表征系统是一种语言的意思，是它的元素（句子和词语）具有句法和语义结构。我们在讨论塞尔的中文屋论证时遇到了"句法"和"语义"这两个术语，关于这两个术语我们现在可以稍微多说一些了（你应该注意到下面的内容只是对这两个术语的概述，和这个领域里的许多术语一样，"句法"和"语义"也极具争议，不同的学者对它们的使用有微妙的差别。在此，我只略述那些没有争议的内容）。

实质上在一种语言中，词语和句子的句法特征与它们的形式相关，而不是与它们的意义相关。一种语言的句法理论将告诉我们在这种语言中有哪些基本的表达形式，以及哪些表达形式的组合在这种语言中是合法的。也就是说，哪些表达形式的组合是符合语法的或者是"形式合法的"。例如，"The Pope"（教皇）这个复杂表达式的句法特征为，它是一个名词短语，它只能出现在句子的特定位置上："The Pope leads a jolly life"（教皇过着愉快的生活），这个句子是符合语法的，而"Life leads a jolly the Pope"（生活过着愉快的教皇）则不符合语法。句法理论的任务是说明基本的句法范畴是什么，以及是哪些规则支配了简单表达组合产生符合语法的复杂表达。

在什么意义上头脑中的符号具有句法性？答案就是：某些符号被归类为简单符号，它们按照规则产生复杂符号。心理语言理论者面临的任务就是找出这些简单符号，并找出运用于它们的规则。只要我们认为我们的头脑中存在符号，这个观点就没有那么荒谬了。因此，现在我们先把句法放到一边，继续讨论语义。

词语和句子的语义特征与它们的意义相关。词语"pusillanimous"（怯弱的）的句法特征是，它是一个形容词，所以它只能出现在句子的特定位置上；而"pusillanimous"的语义特征是：它的意义是懦弱的、意志薄弱的，或者一个容易屈服的人。关于语言的意义的理论被称为"语义理论"，"语义"是语言学的一部分，是对意义的系统研究。

实际上因为符号具有语义特征，所以符号才是符号。符号的本质在于代表或者表征事物，代表和表征是语义关系。但是语义不仅是词语与世界关联的方式，也是词语与词语关联的方式。比如，"Cleopatra loves Anthony"（克里奥佩特拉爱安东尼），这个句子有三个组成部分："Cleopatra""loves"和"Anthony"，它们都可以出现在其他句子中，如"Cleopatra committed suicide"（克里奥佩特拉自杀了）、"Desdemona loves Cassio"（戴斯迪蒙娜爱凯西奥）和"Anthony deserted his duty"（安东尼擅离职守）。为了方便起见，我们要忽略隐喻、习语和歧义所带来的复杂性，并且忽略可能有不仅一个人叫同一个名字这个事实——这里忽略的东西并不是不重要，而是在这个阶段我们必须这么做——我们通常认为，当这些词语出现在其他句子中时，它们的意义与在原句中的意义一样。

这可能一开始看起来显而易见且微不足道，但实际上却非常重要。句子的意义由其构成成分的意义和它们的组合方式（即句法）决定，所以"Cleopatra loves Anthony"这个句子的意义，完全由其构成成分"Cleopatra""love"与"Anthony"的意义，它们出现的顺序以及它们的句法角色（第一个和第三个词是名词，第二个词是动词）决定。这意味着，我们理解了一个单词的意义，我们就能知道它在任何其他的句子中的作用。许多人认为这就是我们能够理解我们之前没有见到过的句子的原因。例如，我不知道你之前是不是见过这个句子：

"There are fourteen rooms in the bridge（这座桥里有十四个房间）。"

尽管这个句子看起来很奇怪，但毫无疑问你知道它的意思。这是因为你知道组成这个句子的词语的意思，知道他们在句子中的句法位置（例如，你能答出与这个句子相关的问题："桥里面有什么？""房间在哪儿？""有多少个房间？"），这就是"语义组合性"。许多哲学家和语言学家认为，正是语言的这个特征使我们能够学习语言。[1]

---

1 唐纳德·戴维森（Donald Davidson）："意义和可学习语言的理论"（"Theories of meaning and learnable languages"），载唐纳德·戴维森：《对真理与解释的探究》（*Inquiries into Truth and Interpretation*），牛津大学出版社（Oxford University Press）1984年版。

把握了这一点，我们就可以把一种语言和一种不是这种组合方式的表征系统进行对比，比如船只上不同色彩和图案的旗帜系统。假设有一面旗帜的意思是"船上有黄热病"，还有一面旗帜的意思是"欢迎海关检查员"。但是仅仅凭借这些信息，你不可能把与这些符号的意义相关的知识结合起来创造出另一个符号，例如意思是"欢迎患黄热病检查员"的符号。并且当你看到一面你以前从来没有看到过的旗帜时，所有关于其他旗帜的知识都不能帮助你理解它，你必须单独地了解每一面旗帜的意义。而语言的特殊性在于，虽然你知道的是一个个单词的意思，但是这种理解让你拥有了形成和理解大量新句子的能力。事实上一种语言的句子数量是无限的，但正是由于这个原因，如果一种语言是可以学习的，那么它的基本意义元素（单词）必须是有限的，否则我们遇到一个新的句子将会像遇到船上的一面新旗帜一样——语言显然不是这样的。

在什么意义上头脑中的符号可以具有语义特征？现在这个问题的答案非常明显了。它们具有语义特征是因为它们表征或者代表世界上的事物。如果头脑中有句子的话，那么这些句子应该由具有语义特征的成分（单词）组成，并且这些成分指涉或运用于世界上的事物。而且句子的意义取决于各个成分的意义及其结合方式。为了表述简单，让我们做一个沙文主义的假设，即思维语言就是英语。那么，说我相信价格正在上涨的意思就是我的头脑里写了"Prices are rising"（价格正在上涨）这个句子，这个句子的意义由组成它的词语"prices""are""rising"的意义及它们的组合方式决定。

8.3 对思维语言的支持和反对

既然我们对句法和语义已经有了初步的了解，那么我们现在就可以准确地说明思维语言假说是什么了。这个假说是，当一个思考者具有一个内容为 P 的信念或者欲望时，他的头脑中就写下了一个意义为 P 的句子（即一个具有语义与句法结构的表征）。表征的载体是语言，而表征的媒质是大脑的神经结构。

细心的读者将会注意到这个描述遗漏了一些东西。因为我们在第 3 章中看到，不同的思维可以具有相同的内容：我可以相信价格将要下跌，我可以渴望价格下跌，我可以希望价格下跌，等等。思维语言假说认为这些陈述都与思考者大脑中写下的意思为价格将要下跌的句子相关。但相信价格将要下跌与希望价格下跌无疑是两种极为不同的心理状态，思维语言假说如何解释这种不同呢？

简单的回答是，思维语言假说没有对此给出解释。而详细的回答则是，思维语言假说的目标不是去解释相信与欲望，或者相信与希望的不同之处。它的目标不是去解释相信某事物和欲望得到这个事物的区别，而是相信（或欲望得到）一个事物与相信（或欲望得到）另一个事物的区别。第 3 章介绍了态度和内容这两个术语，其目的是解释具有特定内容的态度，而不是去解释为什么是这种态度而不是那种态度。当然心理语言的信奉者们相信一定会有一种科学的理论去说明为什么拥有信念，而不是欲望，但是这种理论与思维语言假说无关。

8　思维的机制

现在我们可以回到原来的问题：我们为什么应该相信心理表征的载体就是语言？思维语言假说的创造者杰里·福多曾经提出过两个具有影响力的论证来回答这个问题，我将对它们进行简要的叙述。与第一个论证相比，我会对第二个论证进行更多的说明。

第一个论证是以一种对比为依托的，即上一节讨论的语义的"组合性"和思维本身包含的明显相似的现象之间的比较。要记住如果某人能理解"Cleopatra loves Anthony"（克里奥佩特拉爱安东尼）这个英语句子，那么事实上他就能理解其他包含这些单词的句子，条件是他知道那些句子中其余单词的意思。至少，他们可以理解"Anthony loves Cleopatra"这个句子。与此相似，福多说如果人们能够思考 *Cleopatra loves Anthony*，那么他们也能够思考 *Anthony loves Cleopatra*。无论他们是怎么思考第一个思维的，要思考第二个想法并不需要更多的东西。当然他们可能不相信安东尼爱克里奥佩特拉，因为他们相信的是克里奥佩特拉爱安东尼，但是他们至少能够思考安东尼爱克里奥佩特拉这个想法。

福多认为对上述现象最好的解释是，思维自身具有一种组合结构，而具有一种组合结构等同于拥有一种思维语言。值得注意的是，他并没有认为这种现象可以从逻辑上衍生出思维具有一种组合的句法和语义这个结论。即使不存在思维语言，思维也可能展现出这种现象，但是福多与他的追随者们相信思维语言假说是对思维这一表现的最科学的解释。

福多的第二个论证以某些关于心理过程或者思维路径的假

设为基础。这个论证将有助于我们搞清楚在什么意义上思维语言假说是一种认知或者思维的计算理论。为了把握这个论证的关键，我们要考察下述两种思维过程的不同之处。（1）假设我要去卢布尔雅纳，我可以坐火车或者坐汽车到那里。汽车会比较便宜，但火车会更加舒适，而且出发的时间也更加方便。不过坐火车花的时间会更长，而汽车路线是直达的。但是火车会在维也纳停靠，这正是我想去游览的城市。我权衡两边的因素，最终决定牺牲时间和金钱选择乘坐火车前往目的地，因为火车有更适宜的乘车环境，游览维也纳对我也很有吸引力。（2）假设我要去卢布尔雅纳，我可以坐火车或者坐汽车到达那里。早上醒来，向窗外望去，我看到两只鸽子在对面的屋顶上。鸽子常常使我想起威尼斯，我曾经坐火车去过那里一次，所以我决定坐火车去卢布尔雅纳。

在这两个不同的情境中，我的结论是相同的，但得出结论的方式却截然不同。在第一个情境中，我根据自己具有的信息去权衡不同结果的相对可取性。总之，我做了推理，我根据可利用的信息做出合理的决定。在第二个情境中，我不过是把不同的想法联系起来。鸽子、威尼斯和火车之间并不存在特定的理性联系——这些观念只是恰好"出现在我的心里"。福多认为，为了使常识心理学解释（我们曾在第4章中讨论过）获得有效性，我们的思考应该更像第一种情况，而不是第二种。在第4章中，我曾经为这个观点辩护，如果想要理解人们的行为，我们必须将他们视为他们根据自己的信念和愿望进行推理，得出合理的结论，以此实现其目标。如果所有的思考都是"自由联结"的形式，那么要理解人们的行为就非常困难。也就是说，从表面上看我们很难看到人们的思维和行为之间的联系。而事实上这件事情并不困难，这就强烈地暗示了大多数思考并不是自由联结的形式。

福多并不是否认自由联结的发生，他要强调的是大多数心理过程的系统性和理性的本质。有一种系统思考的方式出现在上文的例子里，也就是当我在推理应该怎么做的时候。另一种方式出现在用理性推理进行思考的时候。举一个简单的例子，我相信爱尔兰哲学家贝克莱主教认为物质是一个矛盾的概念。我也相信没有什么矛盾的事物是能够存在的，并且我相信贝克莱主教也同意这个观点。我得出的结论是，贝克莱主教认为物质并不存在，如果物质确实是存在的，那么他就是错误的。因为我相信物质确实是存在的，因此我认为贝克莱主教是错误的。这是一个通过理性推理进行思考的例子。

这样的推理是逻辑的主题。逻辑研究推理的特征，这些特征不依赖于具体推理内容——也就是说，逻辑研究是推理的形式。例如，从逻辑的观点看，以下简单的推理可以看作具有同样的形式或者结构：

> 如果我要去游览卢布尔雅纳，那么我会坐火车去。 100
> 我要去游览卢布尔雅纳。
> 因此，我会坐火车去。
> 与
> 如果物质存在，那么贝克莱主教就是错误的。

物质存在。

因此，主教贝克莱是错误的。

逻辑学家的工作就是用形式表示推理，而不关注推理可能包含的特定意义，即不关注推理的具体意义是什么。例如，用字母 P 与 Q 表示上面的成分句，用箭头"→"表示"如果……那么……"，我们可以把上面的推理形式表示如下：

P → Q
P
因此，Q

逻辑学家把这种推理形式称为演绎推理。这种形式的论证因其推理形式而非常有效。"有效"是什么意思？这并不是说它的前提和结论总是正确的，逻辑自身无法给你关于这个世界本质的真理。有效的意思是指它是保真的，如果从最开始的前提为真，那么结论将保持为真。逻辑学家将具有保真性的论证形式称为有效的论证，如果前提为真，那么结论必然为真。

思维语言假说的辩护者们认为许多心理状态之间的转换——许多心理过程，或者思维路径，或者推理——就是如此，它们因其形式而具有保真性。当人们运用逻辑推理从前提推出结论时，如果最开始的前提为真，那么结论也将为真，他们使用的是保真性方法或规则。因此，如果这是正确的话，那么心理过程处理的内容最好要具有形式。当然这只是思维语言假说的主张,我们头脑中的句子具有一种句法形式,正是因为具有这种句法形式,句子才能够在系统的心理过程中相互作用。

为了理解这个观点,我们需要厘清三个概念之间的联系:语义、句法/形式和因果性。它们之间的联系可以通过与计算机进行对比来阐明。计算机的符号具有语义和"形式"属性,但计算机的处理器只对形式属性敏感。计算机是怎样的呢?还记得"与门"这个简单的例子吧(第6章)。与门的因果属性是机器对因果关系敏感的属性:当且仅当从两个输入都得到电流时,机器才会输出电流。这种因果过程可编码为"并且"的形式结构:当且仅当P为真并且Q为真时,句子"P并且Q"为真。这种形式的结构映射出"并且"的意义,任何具有这种形式结构的词语都将拥有"并且"所具有的意义。因此,这个装置的因果属性反映了其形式属性,而这些属性又映射了"并且"的语义属性。这就使计算机能够只通过执行因果操作就能进行计算。

思维语言同样如此。当人们从信念P→Q(即如果P则Q)和信念P推出结论Q时,他们的心灵中存在一个因果过程,这个因果过程反映了演绎推理的纯粹形式关系。因此,因果过程的元素中必定包含一些成分,它们映射出了这个推理的组成部分,即形式必须具有因果基础。

现在我们要做的是将句法和语义联系起来。这里的关键问题更加复杂,但是我们可以用上文讨论过的简单逻辑论证来进行说明。演绎推理的有效性在于其形式,而论证的纯形式特征也保证了其语义属性的某些内容。它可以保证语义属性的真值得以保持，如果你的推理是从为真的前提开始的，并且你只用演绎推理的论证形式，那么推理的最后必将保证得出为真的结论。因此，用这种使用纯形式规则进行的推理可以确保语义属性由形式属性"反映"出来。句法不创造语义，但却与之相伴相随。约翰·豪格兰德曾说过，"你只要管好句法，语义就会负责好自己的事情"。[1]

现在我们已经建立了这三者之间的联系：心理表征的语义特征、句法特征和因果特征。福多认为，把心理过程看作计算，我们就可以把这三种特征关联起来：

> "计算机向我们展示了如何把符号的语义属性和因果属性联结起来……通过它的句法，你可以把符号的因果属性与语义属性联结起来……我们可以把它的句法结构看作是其……形状的一种抽象特征。实际上，对于所有的意图和目标来说，因为句法可以还原为形状，并且因为符号的形状是其因果角色的一种潜在的决定因素，所以很容易……想象出符号标记凭借其句法结构发挥因果作用。符号的句法可以决定（它的）原因与结果……这非常类似于钥匙的几何结构决定了它可以开哪一把锁。"[2]

---

[1] 豪格兰德（Haugeland）："语义机器：心灵设计导论"（"Semantic engines: an introduction to mind design"），载豪格兰德（Haugeland）：《心灵设计》（*Mind Design*），第23页。

[2] "福多导读心理表征"（"Fodor's guide to mental representation"），载《内容理论及其他论文》（*A Theory of Content and Other Essays*），麻省理工学院出版社（MIT）1999年版，第3—30页，本处引用在第22页。

那么，这个假说告诉我们的是将思维的表征属性（它的内容）与其因果本质相关联的一种方式。这种联系来自心理句法的观点，心理句法在大脑的因果结构中实现，这和计算机符号的形式属性在计算机的因果结果中实现是一样的。计算机里面表征的句法或形式属性可以被理解为计算，或者推断，或者推理片段——它们在语义上是可解释的，这为我们提供了因果属性和语义属性之间的联系。与此类似，我们希望它也能够提供思维的内容与思维的因果性之间的联系。

　　思维语言假说是一种计算假说，因为它援引了可根据形式规则进行操作或处理的表征。它并没有说明这些规则是什么，这应该是认知科学去发现的事情。为了使解释简明，我使用了一个简单的逻辑规则的例子，但是这绝不是说思维语言假说中所有即将被揭示的规则都是逻辑规则。

　　其他的规则可能是什么呢？这一假说的辩护者们常常诉诸视觉计算理论，以此来说明他们头脑中的这种解释。视觉计算理论认为视觉的心理学任务就是去解释我们的视觉系统如何从视网膜得到的光线而产生3D视觉环境的表征。这种理论认为视觉系统根据视网膜上的光线创造一个表征图案，并在各个步骤上进行计算推理，最终产生3D表征。为了实现这一过程，视觉系统必须在其内部建立起特定规则或原则的"知识"，以使推理一步步进行下去。

　　当然，我们自己没有这一理论的知识是不可能陈述这些原则的。虽然这些原则无法通过内省得到，但是根据这个理论，无论我们是否能够通过内省的方式得到它们，它们都在我们的心灵中有所表现，在这个意义上，我们的确"知道"这些原则。我在第 2 章中提到，这种知识的辩护者们有时把它称为"内隐知识"。我们应该如何评价思维语言或思维语言假说？对于许多人（哲学圈内和圈外）来说，这个假说似乎都是一个古怪的推断，它很容易被哲学论证或者经验证据驳斥。但是，有什么具体的论证可以用来反驳这一假说呢？我将在这里讨论两个对思维语言假说最有意思的批评，因为它们不仅具有一般的哲学趣味，而且还将有助于提升我们对这一假说的理解。第一个反驳是与小人谬误有关的一个假说；第二个则包含一个与规则概念有关的困惑。

8.3.1 又是小人？

我们曾经畅谈过头脑中的句子以及对它们的解释。在与计算机进行对比时，我说过计算机的电子状态"可以解释为"运算或者对句子的加工。我们非常了解这些状态是如何具有语义内容或者意义的，它们由计算机工程师和程序员设计成可被使用者理解的一种形式，因此计算机状态的语义特征是由计算机的设计者和使用者的意图衍生出来的。

或者让我们想一想某种自然语言（如英语）中的句子。我们在第 2 章中看到，关于句子如何获得它们的意义存在一个深层次的问题。对此，一种有影响力的观点认为，句子获得意义是因为说话者在对话、写作或自言自语等过程中以哪样的方式使用它们。在此，这到底是什么意思并不重要，重要的是这个

8 思维的机制

看似合理的观点，即句子意义的获得是因为说话者对它们的使用。

但是心理语言是怎样的呢？心理语言的句子如何获得意义呢？心理语言句子的意义显然不是通过思考者有意识的使用而获得，不然我们就知道自己是不是用了它们，然后通过内省就可以知道思维语言假说是否为真。但是认为心理语言的句子由于被别的事物使用而获得意义，这似乎会导致所谓的"小人谬误"。

这一论证可以表述如下。假设我们这样来解释心理语言句子的意义，我们说大脑中存在着一个亚系统或者小人使用这些句子。这个小人是如何使用这些句子的呢？这里有一个两难的局面。一方面，如果我们认为小人使用这些句子是由于它具有自己的内部语言，那么我们就必须要解释这些句子如何在这种语言中获得意义，如果我们诉诸另一个更小的小人显然只会再次引发同样的问题。但是另一方面，如果我们认为这个小人是在不具有内部语言的情况下设法去使用这些句子，那么为什么我们不能说人也是如此呢？

问题在于，要么心理语言的句子获得意义的方式与公共语言的句子一样，要么它们就是通过其他方式获得意义的。如果它们是通过与公共语言的句子一样的方式获得意义的话，那么我们似乎就困在了小人无穷后退的问题上。但是如果它们以不同的方式获得意义的话，那么我们就需要指明那种方式是什么。无论哪种方式，我们都无法解释心理语言的句子是如何获得意义的。

一些哲学家们认为这类反驳削弱了思维语言假说。比如，约翰·塞尔说："小人谬误是认知的计算模型所特有的。"[1]但是，从更加积极的方面来看，它可以被看作是一种挑战，而不是反驳。这个挑战就是不使用你试图去解释的观点来解释思维语言的语义特征。对这个挑战的回应有两种可能的方式。第一种方式是接受小人隐喻但是否认小人必然会导致恶性后退。这种观点起源于丹尼尔·丹尼特的思想（第6.6节中曾经提到过）。我们需要确保的是，当我们假定用一个小人去解释另一个小人的能力时，我们不能把我们正在试图解释的能力归属于它。我们假定的任何小人都必须要比我们正在试图解释其行为的小人更加愚蠢，否则我们就什么都没有解释。

然而，塞尔曾经指出，如果在最低的计算水平上，这个小人仍然是在操作符号，那么这些符号必定具有某种意义，即使它们只是1和0。如果在这一水平之下存在一个极为愚蠢的小人，我们可以将它想象成一个把图灵机的纸带从一边移到另一边的人，那么我们仍然难以理解仅仅用这个移动纸带的小人就能解释1和0具有意义这个事实。如何从无意义的活动到有意义的活动，这个问题在最低层次上再次出现了。

第二个应对挑战的方式更受欢迎，那就是认为心理语言的句子以一种与公共语言的句子极为不同的方式获得意义。公共语言句子能够在说话者有意识的使用过程中获得意义，但是心

---

[1] 约翰·塞尔（John Searle）:《心灵的再发现》(*The Rediscovery of the Mind*)，麻省理工学院出版社（MIT Press）1992年版，第226页。

理语言句子却不可能以这种方式获得意义。心理语言的句子，如福多所言，"无需理解它的意义"就能影响思考者的行为。[1]它们没有得到理解是因为它们根本就没有被有意识地使用，对句子有意识地使用只发生在外部世界，像我们这样使用句子的小人是不存在的。

如此回应确实绕过了这个反对意见。但是现在的问题是：心理语言句子究竟是如何获得意义的？这是一个困难的问题，它一度成为激烈辩论的主题。这个问题将在第9章继续探讨。

8.3.2 第二个问题：遵循规则 vs 契合规则

塞尔也赞同这个反对意见，它来自奎因对乔姆斯基观点的著名反驳，这个观点就是我们具有内隐的语法知识。[2]思维语言假说认为思考是受规则制约的，甚至在某种"内隐"意义上说，我们也是知道这些规则的。但是这一观点是如何与我们的思维契合某种规则的，即我们的行动和思考不过是与某种规则相符的这个观点区分开来？我们在第6章看到，行星与开普勒定律契合，但这并不是任何字面意义上的"遵循"或者"知道"这些定律。这个反驳就是，如果思维语言假说不能解释遵循某

---

[1] "情境化祖母？"（"A situated grandmother？"），《心灵与语言》（*Mind and Language*）1987年第2期，第67页。

[2] 奎因（Quine）："对当前语言学理论的方法论反思"（"Methodological reflections on current linguistic theory"），载唐纳德·戴维森（Donald Davidson）和吉尔伯特·哈曼（Gilbert Harman）主编：《语义学与自然语言》（*Semantics of Natural Language*），瑞德尔出版社（Reidel）1972年版。

种规则和仅仅契合某种规则之间的不同之处，那么它就失去了许多实质性的内容。

要注意的是，说心灵中含有规则的显性表征（即一个句子陈述规则）并不会有什么帮助。因为一个规则的表征只不过是另一个表征，我们需要用另一个规则把这个规则‑表征与它所适用的其他表征联结起来，而且认为这种"高阶"规则必须要被显性地表示出来只会再次引起同样的问题。

问题并不在于"是什么使思维语言假说是可计算的？"——它是可计算的是因为心理语言句子就是由计算规则制约的表征。而问题在于"'由计算规则制约'是什么意思？"心理语言的辩护者对这个问题的回答应该是去解释一个规则在心理过程的因果结构中被内隐地表达出来是什么意思。认为规则被内隐地表达就是说，假定思考者内隐地知道某种规则而不是假定他或她不知道某种规则，这样可以更好地解释思考者的行为。现在需要解释的就是内隐知识这个观点。然而，我必须把这个内容留给读者自己去做进一步的探究，因为我们还需要进一步讨论关于规则的问题。

有些人也许会顾虑我在说明思维语言假说时使用的是一个逻辑范例。这显然是因为人类并不总是根据逻辑规则进行推理。但是如果我们认为诸如演绎推理这样的规则控制了实际的思考过程，那么它是如何可能的呢？有一种回答是认为逻辑规则并不描述人类的思考，而是规定人类应当以什么样的方式思考（有时候这种观点也被表述为逻辑规则是"规范性的"而不是"描述性的"）。对两者差别的一种解释是，如果我们发现物理定律有许多例外的情况，我们就会认为是这个定律在某个地方出错了。但是如果我们发现一个人的行为不合逻辑，我们却不会认为是逻辑规律出了问题；相反，我们只会认为是这个人不理智或没有逻辑。

  问题的关键并没有呈现出来，这不过是因为这个例子来自逻辑。我们同样还可以举一个实践理性的例子。我们假设规则就是"理性地行动"。当我们发现某人的行为一直与这个规则冲突的时候，我们可能会去做下面两件事情中的一件，我们可能拒绝认为这条规则是对这个人行为的真实描述，或者我们可能保留这条规则，然后说这个人是不理智的。我认为选择后者会遭到质疑。

  思维语言假说不可能允许控制思维的规则是这种规范性的。那么，它应该持有什么样的观点呢？它应该持有两种观点：一种是防御性的，一种是更具进攻性的。防御性的主张认为，思维语言假说在这个阶段并不认为逻辑的规范性规则与理性是思维语言句子运行的规则。至于是哪种规则控制着心灵，这是一个科学/实证问题，并且我们前面谈到过的那些规则可能并不在其中。进攻性的主张是，即使有诸如这些规则一样的事物控制着心灵，它们不过是错综复杂的真实心灵行为的理想化表达。如果要恰当地陈述这些规则，我们必须加上一个条件"其他情况相同"（称为余者皆同条件）。而这并没有削弱心理语言的科学性本质，因为余者皆同条件也曾用于其他的科学理论。

  这些与规则相关的担忧对于思维语言假说而言至关重要。

思维语言假说的全部症结在于思维是受规则控制的心理语句的操作。因为句法结构的一个主要论证就是心理过程是系统性的，所以结果表明这里的关键问题是人类的思维是否如思维语言假说所言是由规则控制的？是否存在一些有待认知科学揭示的思维规律？甚至人类思维的本质实际上能否被规则或规律予以描述？（这些问题将我们带回了德雷福斯对人工智能的反驳，第 7.3 节讨论了这些内容。）

8.4 "聪明的"计算机

想一想计算机擅长做哪些事情？我们制造出的计算机擅长快速计算、高效存储信息和迅速检索信息。我们设计的人工智能可以出色地下棋以及证明逻辑定理。但是人们常说，与计算机相比，大多数人并不擅长计算、下棋、证明定理或者进行由现代数据库完成的那种快速的信息检索（我们大多数人会对记忆地址簿或电话号码表这类事情感到一筹莫展，这就是我们为什么使用计算机去做这类事情的原因）。再者，对人类而言非常简单的任务，例如讲笑话，向他人表示同情，锻炼实际身体技能，恰恰是那些最初版本的人工智能与认知科学认为最难以模仿和/或者解释的任务。

许多理论家认为，依赖于思维语言概念的传统 AI 和认知科学图景有很大的局限性，上文描述的缺点就来源于这些局限性。还存在其他计算的概念，这一事实为福多的观点——即思维语言假说是"唯一的选择"——施加了压力。尤其是，

"神经网络"或"联结主义"计算模型的存在对于支持心理语言是基于最佳解释的推理这一观点的任何论证都形成了挑战。其原因在于，如果有其他更好的解释，那么心理语言就必须更加努力地证明自己才是最好的。

联结主义所涉及的问题都具有很强的技术性，而且对这一论辩进行详细的解释不属于本书的研究范围。因此，本章最后一节的目的只是让读者对这些问题有一个认识，以表明一种替代思维语言假说的心灵计算理论是可能存在的。那些对此不感兴趣，或者确切地说对技术性问题不感兴趣的读者可以选择跳过这一节直接进入下一章。而那些想对这个问题有更多了解的读者可以继续研究延伸阅读指南中推荐的文献。下面我将更加详细地说明计算的传统AI路径和认知科学路径是如何界定的，以及联结主义模式有何不同之处。

思维语言假说用当今称为正统的或者"传统的"方式来解释计算。具有传统计算机"结构"的机器（也称为冯·诺依曼结构，这一名称取自匈牙利数学家和计算机先驱约翰·冯·诺一曼之名）通常涉及数据结构（从本质上说是信息的显性表征）与操作这些结构的规则或者程序之间的区分。如前所述，传统结构中的表征具有句法结构，而且这些规则就是按照这个结构应用于表征的。表征是按照典型的串行方式而不是并行方式处理的——这种方法就是程序一步步地处理数据（例如程序流程图所展示的那样），而不是同时进行多个操作［有时这种计算结构被称为"规则和表征"图像。约翰·豪格兰德曾经将它运用于人工智能，并把它称为著名的"GOFAI"，这个名词就是"好的老式的人工智能"（good old-fashioned AI）的首字母缩写"[1]]。

联结主义的结构非常不同。联结主义机器是一个由大量的单元或节点组成的网络，简单的输入－输出装置能够由电流启动或关闭。每一个单元都与其他单元相联（因此称为"联结主义"），并且单元之间的联结具有不同的强度或者"权重"。一个单元是否产生某个输出——规范地讲就是电流——取决于它的阈值（启动它所需的最小输入）和它与其他单元联结的强度。也就是说，当一个单元与其他单元的联结强度超出了它的阈值，这个单元就会被激活。这将会依次影响它与所有其他单元联结的强度，以及那些单元是否会因此而被激活。

单元排列成"层"——通常存在一个输入单元层、一个输出单元层和一个或者多个在输入和输出之间起中介作用的"隐蔽"单元层（图10）。联结主义网络中的计算首先是把输入单元固定为某种"开"和"关"相组合的状态。因为输入单元连接着其他单元，所以固定它们的初始状态就把一种激活模式传播到整个网络。这种激活模式由单元间的联结强度和输入单元被固定的方式决定。最终，这种网络"平静下来"，进入一种稳定的状态——这些单元会自己找到与输入单元固定状态之间的平衡——然后输出能够由输出单元层读出。这个过程的一个显著的特征是它是并行进行的，也就是说网络状态的变化在整个网络上同时发生，而不是一步步地进行。

---

[1] 豪格兰德（Haugeland）:《人工智能》(*Artificial Intelligence*)，第112页及其后各页。

8　思维的机制

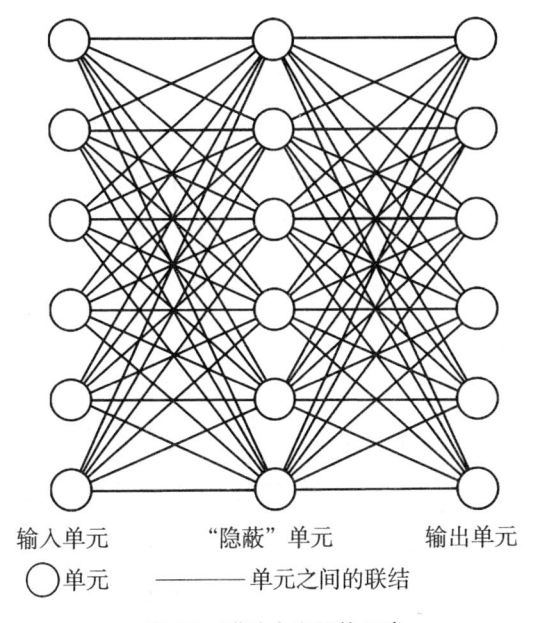

输入单元　　　"隐蔽"单元　　　输出单元
◯ 单元　　———单元之间的联结

图 10　联结主义网络示意

当然，要把这个变成计算，我们需要把输入与输出单元层理解为对某事物的表征。正如在一架传统的机器中，表征被构建它们的人分配到联结主义的网络中，但是对它们的分配方式是非常不同的。联结主义的表征有两种类型：局部表征，它代表分配给每个单元的一个特征；分布表征，它代表整个网络状态。分布表征常常被认为是联结主义的显著特征之一，这种方式有时被称为并行分布加工或者 PDP（parallel distributed processing）。稍后我会再讲一些关于分布表征的内容。

联结主义网络的一个显著特征是它们似乎可以通过"训练

而习得"。假设你想要机器根据输入产生某个输出。首先进行输入,然后把一个十分随机的激活模式传遍整个机器。检查输出,观察它离预期的输出有多大偏差。然后反复修改单元间的联结强度,直到得到预期的输出单元为止。这种试错法被称为"训练网络"。有趣的是,一旦网络经过训练,它自己就可以成功地把这个试错过程应用到新的样本中。这就是联结主义系统"学习"事物的方式。

它们有着数量巨大的相互联结(但却简单)的单元,而且单元间的联结强度不断变化,它们比其他任何传统计算机都更加类似于大脑结构。因此,联结主义者倾向于认为他们的模型比那些传统的结构在生物学上更加合理,这就是它们有时被称为"神经网络"的原因。然而,对这些观点不能太过当真:联结主义网络上的结点根本就不具备真正神经元的复杂性。

许多联结主义者还声称他们的模型除了与大脑高度相似之外,还在心理学上更加合理。换言之,联结主义网络的运行方式比传统的机器更加接近人类心理的工作过程。如前文所述,传统计算机在做许多我们觉得非常容易的任务时表现非常糟糕,例如对人脸与图案的识别。联结主义爱好者们常常争辩说这些任务恰恰是他们的机器所擅长的。我希望这个极为粗略的描述能够让你对联结主义与传统认知科学之间的差异有一些认识。但是你可能疑惑为什么联结主义的机器就是计算机。的确,这种在网络中传播的激活模式看起来和我们在第6章和第7章所见到的那种计算不同。有些学者(如杰克·科普兰)坚持根据符号操作来对"计算机"进行严格定义,据此联结主义机器就被排除在外了。其他人(如罗伯特·卡明斯)则乐于把联结主义网络看作非常宽泛的计算机概念的实例,把它视为一种以规则方式把输入表征转换为输出表征的东西。

在某种程度上,这肯定是一个术语问题,每个人都会同意联结主义机器所做的工作和传统的计算机所做的工作之间存在某些共同之处,而且每个人都会同意它们之间也存在差异。如果它们对于是否该把两者的相似之处称为"计算"具有分歧,那么这就不是一件至关重要的事情了。然而,我站在那些认为联结主义机器就是计算机的人一边。毕竟,通过使用(局部或分布)表征,联结主义网络以一种系统的方式运行其输入–输出功能,并且当它们学习的时候,它们是通过"学习算法"或者利用规则来进行学习的。因此,两者之间有足够多的共同点让我们称之为计算机,尽管这可能只是因为我在第6章中给计算机下了一个十分笼统的定义。

然而,这并不是一个有趣的问题。有趣的问题是联结主义机器与传统机器之间的根本区别到底是什么,这些差异对心灵理论有何影响。就像这个领域的许多问题一样,人们对于这个问题并没有达成共识,但我会尽力概略地描述出在我看来最为重要的内容。

这种区别并不仅仅在于联结主义的网络可以在最简单的计算层面上使用那些无法用常识(或者科学的)心理学的语言进行自然解释的词语来描述(例如,就像一个认为"passed"就是"pass"的过去时态的信念)。因为传统机器中有一个处理层,即信息的"比特"或者二进制数字层,在这个层次上被处理的符号没有自然的心理学解释。我们在第6章看到，计算机在工作时把它要完成的任务分解成越来越简单的任务，在最简单的层次上被处理为句子或信念和欲望的内容之类的符号是没有解释的。

但是传统机器的吸引力在于这些基本操作能够以一种系统化的方式组合起来，构建出复杂的符号——这些符号可能是思维语言中的词语与句子——然后计算程序对这些符号进行处理。根据思维语言假说，计算程序是依照这些符号的形式和句法来对它们进行操作的。心理语言假说认为心理语言的句子（a）由机器在"形式上"对其进行处理，而且（b）认为这些句子就是表征，因为它们被解释为具有意义。也就是说，心理语言的句子既是计算的载体也是心理内容的载体。

联结主义的网络并不需要如此。罗伯特·卡明斯说："联结主义者并不认为计算的对象就是语义解释的对象。"也就是说，计算是网络通过激活（或抑制）单元以增加（或降低）单元之间的联结强度来执行的。单元之间的关系被系统性地修改以产生接近目标值的输出，"学习"就是在这个过程中发生的。因此，计算是在简单的单元层次上进行的。但是这个简单层次并不需要表征，在涉及分布表征时网络状态作为一个整体就被解释为表征。计算的载体即单元，可以不是表征的载体或者心理解释的载体。而表征的载体可以是整个网络的状态。计算的对象不必是表征的对象，这个观点是联结主义理论中最激进，也最具有哲学趣味的部分。

这一点可以用句法来说明。简明起见，我们假设有一个心理语言词汇"dog",它与英语单词"dog"具有同样的句法和语义特征。然后心理语言的拥护者会说,不论何时你产生关于狗的想法,你的大脑中都会产生同样的句法结构。因此,如果你想"Some dogs are bigger than others",然后又想"There are too many dogs around here",你的大脑中每次都出现了"dog"这个词。联结主义者否认这种观点,他们认为当你产生这两个思维时,你的大脑机制不需要有相同的非语义的东西。联结主义的两位先驱者说:"在我们系统中流转的不是符号,而是刺激与抑制。"换句话说,思维没有句法。

斯科特·斯特金的一个类比也许有助于清楚地呈现计算的载体与表征的载体之间的差异。想象把电灯排成一个像橄榄球场那么大的矩阵。每一盏灯都可以调亮或者调暗。通过变换每盏灯的亮度,在一定的距离之外就能看到整个球场会显示出一些英语句子的图案。有一个图案可能是"I know your secret",另一个图案可能是"Buy your tickets early to avoid disappointment"。这些词语纯粹由改变单个灯的亮度而产生的——在"操作"层面,完全不存在与这些词语的句法或者语义相对应的东西。"your"这个词语是通过第一个阵列的一排灯和第二个阵列的另一排灯显示的,但是在"操作"层面,一排一排的灯之间并不需要有任何共同之处(它们甚至不需要具有相同的形状,想一想YOUR与your)。"操作"的对象(单个的灯)不是表征的对象(整个球场上的图案)。

这个类比应该有助于你了解基本操作如何能够在对符号的句法不"敏感"的情况下产生表征。但是也有人会认为这个类比非常具有误导性，因为它暗示了单元层面上的操作更接近于表征的媒质，而不是载体（这一术语的使用在本章介绍过）。传统理论将会认同在大脑结构中得到执行或实现的东西是词语和句子，而且他们不反对在一个像联结主义一样的结构中存在着一个实现的"中间"层面。但是他们依然可以坚持认为，如果认知是系统性的，那么它的载体也必须是系统性的。然而，因为联结主义的网络不是系统性的，所以他们不可能充当认知的载体而只能作为媒质。

实际上，这就是杰里·福多和芝农·派利夏恩（Zenon Pylyshyn）把联结主义作为一种心理处理理论进行批判的主要思路之一。我们在前面看到，福多理论的核心认为认知是系统性的，如果人们能够思考 *Anthony loves Cleopatra*，那么他们一定至少也能够思考 *Cleopatra loves Anthony*。杰里·福多认为这是关于思维或者认知的基本事实，是任何理论都必须予以解释的东西。而且他还认为有一种类似语言的机制能够对此进行解释，因为它完全是按照组合句法学和组合语义学的观点建立起来的。他和派利夏恩接着论证说，并不能保证联结主义网络会产生系统化表征，但是如果它们产生了，那么它们不过是"执行"了一种心理语言式（Mentalese-style）的机制。用本章的术语来说，联结主义网络要么只是一种以语言为载体的表征媒质，要么不具备系统性。

联结主义者应该如何回应这一论证呢？概略地说，他们可能采取下述两种方式之一，他们要么提出理由说明认知不是福

8 思维的机制

多意义上的系统性的，要么说明认知是系统性的，而且联结主义网络也是系统性的。如果他们选择第一种方式，他们必须做大量的工作证明认知为何不是系统性的。如果他们选了第二种路径，那么他们将难以回避福多和派利夏恩的指责，那就是他们的机器最终不过是"执行"心理语言的机制。

8.5 结语：计算可以解释表征吗？

从联结主义和思维语言假说的论辩中我们应该得出什么结论呢？即使距离它们被首次提出已有几十年之久，指明这两个理论都具有高度的猜测性是非常重要的，它们都描绘了一幅思维机制工作方式的宏大画卷，但是建构人类推理的具体理论还有很长的路要走。通常，和认知计算理论的正确性问题一样，这个问题最终不可能在哲学层面得到解决。我们的心灵是一种传统的心理语言式的结构，还是一种联结主义的结构，抑或二者的混合结构，或者甚至说我们的心灵是否具有某种计算结构，这其实是一个经验或科学问题。但是现在，至少我们知道了在计算理论和其对手的争论中有哪些问题是必须予以解决的。

现在让我们回到表征问题上。心灵与计算机的讨论到底是在哪里出现了表征问题？在某种意义上，认知计算理论并没有触及这个问题。因为计算必须依据表征的概念来定义，所以认知计算理论把表征视为理所当然的事情。因此，如果我们仍然希望对表征进行解释，我们需要从其他的地方寻求解释，这将是下一章的主题。

9 解释心理表征

9.1 还原与定义

我们在前面三章偏离了主题,讨论了与心灵的计算理论和人工智能相关的一些哲学争论,现在该回到第 2 章介绍的表征问题了。我们对心灵计算理论的讨论如何能够帮助我们理解表征问题呢?

一方面,它帮助我们寻找可能的答案。我们看到,计算机的概念阐明了表征也可以是具有原因和结果的事物。而且计算过程的标准化概念——也就是一种包含结构化表征的受规律制约的因果过程——使我们看到一个机械装置是如何能够理解、存贮和处理表征的。尽管我们不能假设整个心灵都是这样的,但是在第 8 章中我们考察过一些可能的方法,至少在这些方法中思维过程是可计算的。

但是另一方面,心灵的计算理论本身并没有告诉我们是什

9 解释心理表征

么使一个事物成为表征的。原因很简单，计算概念把表征视为理所当然。根据定义，计算过程是表征之间的一种受规则制约或者系统性的关系。说某个过程或者状态是计算的并没有解释出它的表征本质，计算预设了表征。换句话说，仅仅说存在着一种思维语言并没有解释出是什么使词语和句子具有意义。有时这被称为"符号奠基问题"（symbol-grounding problem）：心理符号的意义是以什么为基础或奠定的？

于是，这就将我们带到了本章的主题——机械心灵观应该如何解释表征？

机械心灵观是一种自然主义的观点，它把心灵当作自然的一部分，这里的"自然"是，粗略地讲，是一个在时间和空间中的因果世界。按照这种观点，解释心灵就需要解释心灵是如何与自然界的其余部分融为一体的（更多内容参见第12章"自然"部分）。在本书中，我一直关注一个更为具体的问题，那就是心理表征是如何与自然界的其余部分融为一体的。回答这个问题的一种方式是同意把表征视为世界的一种基本的自然属性。世界上存在各种各样的自然事物和自然属性——有机物、激素、电荷、化学元素等，它们当中有些是基本的，有些则不是。在这里"基本的"意思是它们不需要或者不可能再由其他的事实或者概念来进一步解释。例如，在物理学中，能量的概念被视为基本的，不能再用任何其他的概念解释。那么，为什么我们不能把表征视为这个世界的基本属性之一呢？

这个观点可以这样进行自我辩护，表征是一个理论性概念，这个概念的本质可以由其所归属的理论来解释（就像电子的概念一样）。回想第 4 章对一些理论的讨论，在那一章我们看到了一个颇具影响力的观点，即理论实体的本质可以由它的理论充分描述出来。我们也可以这样说，表征不过是表征的理论所告诉我们的东西，我们不必再进一步追问它的本质。

我会在第 12 章再次回到这种理论，然而对于许多自然主义哲学家而言，这种解决方法似乎并不能令人满意。他们会认为表征仍然是一个在哲学上麻烦重重的概念，而且把表征（或者表征的理论）视为一个基本的东西并不能让我们真正地理解表征。他们会说，想想我们对自然界中其他事物的了解有多少吧！例如，我们知道光是电磁辐射，在研究光与其他电磁现象的关系时，我们发现了关于光的本质的"更深奥"的东西——我们发现了光在本质上是什么。对于表征的概念，我们也需要这样的理解。杰里·福多是这样表述这一观点的：

> "物理学家一直都在编写一份关于事物最根本的和不可还原的属性的目录，我认为他们迟早会完成的。在他们做这件事情的时候，（微观物理属性）自旋、黏附与电荷也许会出现在他们的清单中。但关于性毫无疑问不会出现在清单中，因为意向性完全没有进入到最根本且不可还原的那种层次。"[1]

---

1 福多（Fodor）:《心理语义学：心灵哲学中的意义问题》(*Psychosemantics: The Problem of Meaning in the Philosophy of Mind*)，麻省理工学院出版社（MIT Press）1987 年版，第 97 页。

9 解释心理表征

无论我们怎样评价这样的观点——我将在本章末尾反驳这一观点——非常清楚的一点是福多等哲学家希望换一种方式解释意向性——也就是用概念而不是表征的概念来解释它。有许多方法已经做到了这一点，其中一个显而易见的办法是为"X 表征 Y"这种形式的命题给出充分必要条件（充分必要条件的概念在第一章中解释过）。"X 表征 Y"的充分必要条件就是当且仅当 X 表征 Y 成立的条件，对这个条件的表述并没有涉及表征的概念。为了使表述更加精确，我们需要使用"当且仅当"这个专业术语（因为"如果 B，则 A"表示 B 是 A 的充分条件，"只有 B，才能 A"表示 B 是 A 的必要条件，所以我们说"当且仅当 B，则 A"表示的是 B 是 A 的充分必要条件）。

这个关于表征的观点可以用以下原则描述，我用符号（R）标注，其形式如下：[1]

（R）X 表征 Y，当且仅当_____。

比如在第 2 章中，我提到过图像表征的基础可能是相似性，所以我们就可以把这个观点表示如下：

X（在图像上）表征 Y，当且仅当 X 相似于 Y。

---

[1] "语义学，威斯康星风格"（"Semantics, Wisconsin style"），载福多（Fordor）：《内容理论及其他论文》（*A Theory of Content and Other Essays*），麻省理工学院出版社（MIT Press）1990 年版，第 32 页。

这里"_____"上填的是相似性的观点（当然，我们认为这个观点是不全面的，但是在这里我们仅仅把它当作一个例子来用）。

（R）原则把表征还原为其他概念来定义表征，因此这种方法被称为表征概念的还原性定义。许多哲学家认为还原性定义呈现出一个概念的性质或本质。但是要知道并不是所有的概念都是还原性的，这一点很重要。让我们以颜色为例来对此进行解释。许多自然主义哲学家曾经想要对颜色在自然界中的位置进行还原性解释。对于一个具有某种颜色的物体，他们经常根据（比如）这个物体反射出的光线的波长来对它进行还原性定义。因此，他们可能会如此表述这个定义：(1) X 是红色的，当且仅当 X 反射出波长为 N 的光，N 是一个数字。

颜色能否用这种方式进行还原性定义是有争议的。但是在这里，我只是用它来解释一种下定义的方法：有些哲学家认为试图对颜色进行还原性定义完全是一种错误的做法。他们认为我们真正可以预期的至多只能是依据正常的感知者认为事物看起来是什么样子的来对颜色进行定义。例如：(2) X 是红色的，当且仅当 X 在正常的环境中正常的感知者认为它看起来是红色的。这并不是一个完全的还原性定义，因为成为红色并不是由其他术语来定义的——这个定义的右边说的是看起来是红色的。有些哲学家认为表征的概念或者内容也是如此——我们不应该期待我们有能力用别的术语定义表征。我会在第 12 章再回到这个问题。

9 解释心理表征

9.2 概念性定义与自然主义定义

颜色的例子有助于说明依据充分必要条件下定义的另一个要点。与定义（1）（成为红色的非还原性定义）相比，我们更青睐定义（2）的一个原因在于，在我们理解红色的概念时，（2）并没有超出我们知道的范围。我们一旦理解了红色的概念，我们马上就能理解对于正常情况下的正常感知者而言，红色的东西看起来是红色的，以及那些正常感知者在正常情况下看起来是红色的东西是红色的。但是为了理解红色的概念，我们并不需要对光的波长或反射比有任何了解。因此，在我们理解这个概念的时候，（1）告诉我们东西比我们知道的更多。

我们可以这么讲，与（1）不同，（2）试图在概念上给出成为红色的充分必要条件，而它给出的条件在某种意义上对红色进行了"概念界定"。然而，（1）并没有对红色的概念进行界定。无疑有些人会具有红色的概念，也能够使用红色的概念，但却从未听说过波长，更不用提知道光是电磁辐射了。相反，（1）给出的成为红色条件，我们称之为自然主义的充分必要条件，它用科学的术语告诉我们某事物成为红色是什么样子的（成为红色的自然主义的充分必要条件有时也被称为"法则上的"条件，因为它们依据自然法则来描述这个概念——"nomos"是希腊语，表示"法则"的意思）。

一般来说，自然主义的必要（或者充分）条件应该不难理解。当我们说你需要氧气维持生命，我们指的是氧气是维持生命的一个必要条件。如果你要活着，你就要有氧气。但是可以说，氧气并不是生命概念的一部分，因为说有些东西不需要氧气也可以生存也没有任何错误。即便不假设火星上有氧气，我们也可以理解火星上有生命这个观点。因此，氧气的存在是生命的一个自然主义的必要条件，而不是一个概念性的必要条件。

有些哲学家怀疑是否存在一些令人感兴趣的还原的概念性充分必要条件，也就是为概念作出还原的概念性界定的条件。受奎因或者维特根斯坦的启发，他们争辩，即便那些传统上用来说明概念性充分必要条件的例子也是有问题的。以奎因著名的单身汉的概念为例，单身汉的概念就是未婚的男人，这乍看起来十分合理。用必要充分条件表述如下：

X 是单身汉，当且仅当 X 是未婚的男人。

在我们想出一些非同寻常的情况之前，这看起来还是很有道理的。单身汉必须是一个从来没有结过婚的男人吗？这个词是否可以用于离异者或者鳏夫？可以说一个15岁的男性青年是单身汉吗？或者必须超过一定的年龄才能成为单身汉？如果是这样的话，是什么年龄？教皇是单身汉吗，或者说他的宗教职业把他排除在外？耶稣是单身汉吗？或者说这个概念只能用于某些时代和某些文化中的男人吗？

当然，我们可以规定单身汉是这样的一些男人，他们的年龄超过25岁，从来没有结过婚而且不属于任何宗教团体……，就像我们所列举的那样。但问题是，我们一直都在规定——在

9 解释心理表征

我们理解这个概念的时候，我们一直在给出新的条件，因此我们也一直在超越我们过去对这个概念的认识。奇怪的是，这个概念本身并没有告诉我们单身汉的界限是什么。这个论证认为，因为许多（也许是绝大多数）概念都是这样的，因此为这些概念给出包含大量信息的概念性充分必要条件似乎是不可能的。

现在我不想卷入到这场关于概念本质的争论中。我提到这个问题只是要说明一种方法，人们可以用这个方法来怀疑概念性充分必要条件也可以是还原的这个观点。为单身汉这类极其简单的概念给出这样的条件都如此困难，可见对于心理表征之类的概念而言难度会有多大。

许多哲学家由此得出结论，如果我们想要得到心理表征的还原性定义，我们就应该转而寻找其自然主义的充分必要条件。原则（R）的"＿＿＿＿＿"中填入的应该是一些支撑表征的自然事实（例如物理、化学或者生物学事实）。这些将会成为表征的自然主义还原性充分的必要条件。

这些条件可能会是什么？杰里·福多说只有两个选择曾被严肃地提出：相似性与因果性。也就是说，填入"＿＿＿＿＿"的内容要么是关于 X 在某些方面相似于 Y 的，要么是关于 X 与 Y 之间的因果关系的。当然，表征的还原理论可能还存在其他的可能性——但是相似性与因果性实际上曾是自然主义哲学家感兴趣的主要观点，在这一点上福多无疑是正确的。我曾在第 2 章讨论过图形表征的相似理论，然后又放弃了它。其他类型表征的相似理论似乎更不合理（例如词语），并且如我们所看到的那样，所有的表征都可以用图形表征来解释这个观点也是毫无希望的。因此，本章后面的部分将概述另一种选择的主要内容：表征的因果理论。

9.3　心理表征的因果理论

在某种程度上，自然主义哲学家显然愿意从因果性的角度来解释心理表征。对于自然主义的这部分内容，我称之为心理状态的因果图景，心灵可以嵌入世界的因果秩序之中，并且它的行为与自然界的其他事物一样遵循的因果规律。我们曾经代表自然主义者提出过这样的问题，心理表征是怎样嵌入因果图景的？显然，他们应该回答说表征归根结底就是一种因果关系，或者更确切地说，表征是基于某种因果关系的。

事实上，似乎常识已经承认，在某种意义上，表征或意义可以是因果概念。格赖斯注意到，意义的概念在下面这两个句子中以极为不同的方式被使用[1]：

(a) A red light means *stop*（红灯的意思是停止）.
(b) Those spots mean measles（那些斑疹意味着麻疹）.

众所周知，红灯的意思是停止，这是一件约定俗成的事情。红颜色与停止之间并没有关系，琥珀色也可以用来表示停止。但

---

[1] 格赖斯（H. P. Grice）："意义"（"Meaning"），《哲学评论》(*Philosophical Review*) 1957年第66期。

9 解释心理表征

是斑疹"意味着"麻疹并不是一件约定俗成的事情。与红灯不同，斑疹与麻疹是有某种关系的。斑疹是麻疹的征兆，它可以用以检测麻疹的出现。然而，红灯并不是停止的征兆。假如你愿意，你可以说斑疹是麻疹的自然标志或自然表征，它们代表麻疹的出现。同样，我们说"烟雾意味着燃烧""云团意味着雷鸣"——我们的意思是烟雾和云团是燃烧和雷鸣的自然标志（或者表征）。格赖斯把这种表征称为"自然意义"。

自然意义只是一种因果相关性。正如斑疹是麻疹的结果，烟雾是燃烧的结果，云团是某种原因的结果，而这个原因也是打雷的原因。云团、烟雾和斑疹都与我们说它们"意味着"的事物——雷鸣、燃烧与麻疹——是因果相关的。某些心理表征的因果理论认为，思维与它所表征的事物之间的因果关系可以构成表征的自然基础。但确切而言，它们是如何构成的呢？

我们不能说 X 表征 Y，当且仅当 Y 引起 X 的发生，这种说法太简单了（福多把这称为"粗糙的因果理论"[1]）。我可以具有一些关于绵羊的想法，但是说我的每一个想法都是由一只绵羊引起的，这显然是不正确的。当一个小孩在晚上数绵羊入睡时，这些关于绵羊的思维并不需要由绵羊引起。反过来说，当一个心理状态是由一只绵羊引起的时候，它就表征绵羊，事情并不必然如此。在黑夜，一只受到惊吓的绵羊可能使我感到害怕，但是我感到害怕可能是因为我把这只绵羊表征为一只狗或者一个幽灵了。

---

[1] 福多（Fordor）的《心理语义学》（*Psychosemantics*）第四章。

这两个例子都没有考虑到的一点是，绵羊和思维之间是否存在任何自然的和/或者规律性的因果关系。把绵羊与睡觉的欲望联系起来的只是习俗，而某只羊使我感到害怕也不过是个偶然事件。如果心理表征要以因果相关性为基础的话，那么它必须建立在自然法则之上——就像烟雾与燃烧那样——而并不仅仅是基于因果联系。

让我们引入一个标准的专业术语来表示这种自然法则，当 X 是 Y 的一个自然标志，X 与 Y 之间的关系称为可靠指示（reliable indication）。一般而言，当 X 与 Y 之间存在一种可靠的因果联系时，那么 X 就可靠地指示 Y。因此，烟雾可靠地指示燃烧，云团可靠地指示雷鸣，斑疹可靠地指示麻疹。那么我们接下来可以尝试把表征理论表述如下：

X 表征 Y，当且仅当 X 可靠地指示 Y。

把它用于心理状态，我们可以说，一个心理状态表征 Y，当且仅当这类心理状态与 Y 之间存在一种可靠的因果相关性。

第一个显而易见的困难是，我们能够具有许多种类的思维，它们不与任何事物因果相关。我可以思考独角兽、圣诞老人和其他非存在的事物，但是这些"事物"不可能引起任何事物的出现，因为它们是不存在的。而且我也能思考数字和其他的数学实体，例如集合与函数，然而即使这些东西是存在的，它们也不可能引起任何事物的出现，因为它们并不存在于空间和时间之中（当然，如果某个事件发生于其他事件之前，那么它的

9 解释心理表征

原因和结果必定存在于时间之中)。最后,我还能思考未来的事情,但是未来的事情不可能引起任何当下的事情,因为原因必须先于结果。表征的因果理论该如何解释这些例子呢?

因果论者通常以某种特殊的方式对待这些例子,认为它们是我们拥有的极为复杂的思维发生机制的结果。他们会说让我们慢慢看,从简单的例子开始,例如关于感知到的环境的基本思维和(获取食物、饮料、性、温暖等的)基本驱动力。如果我们能够用可靠指示这样的概念来解释这些状态的表征能力,那么我们就可以试着去处理后面复杂的例子。毕竟,如果我们连这些简单的例子都无法解释的话,那么我们就不可能解释那些复杂的例子。因此,从复杂的案例开始是行不通的。

对于自然主义哲学家而言,心理表征因果理论的优越性是显而易见的。可靠指示随处可见,有因果相关性的地方就有指示。由于指示并不是一种神秘的现象,也不是心灵独有的,所以如果我们能够用它来解释心理表征,那么这将是一个明显的进步。如果这个尝试有效的话,那么我们就可以解释自然因果关系如何构成心理表征,以及心理表征最终如何嵌入自然界了。

9.4 失误问题

然而,指示的普遍性也暴露出因果路径的一些主要问题。首先,(a)由于表征总是指示某个事物,所以很难找出它们表征出错的情况。其次,(b)许多现象与心理表征之间具有可靠的因果联系，但是这些现象在任何意义上都不是它们所表征的东西。这两个问题是相关的，它们呈现出一个特点，表征的因果理论难以对思维的失误作出解释。对此我们需要稍作解释。

首先，以第一个问题（a）为例。再想一想格赖斯关于麻疹的例子。我们说斑疹表征麻疹是因为斑疹是麻疹的可靠指示。一般而言，如果没有斑疹出现，就不会有麻疹。但是，反之成立吗？也就是长了斑疹却不是麻疹？换句话说就是斑疹错误地表征了麻疹？比如有些人因为得了别的疾病——例如天花——而长了类似的斑疹，那么这些斑疹就是天花的指示。因此，表征因果理论会说这些斑疹并没有错误地表征麻疹，它们表征的是它们指示的东西，即天花。

当然，我们很可能出错，会把天花引起的斑疹当作麻疹，但这是不相干的。表征因果理论是要用可靠指示来解释心灵的表征能力，根据这个理论，我们不能用我们对现象的阐释来解释它所表征的事物。这样做会把事情引向错误的方向。

问题在于，因为 X 表征的事物是用可靠指示来解释的，所以 X 不能表征它无法指示的事物。经过观察，格赖斯指出，涉及自然意义的时候，X 意味着 P 蕴含了 P——烟雾的意思是燃烧，这就蕴含了燃烧的存在。一般而言，似乎是如果 X 自然地意味着 Y，那么这就保证了 Y 的存在，但是很少有心理表征能够保证它们所表征的事物是存在的。不可否认的是，我们的思维能够把一些事物表征为某个样子，即使这些事物并不是那样的——心理表征可能存在失误，所以不允许出错的表征理论永

9 解释心理表征

远不可能构成心理表征的基础。在没有更好的术语之前，我们就称之为"错误表征问题"吧。

在指示理论中，这个问题与另一个问题紧密相关，即"析取问题"（我后面会解释将它称为析取问题的原因）。假定我能认出绵羊，那么当绵羊在我周围出现的时候，我就能够感知到它们。我对绵羊的感知就是某种类型的表征，我把它们简称为"S-表征"，而且它们是绵羊的可靠指示，因此这种理论认为它们表征绵羊。到目前为止还没出现什么问题。

但是再假定在特定的环境中——比如，在一定的距离之外，光线很糟糕的情况下——我无法区分绵羊和山羊。并且，假定这种关联是系统性的，特定环境中的山羊与绵羊在感知上存在可靠的联系。当我看到一只山羊的时候，我有一个S-表征。这似乎是一个很明显的错误表征：我的S-表征错误地把一只山羊表征为绵羊了。但是，如果我的S-表征是特定环境中山羊的可靠指示的话，那么为什么我们不能说它像表征绵羊一样很好地表征了特定环境中的山羊呢？

那么，问题就是绵羊与特定环境中的山羊都能被S-表征可靠地指示。因此，我们似乎应该认为S-表征要么表示绵羊的在场，要么表示特定环境中的山羊在场。那么，表征的内容应该是绵羊或者是特定环境中的山羊。这就是所谓的"析取问题"，因为逻辑学家把用"或者"将两个或多个内容连接起来的情况称为析取。

如果你认为这个例子不过是一种哲学空想的话，那么我们来看看这个来自认知动物行为学的真实例子。动物行为学家切尼与赛弗斯对黑长尾猴的警报呼叫展开了一项著名的研究。他们根据触发黑长尾猴发出特定呼叫声的情况推测出不同类型的呼叫具有不同的意义。例如，有一种特定的呼叫是在豹子出现时发出的，因此他们将它标记为"豹子警报"。但是，

"从猴子的角度来看，豹子警报的意义必须准确无误。在安博赛利（Amboseli），豹子会捕杀黑长尾猴，而狮子和猎豹却不会，所以豹子警报可能表示'不是猎豹的大斑点猫'或者'短腿的大斑点猫'……在非洲的其他地方，真的有猎豹去捕杀黑长尾猴的地方，豹子警报表示的可能是'豹子或者猎豹'。"[1]

动物行为学家非常乐于把猴子发出的豹子警报当作析取内容。当我们问把猎豹错误表征为豹子会怎样的时候，析取问题就出现了。说警报的意义"必须准确无误"并没有回答这个问题，而是回避了这个问题。

让我们对这两个问题的结构作一个概括。错误表征问题是，如果认为可靠指示是表征的必要条件，那么在 Y 不存在的情况下，X 不能表征 Y。如果斑疹表征麻疹是它们指示麻疹的必要条件，那么在麻疹不存在的情况下，斑疹不能表征麻疹。

---

[1] 切尼（D. L. Cheney）和赛弗斯（R. M. Seyfarth）:《猴子如何看世界：深入其他物种的心灵内部》(*How Monkeys See the World: Inside the Mind of Another Species*)，芝加哥大学出版社（University of Chicago Press）1990年版，第169页。

9 解释心理表征

析取的问题是，如果可靠指示是表征的充分条件，那么无论 X 指示什么事物，这个事物都可以由 X 表征。如果 S- 表征表示绵羊是它可靠地指示绵羊的充分条件，那么 S- 表征表示特定环境中的山羊也是它指示特定环境中山羊的充分条件。一个表征指示了什么，它就表征了什么。因此，S- 表征的内容可以是绵羊，也可以是特定环境中的山羊。

显然，这两个问题是相关的。它们是同一个问题的不同方面，这个问题就是指示理论认为失误是不可能出现的。[1] 当某种情形不存在时，把对这种情形的表征（比如麻疹）排除在外，错误表征的问题就不会出现了。然而，将许多情形的表征（绵羊或者山羊）包含在内，析取问题就使错误表征的问题不再出现了。在这两种情况下，指示理论对"这个表征表示的是什么"这个问题的回答都是不对的。

指示理论应该如何回答这些问题呢？标准答案是，某事物出现错误表征意味着表征条件（内在或外在于有机体）是有瑕疵的。正如罗伯特·卡明斯所言，错误表征是机能失常。[2] 在理想条件下，表征是不会出现任何失误的。在理想的条件下，斑疹表示麻疹，S- 表征表示绵羊（而不是山羊）。

那么这个观点就是，在理想条件下表征可以被定义为可靠指示：

---

1 福多在《内容理论》（*A Theory of Content*）第 90 页持不同的观点。
2 卡明斯（Cummins）的《意义及心理表征》（*Meaning and Mental Representation*）第 40 页之后诸页。

X 表征 Y，当且仅当在理想的条件下 X 是 Y 的可靠指示。

失误的产生是因为条件在某种情况下不是理想的，糟糕的光线、距离、感官的损伤等（理想条件有时也被称为"正常"条件这一观点来自丹尼斯·斯坦普。[1]）。但是，我们通常应该如何描述理想条件的特征呢？显然，我们不能说理想条件就是那些表征产生的条件，因为这样的话，我们的解释就会陷入循环论证和语焉不详的困境：

X 表征 Y，当且仅当在 X 表征 Y 的条件下 X 可靠地指示 Y。

我们需要的是一种在不涉及表征的情况下对理想条件进行表述的方法。

指示法的先驱者之一弗雷德·德雷斯克试图通过表征的目的论功能来解决这一问题。[2] 这里"功能"的意思与第 6 章中描述的数学概念不同，"目的论的"意思是"有目标的"。目的论功能通常被认为是生物机制，而目的论解释则是根据目的论功能所作的解释。心脏的功能是把血液输送到全身，这就是一个目的论功能的例子。功能的观念在这里是很有用的，因为（a）

---

[1] 丹尼斯·斯坦普（Dennis Stampe）："语言表征的因果理论"（"Toward a causal theory of linguistic representation"），《中西部哲学研究》（*Midwest Studres in Philosophy*）1977 年第 2 期。

[2] 德雷福斯（Dretske）："错误表征"（"Misrepresentation"），载拉都·博格丹（Radu Bogdan）主编：《信念：形式，内容和功能》（*Belief: Form, Content and Function*），牛津大学出版社（Oxford University Press）1985 年版。

9 解释心理表征

它是一个在生物学中被充分理解的概念，而且（b）人们普遍认可某事物可以拥有一个目的论功能，即使此刻它没有使用这个功能。比如，心脏的功能是向全身输送血液，虽然实际上它现在并没有做这件事。这个观点可以表述为：X 能够表征 Y，即使 Y 并不在场，只要 X 具有指示 Y 的功能。因此，斯坦普称理想条件为"良好运转"的条件，也就是事物按其应有的方式运转的条件。

这暗示了我们可以用目的论功能来解决我所谓的错误表征的问题。如果 X 具有指示 Y 的功能，那么它就能够表征 Y；而且，即使 Y 当时并不在场，它也可以具有指示 Y 的功能。即使在黑暗中，我的眼睛也具有指示可见物体存在的功能。到目前为止，情况还不错，但是这种理论能够解决析取问题吗？

许多哲学家，包括福多（他曾经赞成这种方法）认为这种理论不能解决析取问题。问题在于某些与析取问题极为类似的情况也出现在目的功能论中。德雷斯克的一个生动的例子很好地说明了这个情况：

> "一些海洋细菌拥有内在的磁体（称为磁小体），其功能类似于罗盘的指针，它们可以使海洋细菌自身排列成行（结果这些细菌就可以）与地球的磁场平行。由于北半球的磁力线向下（朝向地磁北方）倾斜（南半球则向上倾斜），所以北半球的细菌就会促使自身朝向地磁北方。趋磁性（正如这种感官机制的名称一样）的存在价值并不明显，但是我们有理由假设这个功能的存在是为了使细菌可以避开

地表水。因为这些有机体只能在无氧的环境中生存，所以向地磁北方移动会把这些细菌带离含氧丰富的地表水，把它们带向海洋底部相对无氧的沉积物。"[1]

假定我们承认这个有机体的机制具有一种目的论功能。但它具有什么功能呢？它的作用是促使细菌向地磁北方移动还是促使细菌向无氧区域移动呢？一方面，这个机制自身就是一个磁体；另一方面，有机体内部具有磁体的意义在于把它带到无氧区域。

也许这两种功能它都有。然而，由于它不必同时具有这些功能，我们实际上可以说它具有复杂功能，我们可以将这种功能描述为："促使细菌向地磁北方移动或者促使细菌向无氧区域移动。"在这里我们可以看到，和指示理论一样，目的论功能也存在"析取问题"。有些人认为，目的论功能受到某种"不确定性"的制约，它确实无法确定它具有哪种功能。如果是这样的话，只要表征自身是确定的，那么我们就不能用目的论功能去解决析取问题。

基于这个原因，一些因果论者抛弃了目的论功能。这其中最著名的是福多，他提出了一种心理表征的非目的论的因果理论，他称之为"非对称依赖性"理论。让我们简单地看一看这个理论（初学者可以跳过这一部分进入下一章）。

假定在某些情况下绵羊使我们产生 S- 表征（回到我们先前

---

[1] 德雷斯克（Dretske）："错误表征"（"Misrepresentation"），第26页。

9 解释心理表征

的例子）。福多说，如果存在某些条件，在这些条件下特定环境中的山羊也使我们产生 S- 表征的话，那么我们就有理由假定山羊引起这样的结果仅仅是因为绵羊已经产生了 S- 表征。尽管我们有理由假定只有绵羊可以产生绵羊的表征，但是福多认为假设只有山羊才有可能引起绵羊的表征是没有道理的。可以证明，如果真是这样的话，那么 S- 表征就将成为山羊 - 表征，而不是绵羊 - 表征。说从山羊到 S- 表征的因果联系是一种失误的意思就是除非是绵羊引起了 S- 表征，否则山羊将不会引起 S- 表征。但是，即使山羊没有引起 S- 表征，绵羊依然可以引起 S- 表征。

或许用感知的说法可以更容易让我们理解这一点。假定我对绵羊的一些感知是由绵羊引起的。但是有些山羊看起来很像绵羊——也就是说，我对山羊的某些感知（即那些由山羊所引起的感知）于我而言与我对绵羊的感知相似。然而，除非由绵羊引起的感知也与我对绵羊的感知相似，否则由山羊引起的感知不会与我对绵羊的感知相似。反之则不然，也就是说，即使山羊不能引起我对绵羊的感知，但是由绵羊引起的感知仍然会与我对绵羊的感知相似。

对此，福多是这样表述的，山羊与绵羊表征之间的因果关系非对称性地依赖于绵羊与绵羊表征之间的因果关系。这个专业术语表达的是什么意思呢？让我们把"引起"缩写为"→"，把"绵羊表征"缩写为大写的 SHEEP。如果我们在因果关系下面加下划线的话，这样也可以有助于我们的表述。福多认为，在下面这种意义上，<u>山羊→ SHEEP</u> 的因果关系依赖于<u>绵</u>

233

羊→SHEEP 的因果关系：

　　如果绵羊→SHEEP 的关联不存在，那么山羊→SHEEP 的关联也不存在。

　　但是山羊→SHEEP 的关联是非对称性地依赖于绵羊→SHEEP 的关联，因为，

　　如果山羊→SHEEP 的关联不存在，那么绵羊→SHEEP 的关联依然存在。

因此，山羊→SHEEP 的关联与绵羊→SHEEP 的关联之间是依存关系，但不是对称的。

关于福多的理论，有两点值得说明。首先，非对称依赖性观点的作用只是回应析取问题。福多实质上对表征的指示理论抱有好感，他只是认为需要用非对称依赖性这样的理论去解决析取问题。因此，显然如果你有解决析取问题的其他方法，或者你有一种不会引起析取问题的理论，那么你就无须去面对非对称依赖性理论是否能够解释心理表征这样的问题了。

其次，福多提出非对称依赖性仅仅是心理表征的充分条件。也就是说，他只是认为如果 X 和 Y 满足这些条件（指示与非对称依赖性），那么 X 表征 Y。他并不是说任何可能形式的心理表征一定会呈现非对称依赖性结构，而是认为如果某事物确实呈现出这种结构，那么它就是一个心理表征。

就我自己来说，我看不出非对称依赖性是如何解释心理表征的。我认为福多描述的条件可能对于心理表征是正确的。但是对于心理表征事实上是如何发挥作用的，我并不认为它给了

9 解释心理表征

我们什么更加深刻的理解。事实上，福多说的是失误寄生于真实的信念之中。但是我们很难不去反驳说这不过是我们已经知道的东西。更确切地讲，这里的问题应该是，什么是失误？在我们能够对失误作出解释之前，我们说失误寄生于真实的信念之中是毫无帮助的。

9.5 结语：失误的重要性

表征的因果理论存在解释失误的问题，这不足为奇，因为失误与表征是相伴相生的。把世界表征为某种方式其实就是默许了表征所言的世界与世界的真实面貌之间的差距。然而，这也正好容许了失误的可能性。因此，任何抓住了表征本质的还原必然会包含某种东西，无论这种东西是什么，它都容许了失误的可能。这就是为什么失误的可能性对于表征的还原理论来说从来不会是一个与正题无关的枝节问题。因此，寻找一些不同的解决问题的路径也是值得的。

10 机械心灵及其生物基础

10.1 心理表征、有机体与能动性

上一章讨论的心理表征的因果理论试图解决的是符号奠基问题：心理符号是如何获得意义的？我们通过心灵的计算理论进入到这个问题，计算需要表征，这里需要解释的是表征（在这个例子中，表征是符号）是如何获取其内容的。因果理论试图给出答案，但是在回答的过程中，它们遭遇了失误问题：如果每个信念都有一个原因，任何引起这个信念的事物都是信念的内容，那么每个信念都会正确地表征其原因，而不是（在某些情况下）错误地表征了其他的事物。

表征的因果理论似乎忽视了一件事情，那就是有机体及其环境。我们已经讨论过心理符号和推理，但我们的讨论有点抽象，在这个讨论中有机体在哪里？毕竟，即使我们的心灵（在某种意义上）是计算机，我们也不是计算机，我们是具有生物

属性的生物，同其他生物一起生活在社群中。这些事实会如何影响心灵的计算理论或表征理论的合理性？有人认为它们与这些理论完全相符，也有人说它们削弱了这些理论。在本章和下一章，我们将探讨心灵的表征理论与有机体及其环境之间的一些关联。这当中的某些关联会对表征理论形成挑战，而有些只是对它进行补充。

本章讨论的第一个观点就是从有机体能动性的角度解决符号奠基问题的尝试。这将把我们引入对心理表征可能存在的生物功能的探讨，而这又会反过来要求我们思考进化心理学的主张。进化心理学与心灵就是"模块"这一著名论题之间具有天然的联系，因此这将是本章最后一节的主题。

我们要讨论的第一个话题是能动性。那些为心理表征的能动性辩护的人们认为，因果理论的一个不足之处在于它们过于关注信念的原因。相反，这些人认为，我们应当关注的是作用于行为的结果。我们在第4章中看到，你做什么取决于你相信什么（也就是你如何看待这个世界）。因此，表征的因果基础也许并不是简单地存在于心理状态的原因之中，而是出现在有机体行动的结果中。

有一个观点符合这个思路，我们已经在第4章看到过它的内容。当我们行动时，我们是在努力实现某个目标或者满足某个欲望。并且，我们欲望得到什么部分地取决于我们对事物的看法——如果你认为你还没喝葡萄酒，你可能有喝葡萄酒的欲望，但是如果你认为你喝了一些葡萄酒，你可能还想再多喝点葡萄酒。也就是说，想喝葡萄酒和想再多喝点葡萄酒显然是两种不同的欲望，你不可能希望再多喝点葡萄酒，除非你认为已经喝了一些葡萄酒。现在，你是否成功地得到你想要的东西将取决于你对事物的看法——你的信念——是否和事物本身的情况是一致的。如果我想喝葡萄酒，而且我相信冰箱里有葡萄酒，那么我是否成功地从冰箱里拿葡萄酒将取决于这个信念是否正确，也就是取决于冰箱里是不是有葡萄酒（行动的成功——走向冰箱——也取决于其他的事物，例如冰箱是否存在，我是否能够移动我的肢体。但我们暂时可以不考虑这些因素，因为我们可以假定我认为冰箱里有葡萄酒的信念包含了我相信冰箱是存在的信念，并且我通常不会试着移动我的肢体，除非我相信我有能力这么做。因此，这些基础不成立就暗示着不可能有这些信念）。

到目前为止，这个观点的主要内容应该非常清楚了，我们的行动是否能够成功地满足我们的欲望取决于我们的信念是否正确地表征世界。也许除了其模糊性之外，这个观点是难以反驳的。然而，我们有可能把它变成信念表征内容的定义的部分。这就是，某个信念认为世界是这样的，例如冰箱里有葡萄酒。这个信念可能正确，也可能不正确。我们暂且忽略上一段中提到的那些复杂的情况，我们可以说如果这个信念是正确的，那么由这个信念引发的行为加上某种欲望（如对葡萄酒的欲望）就会成功地使这个欲望得到满足。因此，促使行动成功的条件不过是那些信念内容明确要求的条件：那些信念认为世界是什么样子的。例如，我想要拿葡萄酒的企图得以成功满足的条件不过是我的信念明确要求的那些条件，冰箱里有葡萄酒。用一句话来说，一个信念的内容与它所引起的行为得以"成功的条件"是一致的。让我们按照怀特的界定把它称为信念内容的"成功理论"。[1]

因此，成功理论给我们提供了一种还原信念表征内容的方式。让我们来回忆一下表征的还原性解释公式：

(R) X 表征 Y，当且仅当＿＿＿＿。

我们的观点是，填入"＿＿＿＿"的内容不要涉及表征概念。成功理论会这样做：

信念 B 表征条件 C，当且仅当 C 成立的情况下，由信念 B 引起的行动是成功的。

这里"＿＿＿＿"填入的内容从表面上看没有提到表征，它仅仅涉及信念引起的行动、这些行动的成功以及获得的条件。

---

[1] 这个理论曾经由怀特（J. T. Whyte）在"成功语义学"（"Success semantics"）中界定，该文载《分析》（*Analysis*）1990 年第 50 期和大卫·帕皮诺（David Papineau）的《哲学的自然主义》（*Philosophical Naturalism*）。这一观点的种子来自拉姆齐（F. P. Ramsey）的论文"事实与命题"（"Facts and propositions"），见他的《哲学论文》（*Philosophical Papers*），而后在布雷斯韦特（R. B. Braithwaite）的论文"信念与行动"（"Belief and action"）中得以发展，该文载《亚里士多德学会会刊》（*Proceedings of the Aristotelian Society*）1946 年增刊第 20 卷。

第一个显而易见的反驳是,许多信念并没有引起任何行动。我相信现任的英国首相没有胡子,但是在此之前这个信念没有引起我的任何行为——它可能会引起什么行动呢?

如果我们发挥一下想象力,这个问题就很容易回答了。例如,想象一下在一个智力竞赛节目上,你被要求列举出现任的世界领导人中哪些是没有胡子的。如果你的信念——现任的英国首相没有胡子——所表征的条件成立的话,那么你的行动(说出现任英国首相的名字)就会成功。这种情况可能有些异想天开,但是这并不重要。重要的是我们总有可能会想出一个信念在行动中实现的情况。然而,这意味着我们必须修正成功理论的定义,把可能的情况也包含进来。我们只需要简单地把陈述语气改为虚拟语气就能实现这个目标。

信念 B 表征条件 C,当且仅当在 C 成立的情况下,信念 B 引起的行动可能成功。

这个公式应该概括出了成功理论的基本内容。

就成功的核心思想而言,还存在一个普遍问题。行动的成功事实上相当于什么?我在前面介绍这个理论的时候说过,行动满足欲望,欲望部分地引起行为的产生。我的欲望是拿葡萄酒,我相信冰箱里有葡萄酒,这个信念和欲望共同促使我走到冰箱那里。如果我拿到了葡萄酒,那么我的行为就成功了,也就是说我的欲望得到了满足。因此,我们应该把这个理论的定义补充为:

10 机械心灵及其生物基础

  信念 B 表征条件 C，当且仅当在 C 成立的情况下，由信念 B 和愿望 D 引起的行动有可能会满足 D。

尽管这个定义更加复杂了，但按照第 9 章的解释，这仍然是一个还原性定义，表征的概念并没有在定义的"当且仅当"后面出现。

  但是我们可能仍然想知道欲望的满足是什么意思？[1]它不可能简单地表示为一个欲望的终止，因为存在太多欲望终止但是却没有得到满足的情况。我想要葡萄酒的欲望可能会因为我突然觉得更加想要别的东西，或者因为屋顶倒塌，又或者因为我的死亡而终止，而这些都不是欲望得到满足的情况。我的欲望得到满足并不是我相信我的欲望得到满足。假如你对我进行催眠，让我认为我是喝了一些葡萄酒，但是你并没有真正满足我的欲望，因为我并没有得到我想要的东西，即葡萄酒。

  我想喝葡萄酒的欲望得到满足是一个引起这个世界上的某个事态的问题。是哪一个事态呢？答案显而易见，由欲望所表征的事态，所以我们必须这样来填写成功理论的定义：

  信念 B 表征条件 C，当且仅当在 C 成立的情况下，信

---

  1 参见怀特（Whyte）的论文"成功语义学"（"Success semantics"）和"成功的正常回报"（"The normal rewards of success"），载《分析》（*Analysis*）1991 年第 51 期。

241

念 B 和愿望 D 引起的行动可能产生一种由 D 表征的事态。

现在问题很明显,信念表征的定义包含了由欲望表征的事态。用欲望的表征本质来解释信念的表征本质,我们又回到了原点。

因此,如果成功理论要提供一个心理表征的还原理论,那么它就不能用表征来解释欲望的表征本质。他们有许多方法可以采用。在此,我集中讨论心理状态具有目的论功能,尤其是生物功能,我称这个观点为心理表征的生物理论。这个理论的多个版本得到了露丝·米利肯(Ruth Millikan)和大卫·帕皮诺(David Papineau)的支持。在下一节我将简要地解释这个理论。

10.2 心理表征与生物功能

生物理论认为欲望具有某种进化的目的或功能,也就是说它们在促进有机体及其物种的生存方面发挥了一定的作用。在某些情况下,某些欲望的确与物种的有机体的生存之间存在明显的关联。以对水的欲望为例,比如我们这样的有机体,如果不喝水的话,我们不能存活太久。因此,从自然选择的观点来看,拥有可以激发或引起我们喝水的心理状态显然是一件好事情,而且这种心理状态当然构成了一个想要喝水的欲望的一部分。

然而,说欲望必须具有某种进化上的起源,或者甚至是进化的目的是一回事，而说信念的内容——它们表征的东西——可以用这些目的来解释又是另外一回事。生物学理论采取了一条更加激进的路线。这个理论认为自然选择确保我们处于各种状态之中，这些状态的功能在于引起一种能够促进我们生存情况的产生。这些状态就是欲望，这些情况本身就是欲望的内容。因此，例如，喝水促进了我们的生存，自然选择确保了我们处于引起我们（其他条件相同的情况下）去喝水的状态中。这些状态的内容是（类似于）我喝水，这是因为当这些状态引发我去喝水这个事态的时候，我们的生存得到了促进。

因此，一个行动的成功就是它引起一个可以促进生存的事态发生。在还原信念与欲望的表征内容的过程中，这一理论是"由外向内"解决问题的。首先确定哪些事态可以促进有机体的生存，然后找出它们，那些状态的功能就是引起这些事态的产生。那些状态就是欲望，它们表征那些事态。这就是欲望表征力的解释。

一旦我们获得了欲望表征力的解释，我们就可以把它应用于信念表征力的解释上（并不是所有版本的生物理论都是这样工作的，这只是一种显而易见的方式）。还记得成功理论是从引发行动产生的欲望得到满足这个角度来对此进行解释的吧！但是我们还发现欲望的满足包含了一种对欲望表征内容的隐性诉求。现在，这就可以从欲望的生物功能促进有机体的生存这个方面来解释了。如果这个新颖的理论是正确的，那么它显然给我们提供了一种心理表征的还原性解释。

但是这个理论是正确的吗？这个理论根据一些条件对某个

特定信念的表征内容进行解释，在这些条件下，这个信念和某个欲望引起了行为的产生，而行为成功地使这个欲望得到满足。欲望的满足是依据欲望引起促进有机体生存条件的产生来解释的。让我们暂时忽略人们可以拥有很多欲望这一点——比如为了出名而从金门大桥上跳下来的欲望——这与促进他们的生存毫不相干。要记住的是，这个理论试图解释的是我们最基本的思维和动机——对食物、性爱和温暖等的信念和欲望——而不是要分析更加复杂的心理状态。在第 12 章，我们将会稍微详细地讨论这一点。

在此，我要关注的是这个生物理论带来的一个明显的结果。如果一个生物具有欲望的话，那么它就经过了进化。也就是说，这个理论使某个事物是通过自然选择进化而来的产物成为了它拥有欲望的一个条件。因为这个理论认为，欲望不过是一种状态，自然选择赋予了这个状态某种特定的生物功能，即引起促进有机体生存行为的发生。如果一个有机体处于这些状态中的某一个状态，那么是自然选择确保了它处于这种状态之中。如果这种状态没有被自然选择，那么这个有机体就不会处于这种状态。

上面这个观点的问题在于，似乎不可能存在拥有思维但却没有进化的生物。为了论证这个观点，我们假定思考者是由物质构成的——如果你把思考者所有的物质都拿走，那么最后什么东西都没有了。当然，反过来，重构这个思考者在原则上也是可能的——把所有的物质重新放回去，它将仍然是一个思考者。如果你能够重构一个思考者，那么你为什么不能用同样的

10 机械心灵及其生物基础

方法构建另一个思考者呢？乍看起来，心理表征的生物理论会把这种可能性排除掉。但是尽管可能性很小，这似乎并不是绝对不可能的事情——的确，电影《星际迷航》中描述的这种"心灵运输"的合理性似乎就基于这个观点。

但是生物理论并不需要承认这是不可能的。生物理论的核心观点是生物的状态应该具有一种功能。然而，功能可以通过各种不同方式获得。在人造思考者的例子中，这个理论可以说它的状态获得功能是因为创造者赋予了它们这些功能。因此，正如人工心脏能够通过设计而获得一种功能并作为心脏使用，人造人的内在状态也可以通过设计而获得功能并按照其欲望使用。这些状态只有衍生的意向性，而没有原初的意向性（参见第 3.3 节），但衍生意向性仍然是意向性的一种。

然而，为什么不能存在一种完全不是被设计出来的思考者呢？不可能存在一种偶然出现的思考者吗？唐纳德·戴维森（Donald Davidson）曾经描述过一种假想的情况，闪电击中了一片沼泽地，一个惊人的巧合出现了，沼泽地中的化学物质通过合成创造出了一个人类的复制品。[1] 这个叫作"沼泽人"的人类复制品具有一个正常人所拥有的所有物理和化学状态。让我们假定他是我的一个物理复制品，但是沼泽人（或者沼泽我）并没有进化的历史，他只是一个离奇的意外。他的外表像我，走路像我，发出的声音也像我，但是他没有经过进化。

---

1 唐纳德·戴维森（Donald Davidson）："了解自己的心灵"（"Knowing one's own mind"），载卡萨姆（Q. Cassam）主编：《自我知识》（*Self-Knowledge*），牛津大学出版社（Oxford University Press）1994 年版。

机械的心灵

沼泽人会有心理状态吗？相信心理状态是完全由当下身体物理状态决定的物理主义者一定会说"有"。事实上，他们一定会说，在沼泽人被意外创造出来的那一刻，他几乎具有和我一样的心理状态——思维与意识状态——当然那些我们在不同的环境和时空位置中产生的心理状态除外。然而，心理表征的生物理论却否认沼泽人具有任何表征性心理状态，因为一种生物要是具有表征性心理状态，那么它一定是经过自然选择进化的产物。如果沼泽人是一个思考者，那么心理表征的生物理论就是错误的，因此生物理论必须否定沼泽人存在的可能性。但是他们怎样否认这种可能性呢？大卫·帕皮诺这样回答说：

> "这个理论旨在对表征内容的日常概念做出一种理论还原，而不是概念分析。并且如上所说，它可能会被期望去推翻某些我们在日常概念基础上建立起来的直觉判断。例如，想一下这个理论还原，把一种液体的日常概念还原为一种分子相互凝聚但没有形成长程序的物质状态。这显然不是一种日常概念的概念分析，因为日常概念不会预设任何关于分子结构的东西。因此，这种还原修正了一些源自日常概念的判断，例如玻璃不是液体的判断。"[1]

---

[1] 帕皮诺（Papineau）的《哲学的自然主义》(*Philosophical Naturalism*) 第93页。

在第 9 章，我们曾经对概念性定义与自然主义定义做了区分，而上面的引文清楚地表明，生物理论呈现出后者的特点。生物理论对沼泽人例子的反驳是，我们关于什么是可能的和什么是不可能的直觉判断误导了我们。如果帕皮诺的理论是正确的，那么我们在日常概念下的判断实际上是错误的。同样，液体的日常概念似乎把玻璃排除在液体之外——但是尽管如此，玻璃仍然是液体。

这个回答似乎否认了沼泽人是一个思考者，认为它不过是生物理论的副产品，一个违反直觉的不幸的副产品，我们必须接受这一点，因为这个理论在其他方面具有解释上的优越性。但实际上，情况比刚才的分析更加极端。因为对沼泽人具有思维的否定源自于对他的信念形成机制具有生物功能的否定——一个信念形成机制具有某种功能，是借由它导致某个结果产生的因果历史来理解的，而这些结果实际上促进了这个机制寄主生物的生存（这就是对生物功能概念的所谓"病原学"解读[1]）。因此，没有真实的进化历史，就没有功能。

当然，这种对生物功能的理解并不局限于心理方面。功能这个概念也应用于所有其他具有功能的生物器官。因此，如果沼泽人没有思维，那么他就没有大脑，因为大脑是依据它的诸多功能来定义的，并且根据病原学概念，沼泽人的大脑也没有功能。基于同样的推理，沼泽人也没有心脏。再者，由于血液

---

[1] 莱特（L. Wright）："功能"（"Functions"），《哲学评论》（*Philosophical Review*）1973 年第 82 期。

无疑是通过其功能来定义的,所以他也没有血液。他只是拥有一种看起来像心脏的东西,这个东西往一个看起来像身体的东西输送一种类似血液的东西,以此来维持一个看起来像大脑的东西的活动,引起某种"看起来像是"思维的东西的产生。实际上,为什么我把沼泽人称为"他"呢?根据这个观点,他根本就不是人,只是一个看起来像人的东西。

因此,如果心理表征的生物理论认为沼泽人没有思维,那么基于同样的理由,这个理论可能也会认为沼泽人不是有机体。此时,发挥作用的是这个理论正在使用的生物功能的概念。如果我们认为这个理论的结论难以置信的话,那么我们可以拒斥功能的概念,或者直接放弃这个理论。鉴于刚才所述的问题以及我将在第12章中列出的其他困难,我更偏向于放弃这个理论。但是对于机械心灵的信奉者而言,表征以有机体的某些生物现象为基础这个观点有许多合理之处。当然,机械心灵的信奉者坚持认为人类根本上就是生物实体。但是问题在于,生物解释究竟能够以什么样的方式帮助我们理解心理能力尤其是心理表征的本质呢?对于这个问题存在一种普遍的回答吗?一些受进化心理学影响的哲学家认为存在这样的回答。现在,我们需要考虑这个观点。

10.3 进化与心灵

理解心理表征生物理论的一种方式在于把它视为一个依据进化生物学的解释(通常称为进化心理学)来理解心理能力这

个宏大课题的一部分。进化心理学不只是这样一个（被所有了解科学的人们所接受）观点，即人类这种具有心理能力的生物是由早期的猿猴经过漫长而复杂的过程进化而来，这一进化的开端大约在700万年前。这是一个真理，就像科学中的任何事物一样坚实并且（在一些细节和时间上）无可争辩。进化心理学还有一个更加具体且有争议性的观点，即许多心理能力和机能可以解释为进化生物学家所理解的适应。适应是一种特点或者能力，它的本质是自然选择的结果。例如，某种鸟类具有褐色的羽毛可以用这样的一个事实解释，它们具有褐色羽毛的远祖能够更好地在丛林中伪装，从而躲过肉食动物的捕杀而不断繁衍，因此它们的羽毛得以遗传给后代……概而言之，这种鸟类的羽毛就是一种适应。

自然选择的单位或者"流通货币"是什么，进化生物学家在这个问题上存有争议。自然选择是在什么东西之间进行的呢？有些人认为它是从有机体中选择出最适合的生存下来。另一些人，例如理查德·道金斯认为这并没有进入问题的核心，他争论说选择的基本单位是基因，有机体是携带其基因的"载体"，并且通过复制把遗传物质传递给后代（这就是道金斯所谓的"自私的基因"假说）。要注意的是，相信有些或者许多人类的特性是适应并不等于相信选择的基本单位是基因。而相信适应并不等于就是一个适应主义者。适应主义有各种不同的定义，有些人认为所有的特点都是适应（我们将会看到，这是一种疯狂的观点）；而另一些人则认为适应即"最优"，一个评论者对这个观点的解释是，它是"一种能够准确地预测进化过程的模型，它删掉了所有的进化机制，只保留了自然选择"。[1]

适应的概念有两个特点值得说明。首先，某个事物是一种适应这个推理是一个通向最佳解释的推理。如果某个无可否定或显而易见的事实被提出来，那么鉴于我们假说的真实性，这就表明这个显而易见的事实是有道理的。鉴于没有更好的假说与之匹敌，这就给了我们理由相信这个假说。这就是通向最佳解释的推理的一般过程，这也是科学中使用的一种主要的且有价值的解释方法。

因此，无论其他的解释是什么，鸟类羽毛的适应性解释都比其他的解释更优越，这就给了我们相信鸟类羽毛就是一种适应这个观点的理由。其次，与前面的内容相关，这种解释是一种"逆向工程"的形式。从鸟的这种可观察性特征出发，生物学家推测出一种最初环境，在这个环境中，鸟的这种特征是一种适应，也就是说具有这个特征有助于该物种的生存。因此，要证明上述适应性解释，我们至少要做两件事情。首先，要证明适应性解释比其他解释更优越，无论其他的解释是什么；其次，要证明我们具有一些关于环境的独立知识，在这些环境中，某个特征的出现的确是有助于物种生存。

我们怎样才能把心理能力和特征解释为自然选择的产物

---

[1] 保罗·格里菲思（Paul Griffiths）："适应与适应主义"（"Adaptation and adaptationism"），载威尔森和科尔（R. Wilson and F. Keil）主编：《MIT 认知科学百科全书》(The MIT Encyclopedia of Cognitive Science)，麻省理工学院出版社（MIT Press）1999 年版，第 3 页。

呢？首先，我们必须明确我们要解释的东西是什么。如果我们关注的是个体的行为模式，那么我们根本就找不出任何合理的适应的例子，而只会发现一些充斥在周末日报上的伪科学。一个有钱的老男人邀请一位妙龄女郎在餐馆共进豪华晚餐，他之所以这么做是因为他想要繁衍他的基因，而他被这个女人吸引是因为年轻是繁殖力的良好象征，如此解释这个男人的行为是非常荒谬的；而同样荒谬的是，把这个女人接受邀请的行为解释为她想要繁衍她的基因，而她被这个男人吸引是因为他的财富很好地预示着他能够抚养她的后代。这种事情的荒谬性部分在于请人在餐馆吃饭的意向不是一种适应，这不只是因为餐馆是发明于十八世纪的巴黎而不是更新世时期[1]。[2] 在餐馆请人吃饭是一种复杂的社会活动，它对许多社会机构和活动产生影响（金钱、社会和阶级结构、烹饪法、葡萄栽培等）。把这样的例子拿来与雄性孔雀五颜六色的尾羽相比较，这种做法就是直接拒绝承认这些现象之间存在真实而巨大的差异。不承认这些差异，对于餐馆发生的事情，我们就永远无法摆脱最肤浅的还原性理解。

此外，我在前面指出，适应性的论证必须在根本上以最佳解释的推论为基础（"逆向工程"论证是最佳解释推论的一个特

---

[1] 更新世是地质年代名称，是指从2588000年前到11700年前地质时代第四纪的早期。——译者

[2] 关于餐馆的历史，参见瑞贝卡·斯潘（Rebecca Spang）的精彩著作《餐馆的发明》(*The Invention of the Restaurant*)[哈佛大学出版社（Harvard University Press）2000年版]。

例）。如果没有其他的解释，或许从适应主义的角度对这个男人的行为进行解释还有点道理。然而，但凡涉及对人类行为的解释，都不会出现这种情况。从常识心理学的角度来看，我们并不会认为我前面描述的这种情况多么地神秘莫测。我们可以想象出许多常识心理学的解释，这些解释比任何一个关于这对男女想要繁衍基因的假说都更有道理。除非我们增加一些进一步的假设——例如，取消式唯物主义——否则用基因来解释这个行为就会是诸多解释中最糟糕的一个。不论怎样，它都不可能成为最佳解释。

可以理解有人可能会回应说，人们在这种情形中的确不存在想要繁衍基因的有意识的信念和欲望。但是尽管如此，我们还是可以认为有一些深层的无意识机制使他们做这样的事情，而这些机制就是适应。然而我们有什么理由去相信这种解释，即便是这个修正版本的解释呢？原因不可能在于所有的特性都是适应，所以我们几乎没有理由相信这件事情。在某些情况下，为了某个目的进化而来的特征开始用于其他目的（这有时被称作"延伸适应"）。一个典型的例子就是鸟的羽毛，羽毛最开始被认为是为了保暖而进化出来的，后来才开始用于飞行。此外，还有一些情形，我们没有理由去假定某个特征的产生实际上完全是自然选择的结果。举一个有争议的例子，包括乔姆斯基在内的一些思想家争辩说这是一个关于语言的例子。他们认为我们没有理由相信人类的语言是自然选择的产物。因为我们不知道语言是不是真的促进了我们祖先的生存，所以我们没有权利认为语言是一种适应。当然，我们能够想出一些语言可能帮助生存的情形，但是没有有效的论证可以让我们从"在Y情况下，X可能帮助了生存"得出"X就是一种适应"的结论。因为某事物给了一个有机体某种生存优势，所以它有发生的可能性，但是这绝不是表明它真的发生了。

我们也不应该认为（并且理性的人都不会这么做）我们做的每件事情都是由我们的基因决定的。具有相同基因材料的有机体能够在不同的环境中以极为不同的方式发展。有机体的发展与行为由许多因素决定，包括它们内在的基因排列、总体的环境条件以及像洪水和冰河期这样的反常事件与环境灾害。进化，即生命形式的历时发展，并不仅仅以自然选择为基础。

在一个著名的讨论中，史蒂芬·古德与理查·列万廷把适应主义对特征的解释与为什么某些工艺品会具有自身形式的虚假解释进行类比。[1] 看到威尼斯圣马可大教堂门廊圆拱上美轮美奂的马赛克画，有些人可能会认为圆拱之间的空间（称为拱肩）就是为了放置马赛克画而设计的。但事实并非如此，拱肩不过是圆拱修建时产生的附带品，是有灵感的艺术家利用这个空间创造了美丽的事物，拱肩并不是为制作马赛克画而修建的。主张说它们就是为了制作马赛克画而建就犯了错误，这个错误同认为适应无处不在的错误类似。一个有机体的特性可能要经过

---

1 古德和列万廷（S. J. Gould and R. Lewontin）："圣马可的拱肩和过分乐观的范式：对适应主义方案的批评"（"The spandrels of San Marco and the Panglossian paradigm: A critique of the adaptationist programme"），《伦敦皇家科学院院刊》(*Proceedings of the Royal Society of London*) 1979 年第 205 期，第 581—598 页。

许多历史过程才能产生,在宣布自然选择是其中的一个过程之前,我们需要可靠的经验证据。在缺乏此类证据的情况下,我们不能去编造一些适应环境的故事,说在这些环境中某个特性有助于生存。

因此,我们似乎没有任何理由认为有机体的每一种特性都是适应。或许这本来就无可争议,前面所提到的极端适应主义实际上只是一个假想敌。保罗·布鲁姆把当前进化生物学家的观点归纳如下:

> "现代生物学家曾经详细阐述了达尔文的深刻见解:尽管自然选择是所有进化机制中最重要的一个,但并不是唯一的一个。动物拥有的许多特性都不是适应,它们要么作为适应的附带品出现,要么全然经过非选择过程产生,例如随机遗传漂变。自然选择只有在解释达尔文所谓的'完美至极且复杂无比的器官'时才是必须的,如心脏、手、眼睛……尽管人们对选择理论的适用范围还存有争议,但是至少在这一点上达成了共识,甚至那些对选择性解释的使用最为小心谨慎的人也赞同这一点。"[1]

假定这是一个对当前知识状态大体正确的解释,那么结论就是我们需要积极的理由去相信任何心理特征都是适应。富翁与年

---

[1] 保罗·布鲁姆(Paul Bloom):"语言的进化"("Evolution of language"),载《MIT 认知科学百科全书》(*The MIT Encyclopedia of Cognitive Science*),第292页。

轻女子的例子很可能是对某种适应主义解释的夸大描述。但是什么样的例子是更加合理的呢？

仔细研究上面引用的达尔文的话，也许我们也应该在心灵中寻找"完美至极且复杂无比的器官"，或者我们至少应该寻找某种可以独立区分的心理器官。然后，我们才能去追问"逆向工程"的问题，在什么样的环境中，这样的器官才能帮助拥有它的生物生存下来？于是，心理学家就要去寻找前面提到的有机体在这种环境中居住的证据，寻找有机体按照上述方式发展的证据。

这种心理器官的最佳选择可能是那些相对孤立的、有复原力的器官，它们或许是心灵内部的天赋机制，致力于专门的信息处理工作。视觉系统是最典型的例子。要证明视觉系统是一种适应——一个甚至连最挑剔的反适应主义者都会认同的观点——我们就必须详细地说明视觉系统负责哪些任务，以及它是在哪种环境中执行任务，帮助有机体生存。

我们可以从这个讨论中得到的结论是，围绕在进化心理学周围的问题与进化理论自身有争议性的问题——如适应主义解释的范围是什么和这种解释相当于什么——纠缠在一起。我们可以得出的第二个结论是，当被解释的事物是具体的心理机制，或者我刚才称为心理"器官"的时候，进化心理学却是最具有解释力的。这些专门的机制一般术语称之为"模块"，并且心灵包含这样的机制的论题被称为"心灵的模块性"论题。现在，我们应该具体讨论一下这一论题。

10.4 心灵的模块性

134　　第 8 章中关于思维语言假说的论证依赖于思维语义属性的系统化本质，某些现象，如安东尼和克里奥佩特拉的例子，就揭露了这个普遍事实。福多的论证是，思维路径具有一种理性结构，其因果关系取决于这种理性结构，因此这就意味着存在这一个包含了语义和句法属性的内部表征媒介。

然而，在心灵的许多领域，尽管有从充分的理由去假定心理表征的存在，但是似乎并没有任何完全理性的过程发生。对此，心灵表征理论的支持者会如何解释呢？以视觉感知为例，如我们所见，研究视觉的心理学家倾向于将视觉系统视为处理表征——从反射到视网膜上的光线的表征，到对感知者周围客观场景表征的最终建构。但是从某种意义上说，视觉感知并不是一种像思维那样的理性过程，而这一观点就消除了为视觉感知提出思维语言的直接动机。这一观点是介绍这个提议的一种方式，而这个提议也源自福多的主张，即心灵是模块。

我们都很熟悉视觉幻象这种现象，幻象中的事物在视觉上似乎与实际情况不同。请看图 11 所描述的马赫带（Mach bands）（以发现了这种幻象的伟大的物理学家恩斯特·马赫的名字命名）。第一眼看到这些条纹，你的第一反应是每一个条纹都不是均匀的灰色，而靠近颜色较深的条纹的那一边亮度就会稍微高一些。它看起来就是如此，但是仔细观察你会发现，实际上每一个条纹都是一样的灰色。用两张纸把某一个条纹分离出来，这就很清楚了。因此，现在你知道并且相信每一个条纹都是均匀的灰色。尽管你知道这个情况，但是它们看起来好像仍然不是如此。就我们当前的目的来说，我们感兴趣的并不是你的视觉系统被这种幻象欺骗，而是即使你知道它是一个幻象，它却依然存在。

图 11　马赫带

这些条纹实际上都具有同样亮度的灰色，但是靠近较深颜色的条纹边缘看起来更亮一些。

　　这清楚地表明，感知与判断或者相信并不是一回事。因为如果感知仅仅是相信的一种形式，那么你当下的心理状态将会处于相信条纹的颜色是均匀的和相信条纹的颜色不是均匀的冲突中。这是一个明显的矛盾信念的例子，你同时而且有意识地相信某件事物是这样的又不是这样的。理智的人无法忍受他们的信念中存在如此明显的矛盾。我们无法得知从 P 且非 P 的信念中可以合理地得出什么样的结论，而且也无法得知如何基于这样的信念做出反应。因此，一个理性的人会试图消除他信念中存在的明显矛盾，否则他就是非理性的。在一个人倾向于同时相信一件事情和这件事情对立面的情况下，他就要下定决心到底应该相信什么。作为一个理性的思考者，他有义务去消除思维中的矛盾。

但是马赫带幻象的例子中不存在消除矛盾的问题。无论你如何努力尝试都无法阻止这些条纹的颜色看起来是明暗不均的。如果像某些人说的那样，感知仅仅只是信念的一种形式，那么这将会是一个不合理性的事例。但是感知显然不是信念的一种形式，一旦获知实情，人们就很容易知道可以从信念与感知的结合中得出什么结论，并且知道该做何反应。人的理性并没有完全被这种虚幻的经验削弱，因此感知不是信念。这些现象显示出一幅怎样的心灵全景呢？杰里·福多认为这些现象为以下观点提供了证据：视觉系统是一种相对孤立的"心理模块"，是一种信息处理系统，它在某些重要方面独立于负责信念和推理的"中心系统"。福多还认为其他的"输入系统"，例如处理语言输入的系统，也是模块的。心灵具有这种中心系统加模块的总体结构，这个观点被称为心理模块论。模块论曾经在心理学和认知科学中具有很大的影响。尽管心灵在多大程度上具有模块性存有争议，但是依然有许多心理学家相信这一理论的某些内容。在这里，我将简要地对这一理论的本质和范围进行说明。

模块到底是什么？根据福多对这一概念最初的介绍，模块是心灵在功能方面的定义，它最重要的特征被福多称为信息封装性（这里"功能方面的定义"的含义是依据它做了什么，而

10 机械心灵及其生物基础

不是由什么构成来定义,功能是指功能主义中的功能,而非生物功能中的功能)。如果一个认知机制在运行其个性操作时无法系统地获取思维者心灵中的全部信息,那么这个认知机制就是信息封装的。一个信息封装的计算机制可以输出结论 P,即使主体心灵中的某个地方存在非 P 的知识,而且非 P 的知识不能改变计算机制的输出。用芝农·派利夏恩的话说[1],机制的输出不是"认知可穿透的",它不能被认知系统的其他区域所穿透,尤其是信念和知识。

如果应用到具体的例子上,这一点就很容易理解了。无论你多么努力地尝试,你也不可能在马赫带中看到明暗均匀的灰色条纹,即使你知道它们是均匀的。你具有的关于它们实际上是什么样子的知识并不能穿透你视觉系统的输出。福多对此的解释是,视觉系统(以及其他"输入系统")是信息封装的,这就是模块的本质。当然,像马赫带这样的幻象需要从视觉系统的具体工作机制方面进行详细的解释。福多的观点是这种解释必须在感知的模块性观点的语境下进行,而不是依据将感知视为一种认知或者信念的观点。

福多将诸如视觉系统之类的模块与"中心系统"或者"中心心灵"进行对比。中心心灵中既包含了标准的命题态度,也存在着参与论证和推理、解决智力和实际问题的状态。一旦涉

---

[1] 芝农·派利夏恩(Zenon Pylyshyn):"计算与认知:认知科学基础的问题"("Computation and cognition: Isssues in the foundations of cognitive science"),《行为与脑科学》(*Behavioral and Brain Sciences*)1980 年第 3 期,第 111—132 页。

及信念,信念系统的结构便容许人们在推理中使用他们的信念和知识存储器中任何部分的信息。当然人是非理性的,他们具有盲点,并且他们自欺欺人。但是需要指出的是,这些缺陷只是个人习性,并不构成信念系统本身。视觉处理和其他模块的情况与此不同。

信息封装性的结果是各种其他的属性会"聚集"在一个模块的周围。模块具有领域特异性,它们使用的信息只来自有限的认知领域,即它们不能像思维那样可以表征关于这个世界的任何命题。例如,视觉系统只能表征视觉可感知的环境属性。模块还有强制性的倾向,人们情不自禁地以某种方式看待事物,判断一个句子合不合语法,等等。这些是天赋的而不是习得的,是我们与生俱来的。它们极有可能是硬件连接的,也就是说它们在大脑的某个特定部位得到实现,一旦被损坏,就无法由大脑其他区域的活动替代。而且它们非常迅速,比中心心灵中的程序快得多。这些特征全都是信息封装性的结果:"封装性换取的是速度,而且它以智能为代价换取速度。"[1] 正如福多将模块与中心心灵比较那样,他也喜欢把它与条件反射相比。有一种条件反射,例如眨眼反射,它的速度很快,而且不受制于人们可能相信或知道的东西——这件事情意义非凡,因为眨眼反射的功能在于保护眼睛。你不会想到要停下来去思考那只黄蜂是不是真的要飞进你的眼睛,你的眼睛绕过了思维。模块不

---

1 杰里·福多(Jerry A. Fodor):《心灵的模块性》(The Modularity of Mind),麻省理工学院出版社(MIT Press)1983年版,第80页。

是条件反射，因为它们包含具有表征内容的状态，但是这个对比可以帮助我们厘清为什么上述所有的（或者一些，或者大部分）属性都倾向于与福多所言的模块相关联。

自从福多在1983年提出这个观点以来，心理学家与哲学家关于模块性范围的争论一度十分活跃。到底存在着多少模块？福多一开始非常谨慎。他认为每一个感知系统都具有模块性，并且存在一个处理语言的模块。然而，其他人的想法更加大胆。例如，一些人认为他心理论的内隐知识是一个天赋模块，这个观点所依据的假设是，这个天赋模块可能被破坏——从而损害人际交往——而其他大部分综合智力却仍保持完整无损（这有时被认为是自闭症的根源，自闭的孩子常常具有很高的综合智力，但是缺乏"心智理论"[1]）。还有一些人甚至走得更远，他们认为心灵具有"大规模的模块性"，每一种认知任务都或多或少地存在着独特的封装性机制。可能存在一个辨认鸟类的模块，存在一个关于烹饪的模块，甚至存在一个关于哲学的模块，等等。

如果大规模的模块性是真的，那么在中心心灵与模块之间就不存在任何区别了。这是因为不存在中心心灵这样的事物，也不存在一种没有领域特异性、不可封装的认知机制。从常识心理学的观点来看，我们的心智能力比它们看起来的样子更加碎片化。假设我有一个用来思考食物的模块（我并不是说有人

---

[1] 西蒙·巴伦-科恩（Simon Baron-Cohen）：《心灵盲孤独症和心灵理论》（*Mindblindness: An Essay on Autism and Theory of Mind*），麻省理工学院出版社（MIT Press）1995年版。

曾经提出过这样的模块,但我们可以把它作为一个例子来阐释这个观点),那么我对晚餐做什么的推理真的只会受限于这个食物模块可利用的信息吗?这个模块也必须对我是否想晚些时候出去,我是否想减肥,我是否想给我的朋友留下深刻印象,让他们高兴等这样的信息敏感,难道这样的假设没有意义吗?或许这些可能被认为是属于相同模块的一条条信息,但现在我们该如何将一个模块与另一个模块区分开呢?

此外,正如福多曾经指出的那样,这个观点还会受困于一个非常一般的问题。如果不存在具有普遍目的、非领域特异性的认知机制,那么对任何给定的输入,心灵该如何决定哪个模块应该去处理哪个输入呢?把输入分派给模块的决策程序自身不可能是模块性的,因为它必须从许多不同的模块处理信息中进行选择。似乎这个大规模模块性论题最终会走向自我毁灭。

无论如何,现在我们应该明白模块性的基本观点如何以及为什么与进化心理学紧密相关了。当我们辨认出一个对之了解充分的心灵模块时,我们就能追问它的功能和进化史,以期查明它是否是一种适应,就像我们研究其他器官的过程那样(当然,其中一个困难是找到认知能力曾经存在的切实证据,正如福多所言:"认知太过细微,它没有留下任何古生物学的记录。"[1])。因此,进化心理学家曾经倾向于采纳第 4 章讨论的大规模模块性论题,即认知的所有方面都可以被细分为模块的论

---

[1] 杰里·福多(Jerry A. Fodor):《临界条件》(*In Critical Condition*),麻省理工学院出版社(MIT Press)1988 年版,第 166 页。

题，这就不足为怪了。而且同样不会令人感到奇怪的是，福多这样的进化心理学的批评者们，同时也是大规模模块性观点的反对者。对于行为背后的认知机制，例如人类的"交配"行为，是不存在适应主义解释的，这只是因为我们不可能把这些认知行为从所有其他相互关联的行为中剥离出来，它们在这些相互关联的行为中是有意义的。

10.5　结语：有机体的地位

我们在本章中讨论了某些关于有机体的事实是如何可以融入心灵的机械图景中。有机体在这个世界中发出行动，它们的行动可能是成功的，也可能是不成功的，这一事实也许会帮助我们把握信念的表征内容，但无法解释欲望的表征内容。有机体的复制品显然具有存在的可能性，从生物功能的角度解释欲望的表征内容的尝试面临着来自这种可能性的挑战，尽管我们还不清楚这个挑战有多么巨大。这将我们引向了对进化心理学的思考，而且我们得出结论认为，心灵可以融入因果世界，尽管许多或大部分心理能力尚需一种进化论的解释。但是进化论的最佳解释是，这些心理能力是模块性的，因此我们又讨论了心灵的模块性这一论题。

在讨论了心灵机制可能嵌入到有机体生命的某些方式之后，现在我们应该思考有机体自身是如何嵌入到它们的生长环境之中的。这将是下一章的主题。

11 心灵的延展

11.1 作为关系的意向性

139　　前两章考察了思维机制可能获取内容的各种途径，以及我们如何可能为符号奠基问题提供解决方案。然而，我们的探讨提出了一个关于意向性或心理表征的根本问题：究竟在何种程度上一个思想者的思维取决于它与这个思想者所处环境中的事物之间的关系？环境的实际本质对于思想者思维的本质至关重要吗？比如，因果论认为，赋予心理表征以内容的是它产生的方式。生物论则认为，表征是通过它们经自然选择而形成的方式获得内容的。那么，这两种理论都认为意向性建立在它与环境中事物的真实关系之上。

但是，意向性的核心问题之一是，如果我们有可能去思考那些不存在的事物，那么意向性又如何可能成为一种与环境之间的关系呢？一方面，正如我们在第 3.3 节中所见，我们似乎

11 心灵的延展

可以心理表征上帝、灵魂、独角兽之类的神秘野兽，以及夏洛克·福尔摩斯之类的虚构人物，尽管它们都不存在。但是另一方面，正如我们刚刚指出的，占主导地位的心理表征还原论是通过表征与表征对象之间的关系来解释表征的。如果 A 和 B 之间关系的存在要求 A 和 B 都存在——这看似非常合理——那么就会产生一个问题。

我们可以通过以下三种主张之间的矛盾来更加准确清晰地阐述这个问题：（1）思维是思想者与其所思考的事物之间的关系；（2）关系蕴含了被关系者（relata）的存在；（3）思维可以是关于不存在的事物的思维。

这三个主张不能同时为真，然而，他们各自似乎都是合理的。（1）是合理的，因为正如我们看到的，任何给定类型思维都有两个变化的维度：思想者及其思想的事物（参见第 3.3 节，思维的"对象"）。同一个思想者可以思考许多事物，同一个对象也可以是许多思维的对象。这也是关系的一种特征：如果 X 比 Y 长，那么 X 还可能比许多其他的东西长，而且 Y 也可能比许多其他的东西短。

（2）也是合理的，它独立于任何与心灵相关的事物。如果 X 比 Y 高，或者 X 导致 Y，那么 X 和 Y 必须都存在。就这一点而言，关系有如事物的其他属性：如果 X 具有重量为 10 克的属性，那么它肯定必须存在。一个东西怎么可能重量为 10 克却不存在呢？至于（3），它似乎是关于思维最显而易见的事实，而且它也是自柏拉图以来的哲学困惑的根源。

碰巧的是，这三个主张都受到了哲学家的挑战。挑战主张（1）的哲学家认为，即使这个世界与它的实际情况迥然不同——比如，你并不知道你看到的东西是一个疯狂科学家刺激你的大脑之后的产物——我们依然可以拥有同样的思维。挑战主张（2）的哲学家认为，关系并不是理所当然地"蕴含了存在"——霍比特人比精灵个子小，这当然有可能是真的，即使这两种生物都不存在。挑战主张（3）的哲学家认为，当一个人在思考独角兽时，他的确是在思考成为一匹马的属性，以及拥有角的属性等——而且，这些属性是存在的。

因此，哲学问题一贯如此，即使最显而易见的假设也不应被视为是理所当然的。那么，我们应该拒绝接受（1）（2）或（3）中的哪一个主张呢？本章将不会继续详尽地考察这个问题，尽管我认为应该拒绝主张 A（本章的延伸阅读部分将会就如何继续跟进这一辩论给出建议）。我希望在本节中考虑的是，讨论解决这个问题的一个明显的折中方案，然后接着探讨这个折中方案所产生的一些后果。

这个明显的折中方案是将（1）和（3）修改为:（1）*有些思维是思想者与其所思考的事物之间的关系,（3）*有些思维可以是关于不存在的事物的思维

新主张（1）*和新主张（3）*与（2）是一致的。但请注意,（1）*会产生一个有趣的后果，它意味着"缸中之脑"这个思想实验（见第4.2节）不可能直接实现。在缸中之脑（BIV）的故事中，即使你的大脑被放入盛满营养液的大缸里，利用一台计算机或一个疯狂的科学家（或两者兼而有之）给你的输入，你还是可以获得你所拥有的全部思维，尽管你的大缸之外与电

11 心灵的延展

脑之外的那个世界与它表面看起来的样子截然不同。但在这个例子中，你所有的思维都不是那些似乎与之相关的事物之间的关系。如果在你看来，你正在思考下一个假期去巴哈马度假这件事，那么如果巴哈马不存在的话，这个思维就不可能是一种与巴哈马之间的关系。反过来讲，如果你关于巴哈马的思维包含了一种与巴哈马之间的关系，那么缸中之脑就不可能拥有这个思维，或者不可能拥有包含了与我们思考的普通事物之间关系的其他思维。因此，如果（1）*为真，那么我的缸中之脑就不可能获得我所能拥有的全部思维。

这是否反驳了以缸中之脑为基础的这种怀疑论？似乎是这样的。因为如果你成为一个怀疑论者的理由——或者你说你并不知道自己知道多少理由——在于你所有的思维都可以被一个缸中之脑拥有，那么如果并非你所有的思维都可以被一个缸中之脑拥有的话，那么你支持怀疑论的理由就不复存在了。这似乎是一个仅从对思维本身的反省中得出的一个令人惊奇的结论。

怀疑论者可能会这样回应，这一切表明，你并不是真正地在思考所有涉及与这个世界上普通事物之间关系的思维，你不过是看起来这么做罢了。如果我们接受（1）*，那么我们应该说，你只是看起来在思考下个假期去巴拿马度假这件事，但你并不是真正地在思考它，因为你可能只是一个缸中之脑。更确切地讲，你在思考别的事情，但不知道它究竟是什么。从这个观点来看，缸中之脑表明，我们除了不了解关于这个世界的事物之外，我们有时甚至也不知道自己在想什么。

我们也许并不知道自己拥有什么思维,或者说我们是否拥有思维,这个观点与我们通常认为的心灵的基本特征背道而驰:我们拥有一条通向自身思维的特殊通道,它与我们了解他人的思维或我们心灵之外世界的路径截然不同。有时,这个通道被称为"优先通道"(privileged access)或"第一人称权威"(first person authority)(因为"我"在一个句子中所占据的语法位置称为"第一人称")。这个观点并不是说,我们关于自身心灵的知识总是绝对正确的,每个人都能以一种别人无法获得的方式来了解他自己在想什么。你可以知道我在想什么,但是你必须通过对我的行为进行观察才能获知这些,而我并不需要去观察自己的行为就能知道我自己在想什么。

某些思维是关系这一观点似乎挑战了这个优先通道。因为我并不具备获知巴哈马是否存在的优先通道,所以如果我关于巴哈马的思维在本质上是一种关于巴哈马的关系的话,那么对于自己是否产生了这个思维,我也没有优先通道。

然而,认为(1)[*]为真的理由是什么?认为某些思维都是关系的理由又是什么?本书前面章节探讨的理论给出了一些理由,但这些理论本身是有争议的,我们还不确定是否应该接受它们。然而,还有一些颇具影响的论证,例如被称为"外在论"的学说,它们与这些理论无关,其目的是表明某些思维是关系的。我们将在下一节讨论这些论证。

11　心灵的延展

11.2　关于内容的外在论

关于心理内容的外在论认为，我们思维的内容在本质上取决于我们自身之外的事物；而内在论认为，我们思维的内容在本质上并非取决于我们自身之外的事物。外在论并不是说，我们思维的对象（例如，我们思考的事物）存在于我们的大脑和身体之外。每个人都会认同这个观点——这一点毫无争议。相应地，内在论也不认为我们思维的对象存在于我们的内部（例如，在我们的大脑和身体的内部）。内在论者和外在论者都同意我们思考的事物是外在于我们的，然而，至于这些外在的事物对我们的思维是否必不可少，在这一点上他们存有分歧。

理解外在论者和内在论者之间争论的一种路径是，询问是否存在任何思维，其思维对象是不存在的。在一个袋鼠不存在的世界里，你可以思考袋鼠吗？如果你认为可以，那么你就是有关袋鼠思维的内在论者；如果你认为不可以，就说明你是一个外在论者。请注意，你可能是某些特定思维的外在论者，而不是其他思维的外在论者；就像你可能是某类思维的内在论者，而不是其他思维的内在论者一样。

外在论得到了许多论证的支持，但是其中最为核心的论证是由希拉里·普特南（Hilary Putnam）在1970年代提出的，它被称为孪生地球论证。这个论证以一个思想实验为基础。假设在这个宇宙的某处存在一个与这个地球完全相同的星球（称为"孪生地球"），只是在这个星球上被称为"水"的东西不是

H_2O，而是一种复杂的化学成分，我们可以缩写为XYZ。根据这个假设，XYZ与H_2O全然不同，但它们在表面上却完全一样。再假设我们每个人在这个孪生地球上都有一个"孪生兄弟"（我们每个人身体的复制品），而且假设我的孪生兄弟和我都在思考一种我们称之为"水"的事物。这个思想实验实在很牵强，但是我们得面对现实，它并不比本书中讨论的其他许多思想实验更加荒诞。

然后，这个论证是：我的孪生兄弟的思维对象是XYZ，我的思维对象是H_2O，XYZ≠H_2O。

内容决定对象：如果两个思维具有相同的内容，那么它们就有相同的对象；（1）因此，如果两个思维具有不同的对象，那么它们具有不同的内容；（2）因此，我的孪生兄弟的思维与我的思维具有不同的内容；（3）思维由其内容确定；（4）因此，我的孪生兄弟和我拥有不同的思维。

这个结论之所以会引起争议，主要原因在于我和我的孪生兄弟在物理上是完全一样的（我们必须忽视这个论证中的一个惹人讨厌的瑕疵，那就是我们的身体主要由水构成。因此，我们应该会很容易理解为什么它与这个论证没有直接的关系）。事实上，如果我的孪生兄弟和我在物理上是完全一样的，只是我们的思维不同，那么思维就不会仅仅由我们的内部构造所决定或所确定。也就是说，外在环境在构成我们的思维方面同样起到了至关重要的作用。

显然，这个结论的得出并不取决于银河系中的某个地方是否真的存在着一个孪生地球。当然不是这样。关键在于，如果

11　心灵的延展

这个论证的原则是正确的，那么这就与思想者无关了，就其自身而言，这些原则只是证明了他们在思考的是这件事情而不是那件事情——因为无论我们诉诸思想者的哪一种内在特征，我们都可以在想象中的孪生地球情境中复制出这个特征。这就说明内在特征不足以决定他们去思考这件事情而不是那件事情。这个外在论的论证，就像内容的因果论和生物论一样，需要证明某种意向性，或某种对世界的心理表征，在本质上取决于事物如何存在于心灵之外的世界。

但是，这个孪生地球论证有说服力吗？让我们来逐步看一下。前两个步骤，前提（1）和（2），只是这个故事的一部分。有时，哲学家说，前提（2），即对 XYZ 和 H_2O 同一性的否定，是基于"直觉"的，因此它会被那些不具备这种直觉的人否认。这是一种混淆。前提（2）是一个规定，尽管我和我的双胞胎所思考的事物在表面上看起来是一样的，但它们被规定为不同的东西。想要否定这一点的人必须要否认可能存在两种表面上看起来一样但在某些基本方面不同的物质。然而，捍卫这种立场将非常困难。

[请注意，前提（2）是否为真与 H_2O 和 XYZ 是否都是水，或者都可以冠以"水"的名称，抑或所有的水都必须具有相同的微观结构或相同的本质，这是两个不同的问题。这些是关于水的性质或本质的问题，对于其他自然的物质或种类，我们也可以提出类似的问题。孪生地球论证并不取决于任何对自然的物质或种类有争议的观点。它仅取决于刚刚提出的观点：可能存在一些表面上看起来完全一样的东西，但它们却是不同种类

的东西。]

关键的是前提（3），从（3）推出了（4）。这是一个关于我们思考的（内容）和我们思考的（对象）之间关系的主张。它认为，我们思考的内容决定了我们思考的对象：如果两个人思考的内容相同，那么他们思考的对象也是一样的。那些熟悉基本语言哲学的人都知道伟大的逻辑学家戈特洛布·弗雷格（Gottlob Frege）提出过一个类似的原则：一个词语的"含义"（sense）决定了它的"指称"（reference），即这个词语在世界中所指涉的事物。

这个原则在许多方面都十分合理。因为思考的全部意义在于建立思维与现实之间的联系——或者更确切地说，这就是思维的意义。所以这个原则似乎体现了一个关于思考的事实：我们思考某个事物，然后它确定了我们思考的对象。这会有什么问题呢？

麻烦在于，我们自然而然地认为人们思考的内容是一样的，即使他们思考的对象是不同的。有一个范例就是索引思维，即那些使用"我""这里""现在"等索引词来表达思想。如果我在伦敦说"这里很热"，而你在纽约说"这里很热"，我们说了同样的话，表达了相同的想法，这里似乎有一个很明确的含义。但是，我们思考的对象却是不同的地方。因此，我们思考的内容并不一定总能决定我们思考的对象。

对此我们可能如此回应，在这个例子中存在一种含义，我们思考的内容在这个意义上是相同的；还有一种含义，我们思考的内容在这个意义上是不同的。有一种内容——让我们称之

11　心灵的延展

为"广义内容"——是不同的,因为这种内容涉及或决定了我们思考的对象(纽约或者伦敦),但是另一种内容——"窄内容"——是相同的(或许这有点像"我那里很热")。

这可能是对的,但是请注意,如果存在任何一个意义,在这个索引范例中我们思维的内容在此意义上是相同的,那么前提(3)为假,且孪生地球论证失败。这就是为什么那些用孪生地球论证为外在论辩护的人必须拒绝窄内容——即在这种孪生地球的情境中所共享的内容——的原因。因此,内在论者会说,在任何一个孪生地球的例子中,总是存在一种窄内容,而且这是一个与心理相关的内容。那么,我关于水的思维的窄内容就是我与我的孪生兄弟所共享的内容——关于水的思维本身并不能将 H_2O 或 XYZ 确定为我们思维的对象。

在此必须强调的是,内在论者认为,我们(通常)实际上的确是成功地以 H_2O 或 XYZ 为我们的思考对象。内在论者的观点并不是说我们"真正地"在自己的心灵中或心理表征中思考这些观点。而只是说,仅靠我们思维的内容是无法确定这一点的,决定我们思考对象的是我们思维的窄内容以及我们所处的环境或语境。至少在这个方面,窄内容就类似于索引思想的内容,即"这里很热"的内容加上我的环境或语境就确定了我思考的对象是伦敦而不是纽约。内在论者或许会如此回答(也许你可以说,这是我所支持的观点)。

11.3 关于载体的外在论:"延展心灵"

刚才讨论的外在论观点是关于思维内容的,即内容如何由它与环境的关系所决定。这个观点与思想者内部的思维机制(我在第 8 章中称其为"载体")一致。因此,关于内容的外在论与机械心灵的基本观点是相符的:思维是一种因果机制,会对行为产生影响。换言之,思维的所有内部齿轮都在思想者的大脑之中,并且在地球和孪生地球上,甚至在我与我的缸中之脑之间也是如此。因此,即使在这些情况下,不同思想者的思维具有不同的内容,他们思想的载体仍可能在他们的大脑之中。

有一个不同版本的外在论甚至拒绝了这个观点。这就是由安迪·克拉克和大卫·查默斯引入哲学的"延展心灵"的假设。克拉克和查默斯认为,不仅内容,而且思想的载体也延伸到了思想者的大脑和身体之外。就像这两位哲学家所做的那样,我们最好通过一个思想实验来介绍这个观点。

设想有两个人,英伽(Inga)和奥拖(Otto),他们想参观纽约市的现代艺术博物馆(MOMA)。英伽知道现代艺术博物馆位于第 53 街,基于这一知识,他以惯常的方式踏上了行程。但是,奥托患有病理性记忆丧失,因此他将所有重要的信息都记录在随身携带的笔记本中。为了到达现代艺术博物馆,奥拖必须查询他的笔记本。查询之后,他开始了自己的行程。

克拉克和查默斯辩称,如果英伽在回忆起博物馆的地址之

11　心灵的延展

前已经具有了关于博物馆位置的真实信念的话,那么奥拖也是如此。这是因为对于所有相关目的来说,奥拖 + 笔记本在功能上与英伽对等——无论信息以何种形式呈现,他们都能利用这个信息到达博物馆。然而,奥托的信息载体有一部分是处于他的大脑和身体之外。因此,奥托的心灵延展至他的身体之外。在这个方面,由于我们对智能手机、平板电脑和当代生活的所有数字设备的依赖,我们像奥托一样,我们的心灵也延展至身体之外。

当你第一次听到这个故事时,很难不对它产生怀疑。确实,我们会很自然地回应,这些东西不是我心灵的一部分,因为我只是用它们来帮助我记住事情,或者帮助我从 A 走向 B。如果你这样说,那为什么不说拐杖、摩托车或汽车是我身体的一部分呢?然而,这种回应正好提出了一个核心问题:某种事物成为某人心灵的一部分,这意味着什么?

克拉克和查默斯就回答这个问题给出了他们自己的原则:

> "如果在我们处理某项任务时,世界的一部分是一个过程,假如这一过程在大脑中完成,我们就会毫不犹豫地将其视为认知过程的一部分,那么世界的那一部分就是认知过程的一部分。"[1]

---

[1] "延展心灵"("The extended mind"),《分析》(*Analysis*)1998 年第 58 期,第 29 页。

这个原则后来被称为"等同原则"（parity principle），因为它认为当我们考虑某种机制是否属于认知过程的一部分时，如果他们做了相同的事情，我们就应该"同等"对待在头部之内和头部之外的事物。归根结底，为什么有些事情是否真正地存在于头部之内会那么重要？假设可以去除某人大脑的一部分（例如，专门用于视觉的部分），并将其保存在一个小盒子中，他们可以将之随身携带，并通过无线电波连接到大脑的其余部分。假设所有无线电连接均完好无损，那么他们大脑的这一部分与大脑的其余部分和身体在空间上的分离是否会阻止它发挥视觉系统的作用？为什么会是这样？大卫·查默斯否认"皮肤和颅骨有任何成为思维界限的特权"[1]，这个观点是难以令人拒绝的。

大脑或身体内部或外部的某种机制似乎并未引发关于心灵本质的重要原理问题。想象一下，奥托笔记本上的内容是通过某种人工神经结构植入到他的大脑中的——这种情况与思想实验中的情况在本质上是相同的。马克·斯普里瓦（Mark Sprevak）令人信服地指出，延展心灵论题的基本思想源于思维的功能主义观点（见8.1节）。斯普里瓦认为，如果你接受功能主义，那么你就应该接受延展心灵。因为根据功能主义，心理状态的本质就是它所做之事，即它在心理状态的因果关系网络中发挥的作用。如果头部之外的心理状态与头部之内的心理状态

---

[1] 大卫·查默斯（David Chalmers）为安迪·克拉克（Andy Clark）的专著《放大心灵》（*Supersizing the Mind*）所写的序言，牛津大学出版社（Oxford University Press）2008年版，第 xi 页。

11 心灵的延展

起着相同的因果作用，那么按照功能主义的标准，它们应该算作是相同的心理状态。

有人可能会回应说，奥托的例子与视觉系统有所不同，因为尚不清楚他的笔记本"在做的事情"是否与英伽的信念相同，因此这个与外部视觉系统的类比具有误导性。一方面，奥托用笔记本做事情，而英伽却没有（或不能）按照她的信念做事：奥拖必须先决定查询，然后把笔记本从口袋里拿出来再查看。而英伽并不会去"看"她自己的信念。奥托＋笔记本电脑的状态似乎与英伽的内部状态具有不同的因果作用。

另一方面，我们很难指望将一些心理状态算作"相同"就会要求它们的功能角色在每个细小的功能或因果细节上都完全一致。因为我是个健忘的人，所以我会用助记手段提醒自己现代艺术博物馆在哪里，即使我以此方法激活了这个信念，当然还有一些东西也可以算作我的"现代艺术博物馆位于第53街"这个信念。如果我作为一个真实的相信者可以使用助记设备激活这一信念，那么奥托使用他的笔记本又有什么问题呢？

某事物能够为实现一种心理状态——被算作是"做同样的事情"的心理状态——发挥"正确"的因果作用，这里就显现出了识别这种正确因果作用的重要性。我们需要什么样的模式、布局以及与其他状态的关联才能将一个心理状态算作一个信念呢？是什么使一个心理状态与另一个心理状态成为"相同的"信念呢？一方面，这些心理状态要在整体轮廓上具有足够的相似性；但是，另一方面，它们又不必在各个方面都完全一样（否则我们将永远无法说两个人可以拥有同样的信念）。这个问题——按照功能主义的观点就是心理状态的"个体化"的问题——就以一种戏剧化的形式由延展心灵假设提了出来。

但是,正如它与功能主义的密切关系所表明的那样,延展心灵假说并没有真正威胁到机械心灵或心灵表征理论的本质。机械心灵是这样一种观点,它认为思维是一种因果机制,会对行为产生影响。延展心灵假设并未触及这个观点。同样地,心灵的表征理论与延展心灵相一致。毕竟,奥托的笔记本上包含了表征,而将这些表征当作输入并对其进行处理的机制很可能本身就是计算性的,因此它们自身也具有表征性。

尽管如此,关于内容的外在论和关于载体的外在论(延展心灵)确实被认为是将心灵的界限推扩至传统所认为的界限之外的途径。由于起源于勒内·笛卡尔的思想,传统的思维方式通常被称为"笛卡尔式"的思维。正如我们在第1章中看到的那样,笛卡尔以他的这个观点而著称,他认为心灵和物质是不同的事物或实体,物质世界是一种实体,而我们的心灵或灵魂则是非物质的精神实体。

笛卡尔主义因当代心灵哲学的种种弊病而广受责难。安东尼·肯尼曾经写道:"笛卡尔的遗产是对人类心灵的正确哲学理解的唯一的巨大障碍。"[1] 笛卡尔因将心灵视为内部的、与世隔绝的、私人的以及与身体分离的等等而饱受诟病——吉尔伯特·赖尔(Gilbert Ryle)令人难忘的"机器中的幽灵"(ghost

---

[1] 安东尼·肯尼(Anthony Kenny):《心灵的形而上学》(*The Metaphysics of Mind*),牛津大学出版社(Oxford University Press)1989年版,第vii页。

in the machine）形象而夸张地演绎了这幅画面。对于某些哲学家而言，这些错误比笛卡尔的实体二元论所产生的错误更加久远、更加危险。这些哲学家认为，笛卡尔主义观点的糟糕之处不是它的二元论，而是它的内在论。

也许是这样，但也许并非如此。一方面，我们尚未找到支持外在论的令人信服的论证。关于内容的外在论依赖于一些有争议的理论假设，而关于载体（延展心灵）的外在论最多是无害的主张，即认为大脑/身体与世界上的其他东西之间的界限在某种程度上是任意的。

在此，有些人会持不同意见，他们坚持认为这是攻击笛卡尔主义的错误方法。对笛卡尔范式更彻底的攻击包括坚持人类身体的重要性及其局限性。这种被称为"生成认知"或"具身认知"的理论观点通常与内容外在论和延展心灵归为一类。但是正如我们即将看到的，它们确实差异巨大。

11.4 具身认知与生成认知

值得提出的是，笛卡尔本人在我们的世界经验中强调了身体的重要性：

> "没有什么会比自然更加清楚且明确地教给我：我拥有一个身体。当我感到疼痛时，我的身体就会不适；当我感到饥饿和口渴的时候，我的身体就需要吃饭喝水；等等。自然还通过这些疼痛、饥饿或口渴的感觉使我懂得，我并

不是像宇宙飞船上的飞行员那样寄居在自己的身体里。除此之外，自然还使我懂得我与之密不可分，它与我的身体如此紧密地混合在一起，就这样，我与它形成了一个整体。"[1]

笛卡尔在这里强调的是，拥有对身体的感觉对我们的心理生活有多么重要。但是笛卡尔也认可，即使我们对这个世界的认识产生了极大的错误。例如，在我们被"邪恶的魔鬼"欺骗的情境下，我们的思维依然可以保持不变。邪恶的恶魔甚至会蛊惑我们相信我们拥有一个身体，而实际上我们并没有。当代版本的邪恶的魔鬼就是缸中之脑。缸中之脑没有身体，但是在缸中之脑看来，它似乎有一个身体。这是否足以生成那些需要真正拥有身体才会产生的思维？当然，成为一个缸中之脑，而且没有身体，这是一件可怕的事情（为什么这会是件可怕的事情？这是个很好的问题，但是现在让我们先搁置这个问题）。内在论者笛卡尔的观点并不是说我们有无身体这件事情并不重要，他只是说，我们有无身体与我们能思考什么并无本质的差异。

那么，拥有身体有什么特别之处呢？我们认为，身体的特别之处不仅仅在于身体中有输入－输出机制，即使最极端的笛卡尔式内在论者都会认同心灵需要这种机制。事实上，甚至我们的具身特性——或者我们感到的具身特性——都是思维的重要生成因素。笛卡尔自己还曾对身体展开过重要的生理研究。

---

[1] 笛卡尔（Descartes）:《第一哲学沉思集》(*Meditations on First Philosophy*)，第六沉思（Meditation 6），约翰·科廷汉（John Cottingham）译，剑桥大学出版社（Cambridge University Press）1996年版，首次出版于1641年。

11　心灵的延展

但是，这完全相容于身体并非是形而上学必不可少的观点。

激进的非笛卡尔的替代观点是，身体的实际活动不仅仅为思维提供了生成机制——准确地讲，这种活动就是思考。仅仅认为我们的思考是具身的还远远不够，因为这个观点试图区分两件事情（思考和拥有身体），然后再认定这两者在本质上是关联的。相反，根据思维"生成"论，首先这里不是有两件事情，而是只有一件事情。思考是身体活动的一部分：思考就是行动或动作。

同样，有些例子可以帮助你体会这个观点。考虑一下我们大多数人每天都要做的事情：在计算机上打字。无论我们实际上是否学过打字，现在我们大多数打字的人都十分擅长这件事情。假设你是其中之一，请闭上眼睛并回答以下问题：英语键盘上的"f"在哪里？如果你像我一样，实际上你不可能不看一下就一口答出这个问题。然而，我是知道这个键在哪里的，你也可能知道。如果你能回答这个问题，那么找出这个键的一种方法就是，想象一下你在键盘上打出"off"这样的单词，或者闭上眼睛真的打出这个单词。如果你像我这么做，你就总是会准确地找到这个字母的位置。你所做的不仅仅是一种反射，它是一种智能活动。但是，在你实际动手敲出单词之前，你却无法说出这个字母在键盘上的位置。知道这个字母在哪里，然后思考它，这是一个激活的认知事件。

或者想一想这个来自克拉克和查默斯的例子。在拼字游戏中选择一张牌可以看作是"一个涉及棋盘上字母块重新排列的延展认知过程的结果"。排列棋盘上的字母块似乎就是这个过程的一部分。因此，他们并没有将字母块的选择视为表征棋盘上字母块位置的纯粹内在认知过程的结果，而是认为"从非常真实的意义上而言，棋盘上字母块的重新排列不是行动的一部分，而是思维的一部分"[1]。

生成认知的捍卫者说，这种认知远比传统认知科学和哲学所认识的内容要多。传统的认知哲学将认知呈现为仅在输入系统（或感知）和输出系统（或动作）之间发生的事物。认知就是"三明治"中间的馅料，位于代表输入和输出的面包与黄油之间。这种认知图景基本上就是我在第 8 章和第 9 章中描述过的那种，并且我已经解释了它是如何从第 4 章描述的因果关系理论中自然地产生的。然而，这是认知生成论试图去推翻的一幅图景。

生成论的拥护者喜欢提醒人们注意感知和行动之间的紧密关系。他们的观点是，如果你围着一个对象转动，或者以其他方式与之交互，那么你关于这个对象可能外观的隐性感觉就会影响到你对它实际外观的感觉。的确，生成论的主要支持者阿瓦·诺伊认为，正是这种密切的依存关系（"感觉运动依赖"或"感觉运动耦合"）构成了感知本身：

"生成论否认，我们在知觉中表征空间属性是通过将它们与各种感官关联起来。无论触觉、视觉还是其他感官，都不存在对圆度或距离的感觉。我们在知觉中体验到某事

---

[1] "延展心灵"（"The Extended Mind"），第 11 页。

11　心灵的延展

物为立方体，我们之所以能这样，是因为我们认识到它的外观会随着运动而变化（或会变化），并且它会表现出特定的感觉运动特征。"[1]

因此，并不存在一种介于感觉输入和行为输出之间的心理状态（在这里，诺伊称之为"感觉"），而是事物随着主体的运动（感觉运动依赖）而改变的系统模式自身构成了我们的心理生活。正如安迪·克拉克所言，"强感官运动模型毫不夸张地描述了意识的感知体验，认为它存在于感知者对（她'运用的'）那些将感觉输入与运动、变化和行动关联起来的规则或规律的隐性知识的积极调用过程中"[2]。

感知和行动之间关系紧密，这个观点实际上已经在心理学和神经科学领域流行了一段时间。心理学先驱吉布森（Gibson）在 1950 年代指出，视觉感知的结果不是某种静态的类似图片的世界模型，而是他称之为"可供性"（affordances）的东西，感知将事物呈现为"可供的"（affording）行动。事物被视为可移动的、可延展的、可扭曲的、可食用的或者可饮用的等，这个观点并不是说感知系统将物体描述为具有某种特性，然后认知系统就推断出该物体是可延展的、可食用的等。相反，是感知本身揭示了对象的可供性。

---

[1] 阿瓦·诺伊（Alva Noë）：《行动与感知》（Action and Perception），哈佛大学出版社（Harvard University Press）2004 年版，第 101—102 页。

[2] 安迪·克拉克（Andy Clark）：《放大心灵》（Supersizing the Mind），第 112 页。

吉布森的著作随着心灵的计算理论和表征理论的发展而失去了一些知名度（尽管说他的作品一直缺乏影响力是不对的）。但是，感知在某种意义上是直接"提供"行动，而不是仅仅被动地表征行动，这个观点以其他的方式蓬勃发展起来。大卫·米尔纳和梅尔文·古德尔在1990年代初提出，人类和灵长类具有两个视觉系统：一个视觉系统处理有关物体识别的信息，另一个处理有关物体位置的信息。[1]这两种系统之间的区别得到了心理学实验和神经科学研究的支持。在一项著名的实验中，一位名为DF的被试患有严重的视觉失认证，她无法识别日常物体的大小、形状和方向。例如，她很难描述自己面前的插槽的大小、形状和方向，但是当她被要求将卡片或手插入插槽时，她的表现和正常的被试一样好。对大脑中处理视觉信息的双流的发现支持了这一行为结果：腹侧流（the ventral stream）处理与对象的属性有关的信息，背侧流（the dorsal stream）会使视觉引导的动作发生。

两个视觉系统的发现无疑是最近认知科学最重要的成果之一。但这并不需要心灵的生成论（就此而言，吉布森的观点也不需要）。这两个视觉系统完全符合三明治模型——来自视觉皮层的信息进入到两个流中，然后就产生了识别和动作。这并没有违背三明治模型，它只是对中间的馅料给出了新的解释。

那么还有什么其他理由可以让我们接受生成论吗？下面这

---

[1] 大卫·米尔纳（David Milner）和梅尔文·古德尔（Melvyn Goodale）："感知和行动的独立视觉通道"（"Separate visual pathways for perception and action"），《神经科学趋势》（*Trends in Neuroscience*）1992年第15期。

11 心灵的延展

些是经常用来支撑这一理论的观点。首先,认知是"情境中的",从某种意义上讲,我们经常在行动和接收感知发出的输入时进行思考——我们在时间的压力下"毫无准备"地思考。这意味着,我们会随着信息的输入以及在回应环境的压力时不断地修改手头任务的概念。生成论者认为,在压力下进行思考通常意味着没有时间创建详尽的环境表征模型。

一个相关的事实是,我们经常将认知工作"卸载"到我们的身体和环境中。想想打字的例子。经验丰富的打字员知道字母的位置,并且因为他们知道字母的位置,所以这一定是他们思想或认知的一部分。但是,这个知识无需在任何可以意识到的地方表示出来。相反,它可以看作是嵌入在身体知识及其与键盘的基本连接之中。这个知识已经被卸载到与有机体、有机体的身体以及键盘相关的认知系统上(这里与奥托的情况相似)。

据说现在出现的这个认知图景也从机器人技术中获得了一些支持。在制造可以在环境中执行简单任务的机器人这个问题上,传统的 AI 面临着"框架问题"(见 7.3 节)。这个问题就是,机器人应当如何明确地表征足够多的环境知识以便实际地解决问题,而这个环境知识又不能多到无法计算的程度?早期,传统的 AI 一直在为这个问题苦苦挣扎。罗德尼·布鲁克斯(Rodney Brooks)提出了一种激进的方案:布鲁克斯并没有试图将机器人制造成一个拥有大量表征的"行走的百科全书",相反,他制造出的机器人在计算上相对简单,但融合了直接从输入(或"感知")到行动的简单反馈机制。

布鲁克斯用一句令人难忘的话说,机器人自身并不包含控制其行为的复杂而详细的世界模型,对于它们而言,"这个世界就是其自身的最佳模型"。某些生成认知的捍卫者(如安迪·克拉克)就受到了世界就是其自身最佳模型这一想法的启发。然而,问题又出现了,那就是制造出一个能够与我们做类似事情的人造物与制造人造物这件事告诉了我们哪些做事方式的知识,这两者之间有何关系(见7.3节)?

在我看来,至少存在三个与心灵生成观相关的全然不同却非常重要的观点,将它们区分开来将会非常有用。第一个观点是,观念和行动密切相关,比如当你环游世界的时候,你的感知经验就会以系统的方式发生变化。第二个观点是,认知必须在时间压力下发生,在这种情境下,你似乎没有时间去建立详细的世界模型。第三个观点是,思考通常涉及实践技能或专有技术(请参见打字的例子),而我们经常将思考的负担卸载到外部对象上。

关于所有这些观点,还有很多内容要讲。我们应该十分清楚,无论是单独来看,还是综合来看,它们都倾向于削弱这一看法,即认为所有的认知都产生于某个抽象的领域,它既独立于感知输入和行为输出,又不依赖外部环境中的对象,并且没有时间或计算资源的限制。弗朗西斯科·瓦雷拉、埃文·汤普森和埃莉诺·罗施在他们的著作《具身心灵》(*The Embodied Mind*)中宣称,"认知取决于具有不同感觉运动能力的身体产生的各种经验,其次,这些个体的感觉运动能力本身嵌入在一

11 心灵的延展

个涵盖性更大的生物、心理和文化环境中"[1]。这句话令我印象深刻——而且我希望它也让你感到惊叹——因为事实的确如此。但同样清楚的是,无论是这个观点还是刚才提到的那三个观点,它们都与心灵表征理论背后的基本思想不冲突,因而也与机械心灵背后的基本思想不冲突。

要理解这一点,请回到功能主义的思想,它是心灵机械论的核心。功能主义认为,心理状态位于输入、输出和其他心理状态之间因果关系的交集上。但也可以说,心理状态就是那个复杂的交集——感觉运动特征。如上一节所述,功能主义还可以包括与环境中事物的系统性交互作用,它可以包括身体内产生的状态或事件,它没有限制感知和行动之间的反馈循环需要多长时间,也没有说任何与在时间压力下快速处理信息不一致的内容。三明治理论似乎是很可靠的。

然而,生成论与功能主义的矛盾之处似乎在于它对身体的主张。请记住,功能主义传统上强调心理的可变性或多重实现性,相同的心理功能可以通过不同种类的物理材料来实现(见 8.1 节)。但一些生成论者拒绝这一点,他们坚持认为认知只需要我们拥有这种类型的身体,或者与身体足够相似的东西。如果真是这样,那么按照传统上的解释,生成论与功能主义之间将会有一条明显的界限。

是否如此——我们所拥有身体的种类在形而上学上是否为

---

[1] 弗朗西斯科·瓦雷拉(Francisco varela)、埃文·汤普森(Evan Thompson)和埃莉诺·罗施(Eleanor Rosch):《具身心灵》,麻省理工学院出版社(MIT Press)1991 年版,第 173—174 页。

认知所必需的——这是我将留给读者进一步研究的问题。但是，我将通过得出本次讨论的结论来结束本章。我在前文中指出，延展心灵和生成论作为对标准心灵表征论激进的替代方案，有时它们是结合在一起的，因为有时心灵表征论被视为内在主义或"笛卡尔主义"。从表面上看，延展心灵和生成论是紧密相关的观点。例如，它们都强调对象在环境中的认知作用，并且似乎都强烈反对缸中之脑这类幻象的连贯性。

但是仔细观察，我们会发现两种观点是截然不同的。卡塔林·法尔卡斯指出，尽管延展心灵和生成论（或具身认知）似乎都反对心灵是"内在的"这一观点，

"实际上，这两种观点的动机是完全不同的。延展心灵假设……是功能主义观点的结果，功能主义认为只有功能的作用才是重要的，而物理实现者的本质则无足轻重。显然，奥托的笔记本可以由计算机、录音机或任何能够保存奥托笔记本中存储的抽象表征的设备取代。这与具身论的精神格格不入，后者体现了认知对我们身体特定形状以及我们与世界互动时感觉刺激的偶然变化的依赖。这两种观点并非互不相容，但可以说，它们限制了彼此的范围"。[1]

法尔卡斯认为，具身论或生成论越趋向于延展心灵，就越

---

1 卡塔林·法尔卡斯（Katalin Farkas）："心灵的界限"（"The boundaries of the mind"），载艾米·金德（Amy Kind）主编：《20世纪心灵哲学》（*Philosophy of Mind in the 20th Century*），卢德里奇出版社（Routledge），即将出版。

能与传统的功能主义相融,但是,它越强调我们身体的实际种类的必要性,就越与延展心灵相悖。

11.5 结语:心灵的延展

在本章中,我们已经考察了多种观点,这些观点可以替代所谓心灵的"笛卡尔"观。如果内容外在论是正确的,那么它将削弱笛卡尔的思想,即认为我们所有的思想都可以被缸中之脑所拥有。延展心灵似乎是对功能主义的发展。生成或具身心灵试图使事物远离功能主义和笛卡尔主义,但似乎支持它的许多理由也是功能主义者可以接受的。这些观点或它们背后的思想在多大程度上能成为传统观点的激进替代品,这件事可能已经被夸大了。

那么,关于心灵内容的解释,这些观点必须要做出什么样的说明呢?如果延展心灵确实只是功能主义的发展,而功能主义需要解释心理内容,那么延展心灵就必须解释心理内容(只是说表征延伸至头脑之外并没有解释它们是如何获得内容的)。生成论是否需要解释心理内容,这取决于在何种程度上它将"心理内容"视为其重要的理论类别之一。读者会发现,不同的生成论者在这个问题上采取了不同的方式。

另一方面,我们在第9章和第10章讨论的因果理论和还原理论似乎存在严重的缺陷。功能主义本身可能并不是本质上的还原性观点。也许是时候更加认真地考虑一种解决心理内容问题的非还原性的方法了。这将是下一章的主题。

12　心理表征的非还原性构想

12.1　反对还原论与定义

153　　我们在上一章介绍了一些对表征明显的替代方案和几个理论的死角（让我们面对现实吧！），在这个偏离主题的讨论之后，现在让我们回到通过给出还原性定义来解释心理现象的可能性上来。正如我们看到的，通过还原来解释表征概念的哲学尝试受到了失误问题的困扰。但是，即使这种还原的方法可以解决失误问题，我们先前搁置的一个问题却依然存在：除了那些水、食物、肉食动物等极为简单的概念之外，我们将如何解释概念的表征力呢？表征的还原理论倾向于认为这主要是细节问题。他们的方法是，让我们先把简单的概念搞清楚，然后再进入复杂的概念。然而，即使他们真的把简单概念搞清楚了，我们具体应该怎样进入复杂概念呢？我们应该怎样从因果关系或者从生物学的角度来解释一个（例如）巴洛克建筑这样的概念呢？

非对称依存理论也面临着同样的问题。或许福多会说，巴洛克建筑的心理表征非对称地依存于一座座巴洛克建筑——例如，一座巴洛克建筑会引起巴洛克建筑的心理表征的产生，然而，即便一座文艺复兴时期的建筑也会引起同样的心理表征，但如果那座巴洛克建筑没有引起这个表征的话，那这个文艺复兴时期的建筑就不会引起这个表征。然而，这是非常不可思议的。首先，许多人接触到巴洛克建筑的时候并没有形成任何巴洛克式的表征；其次，有些人将会在书本上看到巴洛克建筑的概念而无需与巴洛克建筑产生任何具有因果关系的接触。那么，一个还原论者应该对此做何回应呢？

表征的还原理论旨在提供一种不使用表征来填充以下公式的方法，

（R）X 表征 Y，当且仅当＿＿＿＿。

现在，我要提出的问题是，如果一种还原理论要成为一个所有心理内容的理论，那它要么必须告诉我们如何直接为所有的概念和内容在"＿＿＿＿"上填写合理的信息，要么必须给我们提供一个从它能够直接处理的概念（"简单"概念）开始，再到那些它不能直接处理的概念（"复杂"概念）的系统的方法。我曾经说过，无论是福多的理论还是生物学的理论，它们都不能采取第一种直接路径。因此，这些理论必须给我们提供某种怎样从"简单"概念到"复杂"概念的方法。

（然而，成功理论可以毫不费力地直接处理所有的内容。因为它可以直接说，一个信念具有内容 P，只要当 P 为真时——

P 可以是与任何事物相关的情况——由那个信念引起的行动和一个愿望 D 可以成功地满足 D。但是，如我们所见，成功理论不可能对表征提供一种真正的还原，除非它能够还原愿望的内容。因此，以目前的情况来看，成功理论是不完善的，这就是为什么我提供了生物理论以使之完善）。

这一思路会让我们对这种通过用（R）这样的定义对心理表征进行还原来解释心理表征的整体思想产生真正的担忧。因为毕竟给某事物下定义（无论是否以自然主义的方式）并不是解释这一事物的唯一方式。例如，如果我要向你解释巴洛克建筑，我也许会带你去看某些巴洛克风格的建筑物，指出它们的显著特征——断裂的山形墙、旋涡装饰、线条和色彩的过度使用——并且拿它们与早期和后来的建筑风格做对比，直到你逐渐理解这一概念。我不会对你说"一座建筑是巴洛克风格的，当且仅当＿＿＿＿＿＿＿"，空格处填入的内容不能提及巴洛克这个概念。因为在这种情况下，理解这个概念并不是理解它的定义。在这里用维特根斯坦的话"光明逐渐照亮全体"就能说明这个问题。[1]

这并不是说一个还原性定义不可能成为一种解释，而是说它不是唯一的解释。在第 9 章和第 10 章，我主要介绍了这样一些解释表征的哲学尝试，即它们通过给出定义来还原表征以对

---

[1] 维特根斯坦（Wittgenstein）：《论确定性》（On Certainty），布莱克韦尔出版社（Blackwell）1979 年版，第 141 节。这句话的意思是，我们开始相信某件事情时，我们相信的并不是一个单独的命题，而是由一个个命题组成的整个系统。——译者

其进行解释。但是，我认为现在应该看一下解释非还原性心理表征的方法。

我在第6章介绍过这个观点，计算的概念取决于表征的概念。因此，像福多这样的还原论者认为，解释的方向从表征过渡到了计算。只能被描述为计算功能的系统（如太阳系）与真正具有计算功能的系统（如加法器）的区别在于，后者包含并处理表征——没有表征就不能进行计算。那么，我们的目标就是对表征进行解释，如果我们要去证明认知的计算理论与自然主义假设是一致的，那么我们就必须要有一种表征的还原理论。

但是，这里的最后一步可能会被否定。有两个原因：第一，它可能基于这个非常普遍的理由而被否定，即自然主义假设本身并不需要还原；第二，它可能基于这个更为具体的理由而被否定，即认知的计算理论不必为了使用表征概念而要求对表征进行还原性解释。我将在这一节的剩余部分讨论第一个原因，然后在本章的下一节讨论第二个原因。

当然，"自然主义"和"还原"意味着很多事情。对于某些哲学家来说，自然主义与物理主义相同，他们声称一切都是物理的，或者一切都随附于物理之上，或者一切都是由物理决定的（见第1章）。对于其他人来说，这意味着一切都是自然的，或者世界上没有"超自然"的东西。如果存在非物理的自然事物的话，那么从这个意义上讲，自然主义就不同于物理主义。然而，为超自然的事物划定范围，这可能比想象中要困难得多。如果我们以非超自然为依据来描述自然的特征时，那么我们最好先认真地了解一下，当我们在否定超自然时，我们否定的东西究竟是什么。"不要装神弄鬼！"这对于顽固的哲学家来说或许是一个很好的战斗口号，但它很难构成合理的形而上学的基础。

在本书中，粗略而言，我将自然世界概括为具有因果关系的事物的时空世界，即所谓"因果序列"的世界。基于这种理解，自然主义就是这样一种观点，即认为自然界之外没有任何东西可以被这样构想。这就提出了该如何解释数字和其他抽象对象的问题。因为如果它们是真实的，那么它们就不可能成为因果序列的一部分。我默默地跳过了这个难题。但是，我应该指出，我不认为具有因果关系的事物是世界上唯一存在的事物，因为事物的某些属性可能不具备因果关系，但是即使存在这样的属性，它们也必须是在某种程度上具有因果关系的对象的属性。因此，例如，也许美的属性并没有因果关系，而引发因果关系的只是人们关于美的信念。只要美本身具有因果关系事物（如物质对象）的属性，这就不会阻碍自然主义者相信美的存在。

同样，还原也意味着很多事情。但是，我们可以区分这个词语意图表达的两个观点，我将它们称为"本体论还原"（ontological reduction）和"解释性还原"（explanatory reduction）。本体论还原是指一类实体被识别为另一类实体的子类。因此，例如，将心理事件还原为身体事件的提议认为，所有心理事件都是物理事件（尽管反过来并不成立）。这是一种心理事件和物理事件的同一论，（显然）这并不是因为两个类别是等同的，而是因为每个单独的心理事件都与物理事件类别中的一个事件等同。本体论还原与实体相关。

相反，解释性还原与理论相关。顾名思义，解释性还原是一种解释形式。在这个意义上，说理论 A 还原为理论 B 就是说理论 B 解释了为什么理论 A 为真。在科学哲学的一个经典例子中，人们经常宣称温度理论和热力学理论可以用运动中的物质理论和力学理论来解释。如果这是真的，那么重点就不是去确定热力学和统计力学的理论——显然不是，因为这些理论是截然不同的——而是要用第二种理论来解释第一种理论。

哲学家之所以喜欢本体论还原是因为它能够清晰而简洁地辨别实体，而且二十世纪的哲学一直被一种希望减少实体数量或种类数量的形而上学的观点所主导［这有时被称为"本体论的简约化"(ontological parsimony)］。然而，我的疑虑是，解释性还原是否真的是科学史上的重要思想。理论的还原归根结底是一种理论对另一种理论的解释。

一些哲学家是"原则上"的反还原主义者，他们认为还原的尝试将科学的思维方式推到了极致。如果我对解释性还原是什么的看法是正确的，那么这种态度可能会涉及一个错误。如果还原确实是一种解释形式，那么它就是我们知识的一个进步——如果我们确实做到了解释性还原，那么这就是我们知识的一个进步。因此，那些对知识感兴趣的人就不应该在原则上拒绝它。当然，也许某些现象不容易受到这种可能会为解释性还原开辟可能性的理论的影响。如果可以确立这一点，那么这将是一种更严肃的在原则上拒绝还原主义的方法。

但是，如果你确实有一种解释现象的可行理论，但无法得到一种对它的解释性还原，那该怎么办？如果你用另一种方式来解释自己理论的成功或真理性的所有尝试都无济于事，那该怎么办？在常识心理学方面，我们处于这个境地吗？正如我们在第5章所看到的，一些"取消论的"物理主义者将还原的无效性视作所讨论现象不存在的原因。但是，如果我们不是取消论的物理主义者，那我们该怎么说呢？

一个问题是，就我而言，自然主义是否需要解释性还原。自然主义说，世界上的一切事物在某些方面都是因果序列的一部分。如果不存在某种关于因果序列的支配性物理主义原则（例如，即将在第13章讨论的"物理世界的因果封闭性"），那么就没有明显的理由认为自然主义需要解释性还原。因果关系本身不一定只发生在现象的基础或"最低"层面上。我在第4章为之辩护的因果关系的观点绝不意味着只有基本的物理事物才是原因。

最后，值得指出的是，即使自然主义确实需要解释性还原，它也不一定非要通过第9章和第10章讨论的必要条件和充分条件来提供定义。如果还原是我们追求的目标，那么就还有其他一些观点必须要讨论。但鉴于上述原因，我们不能仅仅因为无法给出解释性还原就去拒绝一种自然现象，这是我质疑一个心理表征理论必须要求解释性还原的首要理由。

12.2 计算与表征的非还原性构想

拒绝还原主义要求的第二个原因是认知的计算理论并不需要它。或者至少，不需要表征的还原性定义。为了解释这一点，我首先介绍一种进入心理表征理论的完全不同的方法。正如我们在本书中一直假设的那样，这种理论所要解释的是有机体在其环境中的行为。鉴于它具有目的性以及试图满足有机体的欲望和目的（如寻找食物），这种行为可以被合理地视为具有表征性。这个理论认为，对这种行为是如何产生的最好解释就是视之为计算过程的产物——也就是认为它在计算一种"认知函数"，这个函数的参数和值是一些相互之间具有某种认知关系的表征。由于计算（就其本质而言）是根据表征定义的，因此有机体的某种内部状态及其输入和输出也应当被视作表征。这些状态是计算过程中所涉及的状态，因此它们必须具有一种规范，而这个规范不能依据它们所表征的事物给出，而只能用一种纯形式的或"句法"的术语表述。把一个状态视为一个表征就是要详细地说明从这个状态本身——用纯形式的术语描述的——到其抽象的表征内容之间的映射。这种映射被称为"解释函数"，这种映射图像被罗伯特·卡明斯称为"伦敦塔桥"（图12）[1]。

---

[1] 罗伯特·卡明斯（Robert Cummins）：《意义与心理表征》（*Meaning and Mental Representation*），第8章。

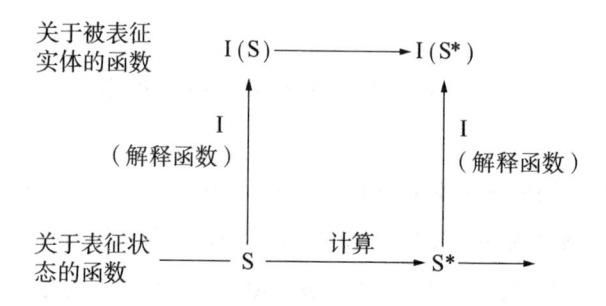

```
关于被表征        I(S) ————————→ I(S*)
实体的函数          ↑                ↑
                   I                I
               （解释函数）       （解释函数）
                   |                |
关于表征状 ————————S ——— 计算 ——— S* ————
态的函数
```

图12　卡明斯的计算过程"伦敦塔桥"

图形的上部区间表示一种函数，它的自变量和值是被表征的实体。图形的下部区间表示的是另一种函数，它的自变量和值是机制的状态、S 和 S*。解释函数 I 将这个机制的状态映射到被表征的实体上。"I（S）"可以读作"在解释函数 I 中由状态 S 表征的实体"。例如，我们把被表征的实体视为数字，把这个机制视为一个加法机。上面箭头部分的函数是加法函数。函数 I 将加法机的状态（按键、显示等）映射到数字上。加法函数的计算就是加法机状态之间的因果转换，加法机在加法运算的过程中反映了数字之间的"转换"。

根据这个计算和表征的概念，我们似乎不需要找到这样的有机体状态，即我们能够根据独立的理由——也就是与我们归属给有机体的计算属性无关的理由——来判断它们为表征的这些有机体状态。我们要做的就是将某个系统视作执行计算，这里的计算是指在形式上得到详细说明的内在状态之间规范性的转换。然后，我们再来定义一种将内在状态"映射"到内容上的解释函数。这种方法与福多主张的没有表征就没有计算的观点一致，但这并不意味着我们需要对表征的定义给出一个还原性的解释。在这个理论中，表征只是另一个概念，它不需要外在的哲学辩护和还原。这就是我把这种方法称为"非还原"的原因。

一个类比可以帮助说明，按照这种理解计算理论的方法，表征是如何成为计算理论的重要部分的。例如，当我们测量重量时，我们会根据特定的度量单位，使用数字来表示物体的重量。我们使用数字 2.2 表示一包标准包装的食糖的重量（单位为磅）。通过将重量"映射"到数字上来表示重量，我们可以看到，对数字的算术运算是具体重量之间物理关系的"镜像"。因此，例如，如果我们知道一包食糖重 2.2 磅，那么我们只需要了解基本的算术就可以知道两包这样的食糖的重量为 4.4 磅，依此类推。

类似地，当我们"测量"一个人的思维时，我们用句子来表示这些思维——他们的信念、欲望等。我们用句子"那个在蒙特卡洛赌博赌得倾家荡产的男人悲惨地死去了"来表示某人的信念，即在蒙特卡洛赌博赌得倾家荡产的那个男人悲惨地死去了。通过把这个信念"映射"到一个句子上，我们看到句子之间的逻辑关系是特定信念之间的心理关系的"镜像"。因此，如果我们知道弗拉基米尔相信那个在蒙特卡洛赌博赌得倾家荡产的男人悲惨地死去了，我们只需要具备基本的逻辑知识就可以知道弗拉基米尔相信某人在悲惨中死去了，等等。

或者会出现这样的情况，这个类比会引出许多复杂的问题（例如，请记住我们在第 8 章讨论的问题，即逻辑能否真正地描述人类的思维过程）。但是，此处使用这个类比只是为了说明实在的状态如何可能映射到数字或者句子这样明显的"抽象"实

158

体上，以及这些抽象实体的行为怎样反映状态之间某种有趣的关系。这一类比也说明了这个理论是如何允许自己具有非还原性的。比如，我们可以把一个物体的关系"还原"为表示该物体重量的数字，我们这么做是没有问题的；与此类似，我们也可以把人的关系还原为表达他们思维内容的句子，这也是没有问题的。

重量的例子有两个特点值得我们注意。第一，除了运用数字以外，一定还有一种独立的方法来描述物体的重量。想一下老式的厨房秤，只需简单地将一个物体的重量与其他物体的重量相比较就可以测出它的重量，不需要使用数字。

第二，我们必须承认，计量物体重量的数字并不是唯一的。用哪个数字来计量重量与所选择的测量单位有关。我们那袋食糖的重量是 2.2 磅，但它也可以是 1 千克。原则上，用于计量那袋食糖重量的数字是没有限制的，所以我们不能说只有"那个"数字表示它的重量。

这些特点可以平移到心理表征的例子上吗？那些接受认知的计算理论的人认为，毫无异议，第一个特点是可以平移的。因为他们会同意，参与计算的心理状态确实具有一种形式化的说明，而这种说明并不是通过那些表达心理状态内容的句子给出的。

第二个特点有些麻烦。因为，比如在信念的例子中，我们坚定地相信有一个唯一确定的句子来表达信念的内容。一个信念的内容也就是使之成为这个信念的东西，所以一个信念的内容对这个信念而言当然是必不可少的。如果雪是白的这个信念有不同的内容（比如，草是绿的），毫无疑问这将会是一个不同的信念。但是，如果数字的类比是有效的话，那么一定有许多不同的句子可以表达同一个信念状态。那么，到底哪个句子可以表达这个信念的内容呢？

显然，这个问题可以如此回答：信念的内容可以用所有这些具有相同意义的句子来表达。例如，雪是白的这个信念可以用英文的句子"Snow is white"、意大利文的句子"La neve è Bianca"、德文的句子"Schnee ist Weiss"或者匈牙利文的句子"A hó fehér"等来表达。这些句子是可以互译的，它们都表示同样的意思。信念内容是这个意义，而不是表达这个意义的句子。因此，每个信念都具有唯一的内容，这个内容对该信念是必不可少的——这个观点被保留了下来。

然而有人可能会说，虽然这种方法对于信念这样的心理状态来说能够直接发挥作用，但是我们却没有必要把它用于心灵的计算理论假定的那些状态上去（如视觉计算理论）。因为根据非还原法所支持的计算观来看，我们应该抛弃所有心理状态都具有的独一无二的内容，而且这些内容对心理状态来说是必不可少的这个观点。从本质上讲，其原因在于，解释函数只是从内在状态向抽象结构的一种映射，这种抽象结构"保留"了内在状态的结构。而且这样的映射有很多。也就是说，有很多种可以为符号分配独特解释的解释函数——我们选择哪种解释并非取决于那个状态晦涩的"唯一的内容"，而在于哪种解释能够赋予这个理论更强的解释力。

有人可能会反驳，这种方法使表征和计算的本质过于依赖人类理论家的决定,因为我刚才一直在说把系统的状态"当作"表征,"详细说明"从状态到内容的映射,以及把解释"分配"给状态等。还有人可能会反驳,有机体是否进行计算是一个客观事实,而不是我们的具体说明或者分配。

然而,这个批评包含了一种误解。因为把一个理论应用于有机体显然是一件由人类决定的事情,而这个应用能否正确地描述有机体的特征则不是由人类决定的。问题在于,是否任何有机体的认知过程都可以正确地描述为计算?要检验一个关于有机体过程的计算特征的假说,我们必须解释这个过程中的元素。但是,这不再使这个过程的存在成为由人类决定的事情,而事实上我们可以通过表示和标记作用于单个个体的物理力量,然后计算出净作用力,从而使这个物理作用变成一件由人类决定的事情。

实际上,这里发生的事情与整个科学领域一样。心理学理论给出了心理过程的模型。在最近的科学哲学中,一个常见的说法是科学理论是"模型的集合",而认知的计算理论也不例外。一旦认识到这一点,我们就可以理解为什么对计算理论的非还原性理解普遍与科学理论相符,我们还将能够看到为什么这个理论不需要表征的定义。

12.3　科学模型与心灵模型

我将从简要描述"模型"的概念如何进入科学哲学来开始这个讨论。对这些细节不感兴趣的读者可以跳过接下来的三段,你并不会漏掉与本节主要内容相关的任何信息。

科学理论应该根据模型来构想,这一观点最初的想法通常可以追溯到1960年代帕特里克·苏佩斯的著作,随后,巴斯·范·弗拉森发展了这个观点[1]。苏佩斯和弗拉森在模型理论语义学这个意义层面上使用了"模型"一词。理论模型是对象的集合,这些对象真实地体现了该理论的主张。因此,给视理论为模型集合的观点贴上"理论的语义观"的标签,这与逻辑经验主义者所捍卫的理论的"句法"观形成了对比。"语义"是恰当的,因为科学模型是根据模型理论(即形式语言的标准语义框架)构想出来的。

后来,罗纳德·吉尔等人对模型的研究强调了全然不同的东西:简化的数学结构的使用(如描述理想化种群的方程式),想象出的比较(卢瑟福声称原子像太阳系),甚至具体的对象(用铁丝和木头构造出的表示DNA双螺旋结构的模型)[2]。所有这些东西都被科学家归类为模型,而科学哲学家则试图去理解这些模型。但是,正如许多作者所强调的那样,第二种意义上

---

[1] 帕特里克·苏佩斯(Patrick Suppes):"意义与数学和经验科学中模型使用的比较"("A comparison of the meaning and uses of models in Mathematics and the Empirical Sciences"),《综合》(*Synthese*)1960年第12期,第287—301页;巴斯·范·弗拉森(Bas van Fraassen):《科学的印象》(*The Scientific Image*),牛津大学出版社(Oxford University Press)1980年版。

[2] 参见,如罗纳德·吉尔(Ronald Giere):"用模型表示现实"("Using models to represent reality"),载马格纳尼(L. Magnani)、内塞西安(N. J. Nersessian)和塔加德(P. Thagard)主编:《科学发现中基于模型的推理》(*Model-Based Reasoning in Scientific Discovery*),克吕维尔/普莱南出版公司(Kluwer/Plenum)1999年版,第41—57页。

的模型看起来与模型理论的模型有很大不同。[1]

在模型理论中,模型是由对象及其对这些对象的操作(一个集合理论结构)构成的,这个模型使理论的语句为真。很明显,模型理论的"模型"看起来与卢瑟福的原子太阳系模型并不十分相像。因为太阳系并不会使任何关于原子的断言为真,太阳系和原子之间的比较也不会如此。相反,太阳系被用以表示事物与原子关系的一个方面,这就与描述生物学中理想化种群的方程式被用于表示事物与某些实际种群关系的一个方面是一样的。无论是这些方程式,还是理想化种群,都不能说它们可以使关于真实种群的断言"为真"。

通过表示事物与现实世界系统在某个时刻的关系,或者这些事物如何在时间中发展变化,模型(在现在已经确定的意义上)被用于理解这些现实世界系统的行为。通常,这些模型比正在研究的实际系统更为简单。它们可能涉及理想化的事物(无摩擦平面),甚至经验上的谬误(经济学中的理性行为者模型),而且它们可能在某些方面是不确定的(一个细胞模型可能会略去与该细胞类型有关的信息)。该模型的目的是通过检查模型系统的行为来促进对现实世界系统的理解,这就是迈克

---

[1] 史蒂芬·唐斯(Stephen Downes):"模型在理论中的重要性:一种紧缩的语义观"("The importance of models in theorizing: A deflationary semantic view"),载大卫·赫尔(David Hull)等人主编:《科学哲学学会论文集(第一卷)》(*Proceedings of the Philosophy of Science Association*),科学哲学学会(Philosophy of Science Association)1992年版,第142—153页;马丁·托马斯-琼斯(Martin Thomson-Jones):"模型与语义观"("Models and the Semantic view"),《科学哲学》(*Philosophy of Science*)2006年第73期,第524—535页。

尔·韦斯伯格（Michael Weisberg）所说的"对现实世界现象的间接理论研究"[1]。

如果我们将其应用于大脑的情况，就会出现以下想法。大脑是一个正在被研究的系统（"现实世界系统"），理论家赋予它某些状态，以便预测或解释某些输出。理论家将这些状态与我称之为系统内容的抽象对象相关联，以此来对这些状态进行建模。他们希望通过将这些状态与内容相关联，而不是仅通过引用神经化学相互作用，例如外部行为的总体变化，来更好地理解大脑状态之间的转换。

请考虑一下这个多米诺骨牌的图像（图13）。有些圆看上去是凸出来的，有些看上去是凹进去的。但是，如果你将图像上下颠倒（即旋转180度），那么这些圆的凹凸情况就会发生逆转。这个结果令人惊奇。如何解释这一现象呢？克里斯·弗里斯对这种错觉的解释如下："大脑在其结构中建立了一个简单的规则，它使用这个规则来确定物体是凹面还是凸面。"[2] 这个规则就是，因为光线通常来自上方，所以凹面物体的顶部就会变暗，底部就会变亮，而凸面的物体则在顶部变亮，底部变暗。这并不意味着规则中的这些词语是写在大脑中的，也不是说它是用英语或任何其他语言写出来的。相反，对内容的归因是一

---

1 "谁是建模者？"（"Who is a modeler?"），《英国科学哲学杂志》（*British Journal for the Philosophy of Science*）2007年第58期，第207—233页，引文出自第208页。

2 克里斯·弗里斯（Chris Frith）:《下定决心》（*Making Up the Mind*），布莱克韦尔出版社（Blackwell）2007年版，第128页。

种不同于大脑活动的抽象，它可以帮助你预测和解释正在发生的事情。因此，他们的观点是，大脑中的这个过程可以通过建模来理解，即运用将阴影与凹凸面关联起来的规则为大脑过程建模。

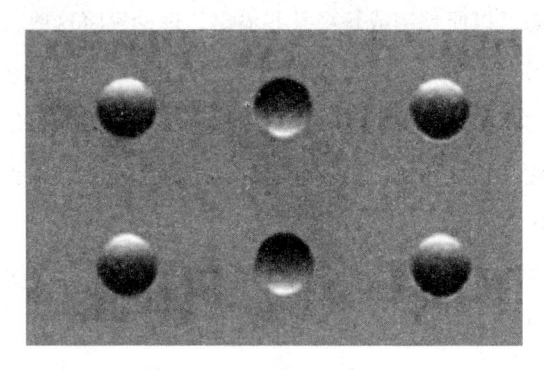

图 13　多米诺骨牌错觉

模型要通过相似关系建构。在大脑的例子中，什么和什么相似呢？这并不是说大脑状态，无论它是什么，类似于一个抽象的物体，更不是说一个种群类似于用于模拟它生长的方程式。而是说状态之间的转换类似于从关于具体对象的规则，加上图像输入，到得出关于这个对象外观的结论这个显性推理的各个阶段。推理与命题有关，因此可以说，大脑中发生的事情与命题之间的关系类似：第 7 章和第 8 章描述了这个意义上的计算过程。这里有一个恰当的比较，那就是将利用推理对大脑建模与使用数学模型对某个目标系统建模进行对比。

请注意，这个想法听起来很像福多基于心理过程的本质以及思路和推论之间的相似性而提出的关于心理语言的论点（见

8.4 节）。的确如此，但我现在的观点是，我们可以接受相似性而不必得出大脑中存在符号这个结论。一旦我们对科学模型有了适当的了解，我们就无需转向更极端的心理假设。

然而，这确实提出了一个重要的问题。通过关联大脑状态的转换和表征内容（即将状态视为表征）来为大脑状态转换建模的理论与仅仅将转换视为规则控制过程的理论，这两者之间的区别是什么？例如，在观察卡尼莎三角时（图14），正常的感知者会看到一个白色三角形的三个角遮住了三个黑色圆形的一部分。一些神经科学家和心理学家谈到，视觉系统中的表征是通过这样的方式完成的，即它会制造出某些关于物体以及物体之间通常如何相关的"假设"。根据这种理解，大脑可以认为是在进行推理：在状态转换的过程中，大脑的状态由内容建模。但根据另一种理论，大脑只是一个受规则控制的系统，它在关于物体正常外观的规则的控制下而产生一定的视觉输出。按照这个观点，我们没有理由将其称为推理，尤其是因为一个推理必须对进一步的信息保持合理的敏感性，而这一推理并非如此：无论你知道什么，你所看到的都不会改变（见第10.4节对马赫带的讨论）。

如何确定这种通过将大脑过程与推理相关联来为大脑过程构建的模型是否正确呢？这可能是计算心理学哲学的核心问题。这个问题与我们在本书

图14 卡尼莎三角

中讨论过的许多问题有关：关于心理学的现实主义，认知机制的本质，称某事物为计算的是什么意思，以及在何种程度上思想具有因果性质。但是请注意，为了解决这些问题，我们并不需要表征的还原性定义。对作为自然现象的表征进行科学研究不需要这种定义。

对于"什么是心理表征"这个问题的非还原性解答，我们可以通过罗列这个理论中表征概念被计算出的方式而得出。那些可以由认知函数运算中的具体步骤来解释的有机体状态就是表征。这个解释再加上计算的一般理论，它们一起告诉了我们关于心理表征的本质我们应该知道的所有内容。现在，摆在我们面前的艰巨任务就是找出哪些系统是计算的，然后找出它们执行了哪些运算。

12.4 结语：表征可以被还原地解释吗？

有时，哲学家似乎认为提供必要和充分的条件（即双重条件"_____当且仅当_____"）是每种哲学理论的最终目标。但确实不应该如此，在本章，我描述了多种替代方法中的一个，并且从模型及其用途方面，我展示了这个方法如何适用于更广泛的科学实践。

表征的非还原理论的吸引力在于，对于心理状态的计算结构，它无需对表征的概念提供一种定义上的还原，因此也无需解决棘手的失误问题，它就能解释出许多还原理论想要解释的东西。正如我们看到的，我们要为之付出的代价只是接受这个

12 心理表征的非还原性构想

观点,即计算的心理状态并不具有唯一的而且对它们而言必不可少的内容。非还原理论欣然接受了这个计算方法的明显后果,那就是我们的许多心理状态将不会被分配唯一的内容。但是,正如我们通常理解的那样,我们的心理状态具有唯一的内容这个观点对于表征的心理状态而言是必不可少的。非还原理论接受了其计算方法的明显后果,即我们的许多心理状态将不会被分配唯一的内容。但是,正如我们通常理解的那样,我们的心理状态具有独特内容的观点似乎对于表征性心理状态至关重要。因此,即使理解了以这种非还原的方式来解释认知的计算理论,我们也开始偏离认知和思维的日常概念了。

但是,这为什么会成为一个问题呢?部分原因是我们似乎理所当然地认为我们的思维就是拥有唯一的内容。例如,我显然认为我此刻的信念——现在正在下雨——不可能拥有其他内容,除非有一个不同的信念。然而,有人可能会如此回应说,严格地讲,我们认为心灵是什么样子的与心灵的计算理论无关。因为该理论讨论的是思维与思维过程的无意识机制,对于内省,对于我们的思维如何让我们感到惊奇,它并不直接负责。毕竟,我们的思维是计算的,这并不会让我们感到诧异,除非是当我们在有意识地通过一个显性算法解决问题时,但是没有人会认为这是反驳认知的计算理论的充分理由。

那么,在我们认为思维是什么样子的与认知科学认为它们是什么样子的之间存在着一种张力。这种张力的意义将在最后一章中得到进一步讨论。

13 意识与机械心灵

13.1 前文要览

我们应该从机械心灵观中得出什么结论呢？到目前为止在本书中，依据我们对他人思维的知识，我们考察了机械心灵观处理心理表征现象的不同方法，还考察了它如何（通过进一步增加假设）构成计算心灵观的哲学基础。在最后几章，我们探讨了从各种角度解释或者"还原"心灵表征的尝试，以及一些非还原路径。

还有许多问题尚未解决：理论论用于解释我们对他人思维的认识是否适合？我们的心灵具有联结主义"构造"还是传统"构造"，抑或是两者的结合？一个心理表征理论是否应该尝试把心理状态的内容还原为指示的因果模式或类似的模式？或者非还原的方法是更好的选择？对于这些问题，如认知的底层结构、心灵的模块性，仅仅知道哪些回应是合理的还不够，我们

13 意识与机械心灵

还要保持谨慎而开放的态度。对于其他问题，如理论论 vs 模拟论的问题、生成与涉身心灵的问题，我认为这个论辩还不够激烈，我们还无法确切知道问题的关键是什么。然而，我们要明白，虽然没有确切的答案，但这并不应该成为我们拒斥机械心灵观的理由。因为机械观的本质，正如我总结的那样，是难以拒斥的。实际上，它包含了一个极为合理的观点：心灵是一个因果机制，它对行为产生影响。其他的内容——计算、理论论、模块论和内容的还原理论等——都只是细节问题。

然而，有些哲学家全然否定机械心灵观。他们之所以反对，并不是因为这个观点缺少详细的说明。而是他们认为机械心灵观的真正问题是它扭曲了——甚或根本没有解释——心灵是怎样呈现在我们面前的。它遗漏了被我们称为现象学的东西——现象学是关于事物如何显现在我们面前的理论。这些批评者指出，机械心灵观漏掉了所有关于我们的心灵是如何呈现于我们面前的事实，也漏掉了拥有某种关于世界的观点感觉起来像什么的事实。就心灵研究的机械路径而言，他们认为，心灵的这个方面最好还是不存在。这种机械路径把心灵当作"一种没有生命的现象，一个空白的机构，它上面印刻着心灵与环境相接触时产生的因果效应的痕迹"。[1] 或者，借用弗兰西斯·培根那

---

[1] 这个评论来自格雷戈里·麦卡洛克（Gregory McCulloch）的"科学主义、心灵和意义"（"Scientism, mind and meaning"），载 P. 佩蒂特（P. Pettit）和 J. 麦克道威尔（J. McDowell）主编：《主体、思维和语境》（*Subject, Thought and Context*），克拉伦登出版社（Clarendon Press）1986 年版，第 82 页。他的《心灵及其世界》（*The Mind and its World*）[卢德里奇出版社（Routledge）1995 年版] 中有更完整的解释。

句惊世骇俗的话说,这个批评就是机械路径使"心灵向万物卑躬屈膝"。[1]

事实上,这些看法经常出现在对机械心灵的批评中,我们在这本书中已经遇到了很多。例如,在第 5 章,理论论受到了模拟论者的攻击,因为它无法充分表征我们在理解他人时做了什么。借由"我们在理解他人时做了什么",模拟论者想要说的是,理解是如何呈现在我们面前的。理解在我们看来并没有去应用一个理论——它更像是一种想象中的验证行为(我并不是刻意地暗示模拟论者必然反对整个机械图景,虽然他们能够这么做)。而理解有时候对我们来说就是这样的,为什么会有人否认这一点呢?确切地讲,为什么理论论者会否认这一点呢?而且,如果他们没有否认的话,那么这个论辩应该围绕什么内容展开呢?理论论也许会说,问题不在于我们认为理解是什么,而在于是什么使理解获得成功?对于成功理解的最好解释就是去假定一种理解理论具有内隐或隐性知识。把这个理论称为"内隐的"在一定程度上表明它在现象学层面是不存在的——也就是说,我们未必能通过内省来判断这个理论是否正确。但是,对于理论论而言,这并不重要。

我们在第 7 章中讨论德雷福斯对人工智能的批评时也看到了相同的论证模式。德雷福斯认为,思维并不能根据规则对表征进行操纵。这是因为思维需要"专门技能",而这种专门技能

---

[1] 弗朗西斯·培根(Francis Bacon):《学术的进展》(*Advancement of Learning*)第二卷,第 iv 页和第 2 页。

不能被还原为表征或者规则。然而，德雷福斯的部分论证是现象学的，思维看起来并不像是受规则支配的符号操纵。我们这样来表达德雷福斯的观点并不为过："试想有一个日常任务，比如去餐厅，这个任务的完成需要具备一些基本的认知能力。然后试着找出你遵循的是哪些规则，以及你操纵的是哪些'符号'。然而，你无法说出它们是什么，除非你用最自由的、最不准确的方法。"

我们再次代表人工智能和认知计算理论来回应这个批判，德雷福斯并没抓住问题的关键，因为计算假说的核心是解释构成认知的因果转换的系统性本质。这个理论假定的计算过程是无法通过内省的方法获得的。因此，无法通过内省得到它们并不能成为批判计算理论的一个理由。

在诸多论辩中，对于心灵的机械假设，人们似乎有一个普遍的反对意见——那就是它们遗漏、忽略或者无法解释心灵是怎样呈现在我们面前的事实和心灵的现象学事实。对此，机械观的回应是心灵怎样呈现在我们面前与机械假设毫不相干。

我们必须承认这个回答有一些不能令人满意的地方，因为机械观不能否认（我们自己的或他人的）心灵是怎样呈现在我们面前的这类现象的存在，并且对机械心灵观许多内容的研究动力正是来自对心灵是怎样呈现在我们面前的思考，这里指的是最一般意义上的"呈现"。例如，你可以想象一下我在第 4 章和第 5 章中讨论的方法，即从对他心的理解到思维是内在的因果机制和行动源泉的假说。这是一种相当典型的推进思维因果图景的方法，它以一些常识性的观察为起点，也就是观察我们如何使用关于人类心灵的猜测来解释人类的行为。另一个例子是关于福多的，他为了推进思维语言假说而诉诸思维的系统性本质（见第8章）。通常，福多使用的例子都是一些通过常识获得的一般信念：如果某人相信"安东尼爱克里奥佩特拉"，那么他事实上必然具有这样的概念性资源，这些资源（至少）包含了克里奥佩特拉爱安东尼的思维。对机械心灵的许多论证都是以对思维是如何显现于我们的常识观察为起点的。因此，如果机械心灵的拥护者说他们对思维是如何"呈现"在我们面前的这个问题毫无兴趣，这是非常虚伪的。

在此，我们的担忧是，尽管机械观可以从关于心灵如何在我们面前显现的常识事实出发，但是它到最后很可能会得出一些忽略这一事实的结论，然后与常识观念中的出发点背道而驰。那么，这种针对机械心灵的怀疑主义的基础是什么呢？仅仅是因为机械观的拥护者还未曾对心灵的现象学作出解释吗？或者，是否存在某种对机械心灵更深入、更根本的反对意见，它源自现象学并且可以证明机械图景为什么是错误的。在第8章，我们看到许多人认为心理具有规范性是对心理表征进行一般性还原必定失败的原因之一。这个观点是这样的，思维的真假对错和论证的严密与否都会影响我们对心理内容进行纯粹的因果性解释。但是，在第12章中，我提出对心理内容的概念性还原之于心灵的机械图景而言可能并不重要。我们或许可以认为表征是这个心灵理论的基础性概念或原始概念，无需对它进行任何进一步的分析。如果是这样的话，那么规范性也将是这个心灵理论的基础性概念或原始概念，因为表征的概念本质上就含有正确的和错误的概念。但是，我们在此没有发现任何理由可以用来否认心理表征机制的基础在本质上具有因果性，因此也没有理由对机械图景进行全盘的否定。

然而，心灵研究还有一个领域，这个领域提出的主要观点是，任何心灵的因果或机械图景都不能为心灵现象提供充分的解释。这就是对意识的研究，是我们从第1章一直搁置的内容。人们常说意识是我们对心灵进行科学解释的最大障碍。我们在本章的任务就是要了解这个障碍究竟是什么。

13.2 意识、"是什么样子"和感受性质

意识是心理生活最显著的特征，也是最难定义或描述的特征之一。当然，从某种意义上说，我们并不需要去定义它。在日常生活中，我们可以毫不费力地使用意识的概念，例如在医生询问病人是否已经失去了意识的时候，或者是在我们想知道一只龙虾被活生生地扔进一锅滚烫的开水以后是否还具有意识的时候。我们可能没有任何绝对可靠的实验来证明一个生物是否具有意识，但是当我们试图去证明这件事的时候，我们似乎可以毫不费力地断定问题的关键所在。

或者至少，只要我们不试着去反思正在发生的事情，我们就可以毫不费力地断定问题的关键所在。在思考"时间是什么"这个问题时，圣·奥古斯丁（Saint Augustine）说过一句很有名的话：当没有人问他的时候，他就非常清楚。但只要有人问他，他就不知道该怎么回答了。这种情况似乎与"意识是什

么"是一样的。当我们在日常生活中使用这个概念的时候，我们对有意识和无意识之间的区别了如指掌。但是，当我们询问自己"意识是什么"这个问题的时候，我们却说不出答案。那么，我们应该如何进行下去呢？

让我们从这个问题开始。有意识和无意识之间的日常区分是什么？我们认为生物、有生命的有机体和心理状态是有意识的。人和动物是有意识的，他们的感觉和他们的（某些）思维也是有意识的。意识的概念最初见于"生物意识"，然后有"状态意识"的用法。[1] 很明显，生物意识和状态意识是相互依存的。如果一个生物是有意识的，那么它就处于有意识的心理状态，有意识的心理状态事实上就是有意识的生物所处的状态。我们不应该用一个概念去定义另一个概念。但是，尽管如此，思考一个生物具有意识是什么意思或许更容易让我开启对意识的探索。托马斯·内格尔给哲学家提供了一种谈论有意识生物和无意识生物之间区别的生动有趣的方法。他说，如果成为某种生物就会有某种经验，这个生物就是有意识的。[2] 成为一个细菌不会有任何经验，成为一块奶酪也不会有任何经验，而成为一条狗、一个人或者（使用内格尔著名的例子）一只蝙蝠

---

[1] 大卫·罗森塔尔（David Rosenthal）："意识理论"（"A theory of consciousness"），载布洛克（Block）、弗拉纳根（Flanagan）和古扎德雷（Güzeldere）主编：《意识的本质》(*The Nature of Consciousness*)，麻省理工学院出版社（MIT Press）1995年版。

[2] 托马斯·内格尔（Thomas Nagel）："成为一只蝙蝠是什么样的？"（"What is it like to be a bat?"），载内格尔（Nagel）主编：《道德问题》(*Mortal Questions*)，剑桥大学出版社（Cambridge University Press）1979年版。

则会有某种经验。"是什么样子"这个短语也可以轻而易举地转用到意识状态上来。比如，品尝（处于品尝的状态）香草冰淇淋或者闻（处于闻的状态）燃烧的橡胶会有某种经验，也就是说，处于这些心理状态会有某种经验。但是，主要由水构成，或者有高血压却不会有某种经验，所以这些不是心理状态。

我们不应该把"是什么样子"这个短语当作给意识下定义。然而我说过，我们并不是要在这里寻找定义。告诉一个没有意识概念的人（如果可能存在这样的人）具有意识或处于意识状态是什么样子的，这个方法不可能让他掌握意识的概念。但是，对于这个短语的意义，我们有几点要加以说明，这有助于弄清它在关于意识的讨论中所发挥的作用。首先，这个短语没有打算用比较的方法解释意识。有人可能会问，蔬果酱是什么样子的？得到的回答也许是，它是马麦酱那样的（蔬果酱和马麦酱都是经过发酵制成的调味品，前者来自澳大利亚，后者来自英国）。在这里，问一个东西是什么样子实际上是在问有什么东西像它，也就是说，什么东西和它相似。但是这并不是内格尔说的成为一只蝙蝠会是什么样子的这句话中"是什么样子"这个短语的本意。其次，如果"感觉"这个词在这里表达的是一般含义，那么这个短语并不是简单地指感觉起来像什么的意思。因为有一些心理状态，即使不涉及任何一般意义上的感觉，我们仍然可以说处于这些状态会有某种经验，试想你在大脑中思考某个问题或者努力理解某项困难的任务这个过程。从直觉上来说，思考这个问题会有某种经验，但它并不需要"感觉"起来像任何东西。也并不需要有任何特别的感觉或感知。

因此，尽管具有一种感知的确会有某种经验，但并不是有某种经验的情形都是与感觉相关的情形。

因此，"是什么样子"的意思并不是它和什么相似，也不（仅仅）是它感觉起来像什么。它要表达的是，当我们是有意识的或者处于意识状态时，事情是怎样呈现在我们面前的。在上一节我把它称为心灵的显现或现象。这与仅仅成为一个具有心灵的生物是不同的：成为一只蝙蝠是一回事，而成为一只蝙蝠是什么样子的又是另一回事。现在，"现象意识"这个术语有时候也用来指事物是如何呈现于一个有意识的生物面前的。从词源上看，这个术语的使用非常贴切，因为英语的"phenomenon"来自希腊语中表示出现这个意义的词语。当成为一个生物会有某种经验的时候，这个生物就具有现象意识，当处于某种心理状态会有某种经验的时候，这个心理状态就具有现象意识。心理状态的特殊之处在于，构成处于那种状态是什么样子的东西被称为状态的现象特征。

有时候，我们用感受性质（我们在第 3.4 节的"布伦塔诺论题"中第一次看到感受性质）来描述现象意识。感受性质（qualia 是复数形式，其单数形式是 quale）是心理状态具有的非表征、非意向和现象意识的属性。相信感受性质的人认为，闻咖啡时咖啡散发出的香味所具有的独特性质无法通过味道表征咖啡的方式获得，因为它不能表达出我们闻咖啡时所感觉到的东西。即使你把用咖啡的味道表征咖啡时所经验到的东西全部都描述出来，你也会遗漏某些内容，即闻咖啡时所经验到的感受性质，这是经验的内在属性，它们独立于咖啡的表征。一些

13　意识与机械心灵

相信感受性质的人否认布伦塔诺论题,即所有的心理现象都是意向性的。他们认为心理状态的某些意识属性根本不具有意向性,而且这些属性很难从自然主义的角度去理解。因此,意识问题通常被称为"感受性质问题"。

然而,尽管现象意识的存在是无可争议的,但有争议的是感受性质是否存在。有些哲学家,如丹尼尔·丹尼特,否认感受性质的存在,但是这并不意味着他们也否认现象意识的存在。[1] 这里,他们的意思可能是,只有现象意识才是心理状态的表征属性,其他的都不是。例如,对于视觉感知,那些被称为意向论者或表征论者的哲学家会说,当我感知到某种蓝色的东西时,除了我感知到的蓝色以外,我并没有意识到我心理状态的某种内在属性。我看一面蓝色的墙壁,我意识到的东西只有墙壁和蓝色。除此之外,我并没有意识到我心理状态的一些内在属性。对于感知,这种观点的解释也是如此。而相信感受性质的人则认为,在这个例子中,人们还意识到了内德·布洛克称为"心理图画"的东西,即一个人心理状态的内在属性。[2]

这里,事情变得愈加复杂了。因为还有一些哲学家认为"感受性质"是"现象特征"的同义词,所以,具有现象意识,按照其定义,就是指具有感受性质。这样做毫无益处,因为

1　丹尼尔·丹尼特（Daniel Dennett）:"消除感受质"（"Quining qualia"）,载利康（Lycan）主编:《心灵与认知》(*Mind and Cognition*)。

2　内德·克洛克（Ned Block）:"反转地球"（"Inverted Earth"）,载布洛克（Block）、弗拉纳根（Flanagan）和古扎德雷（Güzeldere）主编:《意识的本质》(*The Nature of Consciousness*),麻省理工学院出版社（MIT Press）1997年版。

这使我们无法理像解泰和丹尼特这样的哲学家在否认感受性质的存在时所表达的观点。在此，为了将问题厘清，首先我们必须将"感受性质"的两种用法加以区分：(1) 具有感受性质只是指具有现象特征的经验，(2) 感受性质是经验的非意向特征。

关于意识的争论包含了大量的术语混淆问题。我们需要对现象意识——被解释的事物——与那些为解释现象意识而使用的特征进行大致的区分。不进行这样的区分，我们就不能理解哲学家是如何否定感受性质的存在的。从表面上看，他们似乎是在否认意识现象，然而，他们真正否认的却是某种解释现象意识的方式：也就是用心理状态的感受性质、非意向属性和非表征属性对意识进行解释的方式。

把这些问题搞清楚之后，我们终于可以回到这个搁置已久的问题——心身问题。

13.3 意识与物理主义

我在第4章（第4.1节）中说过，心身问题可以被称为一个谜团，当我们在思考一个像大脑这样的纯粹的物质何以可能产生像意识之类的东西时，我们就感到了这个谜团的存在。一方面，我们觉得意识必须只能以物质为基础，但是另一方面，我们却发现我们无法理解事情为什么是这样的。因此，这就使很多人认为意识是神秘莫测的；但是，并不是意识的神秘性本身使之成为一个哲学问题。假设有个人正在观察一株植物，他已经知道了光合作用和植物细胞生长的过程，但他还是无法理解为什么植物只需要阳光、水分和土壤就能生长。从这个人无法理解科学事实这件事情中，我们并不会得出任何有趣的哲学推论。当然，生命和繁殖可能看起来是一些奇特而神秘的现象，但是对这件事情正确的反应应该是承认大自然中的某些现象的确是令人惊奇的，甚至是不可思议的。然而，这并不意味着这些现象不能被科学解释。科学家已经对生物的繁衍了如指掌，或许这才应该是令人惊奇和不可思议的事情。

我们换个方式来解决问题，我们来考察一下对于心理状态（包括思维和意识状态）等同于大脑状态这个观点，物理主义或唯物主义通常会怎样进行论证呢？概括而论，他们会说，首先，意识和其他心理状态可以作用于物理世界（或许他们会用我在第4章"思维的因果图景"这一节使用的论证方法）；其次，根据物理定律，每一个物理事件的发生都是由纯粹的物理原因引起的（这个观点被称为"物理世界的因果封闭性"）。在此，我不能对第二个假设的理由进行详细地说明。我们只能说，物理主义者们相信这是我们从科学中学到的东西，即通过寻找事物发生的基础性机制，科学成功地获得了对事物的解释。对基础性机制的探索最终导致了物理机制的发现，即物理学、时空、物质和能量科学中的各种机制的发现。大卫·刘易斯如是说：

"我们现在认可存在某种科学理论的统一体，它们共同为所有的物理现象提供了一个真实而详尽的解释。它们具有统一性，因为它们是依次累积起来的：任何一个物理现象的理论都是由构成它的其他现象的理论，以及它被构成的方式来解释的。其后的现象也是如此，然后依此类推，一直类推到由少数当今理论物理学中的简单法则支配的基本粒子或场为止。"[1]

正是这件事情确立了物理主义者对这个观念的信心：所有的物理结果最终都是物理原因引起的。然后他们得出结论，如果心理原因真的对物理世界有影响，那么它们自身一定是物理的。因为如果心理原因不是物理的，那么就会存在由非物理原因引起的物理结果，这与第二个假设相矛盾。

这是证明心理状态等同于物理状态（例如大脑状态）的一个十分普通的论证，称为"物理主义的因果论证"。虽然物理主义的因果论证以物理世界因果结构的科学或实证假设为基础，但是它却并不依赖于科学家实际上已经在大脑中发现的任何特定心理状态的基础物质（即他们称为"神经关联物"的东西）。虽然大多数物理主义者认为这种神经关联物最终会被找出来，但是他们却没有预先假设它们会被找到；在这个论证中，他们预先假设的东西只是心理状态的因果性和物理世界的因果封闭性。那么结果就是，如果有人想对这个论证的结论进行反驳，他们要么会反对心理状态的因果性，要么

---

[1] 大卫·刘易斯（David Lewis）："对同一论的论证"（"An argument for the identity theory"），载《哲学论文》（第Ⅰ卷）(*Philosophical Papers, volume* Ⅰ)，牛津大学出版社（Oxford University Press）1985年版，第105页。

会反对物理世界的因果封闭性，要么会说从这两个假设到心理状态就是大脑状态这个结论的论证过程中存在一定的混乱或谬误。

但是请注意，只说"心理状态似乎不是大脑状态"并不是对这个结论的严肃批判。然而，我们必须承认，这是一个很自然的想法。因为当一个人内省自己的心理状态时——例如这个人正在尽力搞明白他正在想什么——他似乎并没有获得某种直接进入自己大脑神经元和突触的方法。但是，如果前面的论证是正确的，那么这个来自内省的证据就无关紧要了。因为如果心理状态真的就是大脑状态的话，那么事实上，处于某种大脑状态会让你觉得好像是处于某种状态，尽管它可能看起来不像是一个大脑状态，不过这没关系。它会让你觉得是乔治·奥威尔写了《1984》，而不是埃里克·亚瑟·布莱尔，尽管事实上，埃里克·亚瑟·布莱尔的确写了《1984》（逻辑学家会说，"我觉得……"是一个内涵语境，见第3.3节）。物理主义因果论证的结论是，心理状态就是大脑状态。"心理状态肯定不是大脑状态，因为它们看起来不像是！"这种说法并没有对这个论证提出真正的反对意见——它不过是否定了这个论证的结论。这就好像有人如此来回应物质是能量这个观点："物质不可能是能量，因为它看起来不像是能量。"通常，有人提出某个命题P的时候说，"P看起来不是真的，因此它不是真的！"这并不能对这个命题进行有效的反驳。问题的关键并不在于他们对命题P的否定可能是不对的；他们也许是正确的。问题在于对一个论断提出反对意见与否定这个论断是有区别的。

因此，心理状态有可能是大脑状态，尽管它们看起来不那么像大脑状态。我们可以换一种方式，用一个关于维特根斯坦的著名的故事来解释这件事情。维特根斯坦曾经问："为什么过去人们认为太阳是围绕地球转的？"他的一个学生回答："因为太阳看起来好像是围绕地球转的。"他接着问："如果地球围绕太阳转，这看起来会是什么样子呢？"答案当然是：完全一样。因此，在心灵和大脑的问题上，我们也可以得出同样的结论。为什么有人认为心理状态不是大脑状态？回答：因为心理状态看起来不像是大脑状态。再问：但是，如果它们是大脑状态的话，它们看起来会是什么样子的？答案当然是：完全一样。因此，从处于某种心理状态使事物看来像什么样子的事实到任何关于心理状态是否具有物理性质的结论，这个推理过程并不简单。

这个推理的确不简单，然而可能还有一个更复杂的推理隐藏在下面这个（无可否认非常自然的）批判中。有些哲学家是这样认为的，他们认为意识才真正为物理主义制造了难题（而且，我们即将看到，对于机械的心灵也是如此）。意识给物理主义造成的难题有各种版本。在这里，我会尽量提炼出这个问题的实质，延伸阅读指南部分会为读者指出深入研究这个问题的途径。

意识问题的实质源自这样一个显而易见的事实，用内格尔的话来讲，任何对意识状态的物理主义描述似乎都是"在逻辑上与意识不可并立"。这一点可以通过与科学上的等同关系——用科学的语言描述的实体与日常现象的等同关系——相比较而

13 意识与机械心灵

得出。例如，想一想水与 H_2O 之间关系。化学已经发现，我们称为"水"的东西是由分子构成的，这些分子由氢原子和氧原子构成。水除了构成它的水分子之外别无他物，这就是为什么我们会说水是（即等同于）H_2O 的原因。鉴于此，我们说 H_2O 存在而水不存在，这在逻辑上是不可能的，因为它们本来就是同一个东西！去问有没有可能存在不是 H_2O 的水，这就像是去问有没有可能存在不是埃里克·阿瑟·布莱尔的乔治·奥威尔。这当然不可能，因为他们就是同一个人。

假如一个有意识的心理状态，例如头疼，真的与一个大脑状态（简称为"B"）等同，那么按照类似的方式，说 B 存在而头疼不存在是不可能的，因为二者本来就是同样的东西。但是，这个例子看起来的确与水和 H_2O 的例子有所不同。因为绝对不可能存在不是 H_2O 的水，而不是头疼的 B 的确有存在的可能性。为什么呢？简单地讲，是因为我们可以合乎逻辑地构思或想象出 B 存在而头疼不存在的情况。我们似乎可以构想出一种生物，它的大脑状态与我头疼时所处的大脑状态完全相同，但它的头却不疼。像这样的假想生物在哲学文献中被称作"僵尸"。僵尸是对一种有意识生物的物理复制品，但它实际上却没有意识。僵尸思想实验背后的基本观点是，尽管不可能存在不是 H_2O 的水，但是没有意识状态的大脑状态的确是可能存在的（因为僵尸有存在的可能性）。因此，意识不能等同于任何大脑状态，或者由大脑状态构成。

这似乎是一个批判物理主义的快捷方法。然而，虽然它颇具争议，但是这个论证（在清晰阐述的情况下）却没有任何明显的谬误。那么，就让我们慢慢地把这个论证清清楚楚地解释一遍就可以了。

第一，如果僵尸可能存在，那么物理主义就是错误的。我们在第一章中看到，物理主义已经被多种方式定义。但在这里，我们只把它当作是这样一种观点，也就是上述因果论证得出的结论——心理状态（包括有意识的和无意识的状态）等同于大脑状态。然而，如果我们不说心理状态等同于大脑状态，而说心理状态完全由大脑状态构成，那么对这种唯物主义观点进行反驳的论证方法并没有什么实质性的改变。等同和构成是两种不同的关系。等同是对称性的，而构成则不然（这两种关系的特点可参考第2.2节）。如果奥威尔等同于布莱尔，则布莱尔也等同于奥威尔。但是如果国会是由国会成员构成的，那么我们不能得出国会成员是由国会构成的结论。现在，有人可能会说意识状态是由大脑状态构成的，或者也有人会说它们与大脑状态等同。无论怎样，这个前提似乎都是正确的。因为这两个观点只是用不同的方式表达了相同的观点，那就是意识状态就是大脑状态。正如王义在本书开始所言，根据物理主义，上帝创造我的意识状态需要做的只是创造我的物理大脑，而不需要再添加任何东西。因此，如果能够证明只创造我的大脑并不足以创造出我的意识状态，那么唯物主义就是错的。而证明僵尸可能存在就是证明只创造我的大脑并不足以创造出我的意识状态的一种方式。这就是这个前提正确的原因。

第二，僵尸是可以构想（或想象）的。这句话的意思是，我们可以合乎逻辑地想象一个从有意识的生物（比如我）复制出的完全无意识的物理复制品。这个"僵尸我"可以具有和我完全相同的物理状态、相同的外表、相同的大脑等。但是,他不会具有意识——他没有感觉、没有感知、没有思维,也没有想象力,这些都没有。也许我们可以让他拥有各种无意识的心理状态,然而,他却没有任何类型的意识。显然当我们想象那个僵尸的时候,我们是从"外部"想象它的,我们不能从"内部"——僵尸自己的角度——去想象它,因为根本就不存在僵尸自己的角度。

让我们先搞清楚这个前提说的是什么。如果有人断言这个前提,那么他并不是说真的有僵尸存在,或者是我知道你们可能都是僵尸,或者是在任何现实的或科学的意义上,僵尸都可能存在。根本不是如此。人们完全可以否认任何僵尸的存在,否认我对你是否具有意识的种种怀疑,否认任何如我们所知的符合自然法则的事情的存在,但是他们仍然会赞同第二个前提,因为它只是陈述了无意识的物理复制品的设想。

对僵尸假说的陈述并没有明显的矛盾之处。但是也许有一个不明显的矛盾隐藏在我们提出的这个假设之中,这个矛盾显示了为什么这个前提的确是错误的。也许我们只是认为我们正在想象这个僵尸,但实际上我们却没有连续地想象任何东西。有可能出现这样的情况:某人试着去想象某个东西,而且这个人似乎就是在想象它,但实际上因为这件事情是不可能的,所以他没能把那个东西准确地想象出来。例如,我可以试着想象成为我的哥哥。我认为我可以想象我正生活在他生活的地方,做着他正在做的事情。然而,我当然不能真的成为我的哥哥——没有人可以真的等同于另一个人，这是不可能的。因此，或许我无法真的去想象我成为我的哥哥，并且真的去想象其他的事物。也许我在想象的东西就是我，我自己，过着像我的哥哥那样的生活。我们可以讲一种与水和 H_2O 这个例子相类似的情况：有人可能会认为他们可以想象出不是 H_2O 的水，这种水具有其他的化学结构。但是索尔·克里普克认为，他们并不是真的在想象这个东西，而是在想象一种看起来像水但又不是水的东西（因为根据假设水就是 H_2O）。[1] 一个人可能无法去想象某个事物，因为这是不可能的。因此，这个前提可能是错误的。

然而，还有一种批评这个论证的方法，我们可以同意我成为我的哥哥是不可能的，但这表明一个人可以想象不可能存在的事情。换句话说，我们可以接受这个论证的前两个前提，但却拒绝从这两个前提推出下一个前提。

第三，僵尸可能存在。显然，这个前提和第一个前提暗示了结论。

第四，物理主义是错误的。任何要为物理主义辩护的人都应该注意这个论证的关键点，即从第二个前提到第三个前提的推理。这个推理应该如何进行呢？第二个前提应该为我们提供相信第三个前提的理由。这个论证说的是因为第二个前提为真，所以我们应该相信第三个前提。要注意的是，我们说如果

---

[1] 索尔·克里普克（Saul Kripke）：《命名与必然性》(Naming and Necessity)，布莱克韦尔出版社（Blackwell）1980 年版，第三讲。

13　意识与机械心灵

X 是可以想象的，那么 X 就可能存在，这是一回事，但是说可想象与可能存在是同一件事情，这又是另一回事。这令人难以置信。可能有些事物可以想象但不可能存在（例如，有人会想象出一个逻辑法则的反例），而有些事物可能存在但却无法想象（例如，对我自己来说，我认为弯曲时空是不可能想象或设想的）。可想象性和可能性是不同的。但是，按照这个观点——想象是某事物可能存在的最好证明，两者是相关的。知觉遵守的是事物的真实性，想象遵守的是事物的可能性。对某个事物的感知是这个事物真实存在的有力证据，而对某个事物的想象是这个事物可能存在的有力证据。但是，真实存在的事物并不仅仅是可感知的事物，就像感知的事物不仅仅是可想象的事物一样。

物理主义者将这样回应，虽然在一般情况下，可想象性是可能性的一个良好的指标，但它并非绝对可靠，它可能将我们引入歧途（想一下第 7.4 节中丘奇兰德的发光屋的例子）。他们可能会接着说，关于意识和僵尸的讨论就是它指引我们走入的迷途。我们想象某个事物，然后我们认为它是可能存在的，然而我们却被误导了。考虑到为物理主义的真理性提供支持的那些客观公正的理由（如前文中的因果论证），我们知道这是不可能的。因此，严格地讲，我们可以想象什么与物理主义是否为真没有关系。这就是物理主义者可能的回应。

让我们来梳理一下，对于僵尸论证，物理主义者可能有两种方法来回应。第一种是否认第二个前提，证明僵尸不可以被合乎逻辑地想象出来。第二种是接受第二个前提，但拒绝从第二个前提到第三个前提的推理。因此，对于物理主义者而言，僵尸要么是不可想象并且不可能存在的，要么是可想象却不可能存在的。在我看来，第二种反击思路相对薄弱一些。因为，如果物理主义者认同在某些情况下可想象性是可能性的一个良好指标，那么这个特殊的例子出了什么问题呢？物理主义者最好选择第一个方法，尝试否认僵尸是可想象的这个观点。他们必须找出隐藏在僵尸例子中的混乱或不合逻辑之处。但这个问题依然是非常复杂的，这是不言自明的。

13.4 科学知识的界限

但是，假设物理主义者可以证明僵尸论证中隐藏了一种混乱——或许僵尸是一种可以想象但不可能真正存在的事物。因此，与表面上看到的情况相反，大脑与意识之间是有关联的。然而即便如此，物理主义也还没有大功告成。因为还有一些与僵尸论证相关但不相同的论证，它们的目标是要证明，即使如此，物理主义仍然存在一个认识论上的缺陷，仍然存在一些物理主义无法解释的事物。尽管物理主义可能在本体论层面是对的——它提出的一些关于世界的总的看法是正确的，但是它却必然无法为我们关于这个世界的知识提供完备的解释。

认识这一点最简单的办法就是简要概述近些年弗兰克·杰克逊和霍华德·罗宾森提出的一个著名论证。这个论证具有最严谨的表述形式，杰克逊称之为"知识论证"。首先，想象路易斯是一位杰出的科学家，他是物理学、生理学和审美心理方面的专家,他熟知一切关于葡萄酒酿造的科学知识,尽管他从来没有真正尝过葡萄酒。有一天,路易斯第一次尝到了葡萄酒。"太棒了!"他说,"拉图酒庄的葡萄酒喝起来就是这个味道!现在我知道了。"

这个小故事为论证的基础提供了两个前提。(1)在路易斯品尝葡萄酒之前,他了解所有与葡萄酒和品酒相关的物理学、生理学、心理学和葡萄酒酿造的知识。(2)在他品尝了葡萄酒之后,他学习到了新的知识,即葡萄酒尝起来是什么样子的。

其结论是,并非所有葡萄酒品尝方面的知识都是物理的,一定还有一些关于葡萄酒的非物理知识需要学习,即它尝起来是什么样子的。

这个论证十分有趣,因为如果我们认同刘易斯这个虚拟故事的逻辑,那么这两个前提似乎就是非常合理的了,而结论也似乎是由前提直接推导出来的。如果路易斯的确学到了一些新的东西,那么他学到的那个东西一定是存在的。你不可能去学习但却没有任何学习的对象。因为他已经知道了所有一切关于葡萄酒和品尝葡萄酒的物理知识,所以他学到的新知识就不可能是物理的。如果这是真的,那么必然得出,我们可以获得的所有知识并非都属于物理的范围。而且,不仅仅是物理,无论什么科学,即使一个人不具备这种科学描述出的经验,但是他还是能够学习相关的知识。杰克逊和罗宾森得出的结论是,物理主义是错误的——并非所有的事物都是物理的。但是,这个结论正确吗?

这个论证存在很大的争议,它激起了许多批评性的回应。

有些人不喜欢路易斯的故事这类思想实验。但是当某人初次饮酒时，他会得到某种新的经验，即酒尝起来是什么样子的，对于这种看法，我们却真的很难找出它哪里有问题。如果我们非要找出这个故事本身的谬误，那么一定是某人可能知道所有关于葡萄酒和品尝葡萄酒方面的物理事实这个地方有问题。的确如此，很难想象一个人学习了所有的这些知识以后会是什么样子的。丹尼特说，你不会从一个人非常富有的设想中想象出他拥有世界上所有的钱。[1] 是的，但是如果你真的想要设想某人拥有世界上所有的钱，那么你从设想他非常富有出发，然后再想象他更加富有，你并不需要去设想他拥有任何不同的东西，而只需要想象他拥有更多的相同的东西，那就是钱。如果你这样想的话，就绝对不会有问题。科学知识也是如此，我们不需要去设想路易斯拥有的是与今天人们拥有的那种科学知识非常不同的东西，他有的只是更多的相同的东西。

对于这个论证，标准的物理主义回应是，这个论证并没有表明世界上存在任何非物理的实体。它只表明关于那些实体的非物理知识的存在。物理主义者认为，路易斯知识的对象都是一般的物理事物，葡萄酒是由乙醇、酸、糖和其他一般的物理成分构成的。而且也并没有任何东西让我们看到，路易斯主观状态的变化超出了他大脑的神经化学变化。物理主义者宣称，在这个论证中没有什么东西表明在路易斯的大脑之内或之外有

---

[1] 丹尼尔·丹尼特（Daniel Dennett）：《意识的解释》（Consciousness Explained），艾伦·雷恩出版社（Allen Lane）1991年版，第380页及之后。

任何非物理的对象或属性的存在。但他们承认路易斯的知识状态的确有所改变，他知道了一些他以前不知道的东西。然而，这只意味着知识状态的数量要比作为知识的实体的数量更多（就像我们知道有个人叫奥威尔，当我们了解到这个人还叫布莱尔的时候，我们就获得了新的知识）。

然而，物理主义者不能高兴得太早。因为这一回应承认的是，原则上物理科学能够告诉我们的东西是有限的。科学能够告诉我们酒的化学构成，但它无法告诉我们酒尝起来是什么样的。物理主义者可能会说这不是什么大不了的事，如果他们真的这样说，那么他们就不得不放弃这个观点，即物理学（或者一般科学）可以独立于有意识能思维的存在物的经验和看法而陈述关于世界的一切真理。因为关于葡萄酒尝起来是什么样的真理是存在的，而且这些是只有尝过葡萄酒的滋味才会获得的真理。我相信，不论路易斯谙熟多少科学知识，在他尝到葡萄酒之前，他是无法获得这些真理的。因此，科学能够教给我们的知识是有限的——尽管这个结论首先会让那些认为科学可以告诉我们一切知识的人感到惊讶和困扰。

最后，让我们回到心身问题上来。与我们最开始的想法相反，现在这个问题可以被清晰明确地表述出来。这个问题的形成让我们处于两难的困境。这个困境的一端是心理因果关系问题，如果心灵不是物理的东西，那么我们该如何理解它在物理世界中的因果作用呢？物理主义的因果性论证认为我们必然会得出心灵等同于某个物理的东西这个结论。而困境的另一端是，如果心灵是一个物理的东西，那么我们又该如何解释意识呢？从知识论证的角度来说，虽然品尝某个东西只是一个纯粹的物理现象，但是我们该如何解释品尝某个东西感觉起来像什么呢？因果性把我们引向了物理主义，而意识让我们离它而去。

13.5 结语：关于机械的心灵，意识难题告诉了我们什么

心身问题与机械的心灵之间有什么关系？机械的心灵观是因果心灵观，但它不一定是物理主义的，所以对于物理主义的攻击不一定就是对机械心灵的攻击。机械心灵观的核心观点是，心灵是一种对行为产生影响的因果机制。心理表征无疑是具有因果效力的，所以这就直接把机械心灵与心身问题关联了起来。在本书的研究中，我们没有找到任何适切的理由去抨击表征具有因果效力这个观点。但是，机械观仍然要直面本章概述过的物理主义的因果论证。并且，如果采用物理主义的解决方案，那么机械观就必须要对关于意识的论证进行说明，这些论证构成了两难局面另一端的心身问题。由于思维和意识关系密切，机械心灵的拥护者不能忽视意识问题。我们要得出的积极结论是，我们发现没有任何论证能够有力地反驳心灵是一种对行为产生影响的因果机制这个观点。

但是，我们对机械心灵的研究仍然得出了一个普遍而消极的结论，我们对心灵独有的特征进行还原性解释的方法似乎是有限度的。我们在第 7 章看到，尽管计算与心理表征之间存在着有趣的关联，但是我们仍然没有充足的理由认为，某个东西

13　意识与机械心灵

只要它是计算机，它就能思考，因为推理不仅仅是计算。在第8章，我们考察了用以表述思维机制的思维语言假说，但是这个假说并没有对心理表征进行还原性解释，而只是把它视为理所当然的东西。第9章和第10章尝试了用一些非心理术语来解释表征，但是这些尝试在与错误表征和复杂性相关的某些基本问题上失败了。最后，在本章我们看到，即使"可想象性"论证对物理主义的攻击是不成功的，但是这个论证的一些变体仍然表明我们关于世界的科学知识存在基本的界限。正如我在第12章中提出的，或许，一个合理的教训是，我们应当尝试并满足于这样一种对心理现象——表征、意向性、思维和意识——的解释，即用它们自己的术语来解释它们，而不是试图根据其他科学对它们进行还原性解释。也许，在某种意义上我们早就知道了这个结论。爱因斯坦说过，科学不能告诉我们鸡汤的味道。但是，当你在想象鸡汤是什么滋味时，如果科学真的告诉了你鸡汤的味道，这岂不是一件很奇怪的事情吗？

延伸阅读指南

参考书目

以下三部优秀的百科全书涵盖了心灵与认知科学的内容。（1）林恩·纳达尔（Lynn Nadel）主编:《认知科学百科全书》（*Encyclopedia of Cognitive Science*），自然出版集团（Nature Publishing Group）2003年版。（2）哈罗德·帕什勒（Harold Pashler）主编:《心灵百科全书（两卷本）》（*Encyclopedia of the Mind*），赛奇出版社（Sage Publishers）2013年版。（3）罗伯特·威尔森（Robert A. Wilson）和弗兰克·科尔（Frank A. Keil）主编:《MIT认知科学百科全书》（*The MIT Encyclopedia of the Cognitive Sciences*），麻省理工学院出版社（MIT Press）1999年版。

三大主要的在线哲学百科全书是:（1）互联网哲学百科（Internet Encyclopedia of Philosophy）: http://www.iep.utm.edu；（2）斯坦福哲学百科（Stanford Encyclopedia of Philosophy）: plato.stanford.edu；（3）卢德里奇哲学百科（Routledge Encyclopedia of Philosophy）：rep.routledge.com。

与互联网哲学百科和斯坦福哲学百科不同，卢德里奇哲学百科并不能完全免费使用，不过学生可通过大学图书馆获取。我要补充的是，我本人是卢德里奇哲学百科的主编。

以下书目列于章节标题之下，并带有副标题以指导读者进行延伸阅读。这些书目按照作者姓名字母排序，对初学者较难的读物用 * 标记。请记住，书目中列出的许多论文都可以从网上免费下载，philpapers.org 是一个查找这些文章的非常有用的网站。

1 机械心灵导论

机械世界的图景

*安·布莱尔（Ann Blair）："自然哲学"（"Natural philosophy"），载凯瑟琳·帕克（Katharine Park）和洛兰·达斯顿（Lorraine Daston）主编：《剑桥科学史（第3卷）：早期现代科学》（*The Cambridge History of Science: Volume 3, Early Modern Science*），剑桥大学出版社2006年版。

科彭哈维尔（B. Copenhaver）和施密特（C. B. Schmitt）编写：《文艺复兴时期哲学》（*Renaissance Philosophy*），牛津大学出版社1992年版。这本著作非常清晰地介绍了文艺复兴时期的思想。

*丹尼尔·加伯（Daniel Garber）："物理学与基础"（"Physics and foundations"），载凯瑟琳·帕克和洛兰·达斯顿主编：《剑桥科学史（第3卷）：早期现代科学》，剑桥大学出版社2006年版。

约翰·格里宾（John Gribbin）：《科学家：最伟大的发明家生平讲述的科学史》（*The Scientists: A History of Science Told Through the Lives of Its Greatest Inventors*），兰登书屋（Random House）2004年版。这是一本可读性很强的现代科学史记录，前几章讨论了十七世纪的科学革命。

巴兹尔·威利（Basil Willey）：《十七世纪的背景》（*The 17th Century Background*），道布尔戴出版社1953年版。这是一本老书，但仍然值得阅读且可读性很强。

关于人类的机械观

勒内·笛卡尔（René Descartes）：《第一哲学沉思录》（*Meditation on First Philosophy*），剑桥大学出版社1996年版。当然，笛卡尔并不认为心灵是一个机器，但身体是。

朱利安·奥弗雷·拉·梅特里（Julien Offray de La Mettrie）：《机器人及其他著作》（*Machine Man and Other Writings*），剑桥大学出版社1996年版，首版于1747年。拉·梅特里是最早的法国唯物主义者之一。

托马斯·霍布斯（Thomas Hobbes）：《利维坦》（*Leviathan*），企鹅出版社1981年版，首版于1651年。参见第一部分"论人"。

大卫·帕皮诺（David Papineau）："物理主义的兴起"（"The rise of physicalism"），载巴里·莱瓦（Barry Loewer）和卡

尔·吉勒特（Carl Gillett）主编:《物理主义及其不满》(*Physicalism and Its Discontents*)，牛津大学出版社 2002 年版。这本书以历史为基础阐释了对心灵进行物理主义解释的动机。

2　表征之谜

表征观念

乔治·贝克莱（George Berkeley）:《人类知识原理》(*Principles of Human Knowledge*)，1710 年版。该书批判了洛克的抽象观念论。

戈特洛布·弗雷格（Gottlob Frege）:"思维"（"The thought"），《心灵》(*Mind*) 1956 年第 65 期。这是现代逻辑创始人弗雷格的一篇经典论文，它将真理的概念置于其表征理论的核心，尤其要注意的是他对"思维"和"观念"做出的区分。

伊恩·哈金（Ian Hacking）:《为什么语言对哲学很重要？》(*Why Does Language Matter to Philosophy?*)，剑桥大学出版社 1975 年版。本书对哲学从"观念到意义"的转变进行了出色的概述，可读性很强。

约翰·洛克（John Locke）:《人类理解论》(*An Essay Concerning Human Understanding*)，尼迪奇（P. H. Nidditch）编，牛津大学出版社 1975 年版，首版于 1689 年。本书是经验论关于"理念"的经典陈述。

图像表征

纳尔逊·古德曼（Nelson Goodman）:《语言的艺术》（Languages of Art），哈克特出版社1976年版。本书主要批判了图像表征可以用相似性解释的观点。

*罗伯特·霍普金斯（Robert Hopkins）:"解释描写"（"Explaining depiction"），《哲学评论》（Philosophical Review）1995年第104期。

约翰·库尔维茨基（John Kulvicki）:《图像》（Images），卢德里奇出版社2014年版。本书出色而清晰地介绍了关于图像的所有哲学问题。

语言表征

柯林·麦金（Colin McGinn）:《语言哲学：经典解释》（Philosophy of Language: the Classics Explained），麻省理工学院出版社2015年版。本书是下面列出的摩尔选集中论文很好的入门指南。

*摩尔（A. W. Moore）:《意义与指称》（Meaning and Reference），牛津大学出版社1993年版。本书收录了一些二十世纪语言哲学的经典论文。

斯科特·索姆斯（Scott Soames）:《语言哲学》（Philosophy of Language），普林斯顿大学出版社2010年版。本书介绍了当今语言哲学领域的核心问题。

3 心理表征

心理表征

杰里·福多（Jerry A. Fodor）："福多导读心理表征"（"Fodor's guide to mental representation"），载《内容理论及其他论文》(*A Theory of Content and Other Essays*)，麻省理工学院出版社1990年版。本文亦与第8章相关。

大卫·皮特（David Pitt）："心理表征"（"Mental representation"），http://plato.stanford.edu/entries/mental-representation. 2012。这篇文章对本书中讨论的许多问题进行了出色而清晰的介绍。

*罗伯特·斯托奈克（Robert Stalnaker）：《追问》(*Inquiry*)，麻省理工学院出版社1984年版，第1章和第2章。

*史蒂芬·斯蒂奇（Stephen Stich）与特德·沃菲尔德（Ted Warfield）编写：《心理表征》(*Mental Representation*)，布莱克韦尔出版社1994年版。本书集结了关于表征还原论的论文，亦对第9章有用。

思维与意识

*蒂姆·贝恩（Tim Bayne）和米歇尔·蒙塔古（Michelle Montague）编写：《认知现象学》(*Cognitive Phenomenology*)，牛津大学出版社2011年版。本书包含关于思维现象学的论文。

＊尤赖亚·克里格尔（Uriah Kriegel）:《现象意向性》（Phenomenal Intentionality），牛津大学出版社 2012 年版。本书中的论文都与意向性与"现象性"（如意识）具有内在联系这一观点相关。

大卫·皮特（David Pitt）："认知现象学，抑或思考 P 是什么样子的"（"The phenomenology of cognition, or, what is it like to think that P?"），《哲学与现象学研究》（Philosophy and Phenomenological Research）2004 年第 69 期。本文认为思想具有一种"现象学"特征。

约翰·塞尔（John R. Searle）:《心灵的再发现》（The Rediscovery of the Mind），麻省理工学院出版社 1992 年版，第 7 章。本书认为意向性只能通过它自身如何在意识中表现出来的来解释。

盖伦·斯特劳森（Galen Strawson）:《心理实在》（Mental Reality），麻省理工学院出版社 1994 年版。本书认为所有真正的心理现象都是有意识的。

意向性

＊安斯康姆（G. E. M. Anscombe）："感觉的意向性：语法特征"（"The intentionality of sensation: a grammatical feature"），载巴特勒（R. J. Butler）主编:《分析哲学》（Analytical Philosophy），乔治·艾伦和昂温出版公司（George Allen and Unwin）1965 年版。亦载安斯康姆:《哲学论文第二卷》（Philosophical Papers Vol II），剑桥大学出版社 1980 年版。本文用某些动词的语法特征

对意向性进行了巧妙的解释，对初学者有一定的难度。

弗朗兹·布伦塔诺（Franz Brentano）：《从经验的观点看心理学》(*Psychology from an Empirical Standpoint*)，卢德里奇出版社 2014 年版，首版于 1874 年。本书的第二部第 1 章对心理与身体做出了重要的区分。

蒂姆·克兰（Tim Crane）：《思维的对象》(*The Objects of Thought*)，牛津大学出版社 2001 年版。本书第 4 章解释了意向性理论的基本要素。

米歇尔·蒙塔古（Michelle Montague）："反对命题主义"（"Against propositionalism"），《心灵》(*Noûs*) 2007 年第 41 期。本文认为并不是所有意向状态都是命题态度。

*南森·萨蒙（Nathan Salmon）和斯科特·索姆斯（Scott Soames）主编：《命题与态度》(*Propositions and Attitudes*)，牛津大学出版社 1988 年版。这是一本有关命题概念的经典论文选集。

约翰·塞尔（John Searle）：《意向性》(*Intentionality*)，剑桥大学出版社 1983 年版。本书第 1 章从条件满足的角度阐述了塞尔著名的意向性理论。

布伦塔诺论题

阿姆斯特朗（D. M. Armstrong）：《心灵的唯物主义理论》(*A Materialist Theory of the Mind*)，卢德里奇出版社和基根保罗出版社 1968 年版，1993 年再版。本书第 14 章主张对身体感觉的表征解释。

蒂姆·克兰（Tim Crane）："意向性"（"Intentionalism"），载安斯加·贝克曼（Ansgar Beckermann）、布赖恩·麦克劳克林（Brian McLaughlin）和斯文·沃尔特（Sven Walter）主编：《牛津心灵哲学手册》(Oxford Handbook to the Philosophy of Mind)，牛津大学出版社 2009 年版。本文为所有心理现象都具有意向性这一观点进行辩护。

* 马丁（M. G. F. Martin）："身体觉知：归属感"（"Bodily awareness: A sense of ownership"），载贝穆德斯（J.Bermudez）和艾琳（N. Eilan）主编：《身体与自我》(The Body and the Self)，麻省理工学院出版社 1995 年版。

让-保罗·萨特（Jean-Paul Sartre）：《情感理论概述》(Sketch for a Theory of the Emotions)，梅休因出版社 1971 年版，1939 年首版。本书对情感的意向性做出的解释非常有影响力。

4 理解思维者及其思维

心身问题

基思·坎贝尔（Keith Campbell）：《身体与心灵》(Body and Mind)，道布尔戴出版公司 1970 年版。这是一本老书，但仍不失为身心问题最好的介绍之一。

蒂姆·克兰（Tim Crane）：《心灵的要素》(Elements of Mind)，牛津大学出版社 2001 年版，第 2 章。本章介绍了身心问题的因果关系，即心理事物如何影响物理世界。

* 卡尔·克拉弗（Carl Craver）:《解释大脑》（*Explaining the Brain*），牛津大学出版社 2009 年版。

杰里·福多:"心身问题"（"The mind-body problem"），载苏巴卡（T. Szubka）和沃纳（R. Warner）主编:《心身问题》（*The Mind-Body Problem*），布莱克韦尔出版社 1994 年版。如果你没有阅读过任何关于身心问题的内容，请先阅读这篇文章。

金在权（Jaegwon Kim）:《心灵哲学》（*The Philosophy of Mind*），西景出版社 1996 年版。本书由该领域主要学者撰写，对心灵形而上学问题进行了权威的介绍。

理解他心

* 内德·布洛克（Ned Block）:"心理主义与行为主义"（"Psychologism and behaviourism"），《哲学评论》（*Philosophical Review*）1980 年第 90 期。文中提出了反对行为主义的有影响力的论点，以及将心理状态归于他人意味着什么。

夸西姆·卡萨姆（Quassim Cassam）:《自我知识》（*Self-Knowledge for Humans*），牛津大学出版社 2014 年版。本文认为我们可以用了解他人心灵的方式来了解自己的心灵。

威尔·麦克尼尔（Will McNeill）:"当看到有人生气时"（"On seeing that someone is angry"），《欧洲哲学期刊》（*European Journal of Philosophy*）2012 年第 20 期。本文认为你真的可以看到人们处于某种特定的心理状态。

思维的因果图景

阿姆斯特朗（D. M. Armstrong）:"心灵的因果理论"（"The causal theory of mind"），载利康（Lycan）主编:《心灵与认知》（*Mind and Cognition*），布莱克韦尔出版社 1990 年版。本文是阿姆斯特朗版本的功能主义，非常清楚。

唐纳德·戴维森（Donald Davidson）:"行动、理由与原因"（"Actions, reasons and causes"），载戴维森（Davidson）主编:《论行动与事件》（*Essays on Actions and Events*），牛津大学出版社 1980 年版。本文认为理由和行动之间存在一种因果关系。

* 吉尔伯特·哈曼（Gilbert Harman）:《思维》（*Thought*），普林斯顿大学出版社 1973 年版。本书清晰地阐述了心灵的功能主义理论。

恩斯特·索萨（Ernest Sosa）和迈克尔·托雷（Michael Tooley）主编:《因果关系》（*Causation*），剑桥大学出版社 1993 年版。本书是关于因果关系哲学的经典著作集。

5　常识心理学与科学

常识心理学的本质

丹尼尔·丹尼特（Daniel C. Dennett）:《意向立场》（*The Intentional Stance*），麻省理工学院出版社 1987 年版。本书对丹尼特的常识心理学的"解释主义"观点进行了最好的介绍，尤其是"真实的信者"("True believers")和"三种意向心理"("Three kinds of intentional psychology")这两篇。

大卫·刘易斯（David Lewis）："心物同一与理论同一"（"Psychophysical and theoretical identification"），载刘易斯主编：《形而上学和认知论论文集：哲学论文第二卷》(Papers on Metaphysics and Epistemology, Philosophical Papers Volume 2)，剑桥大学出版社1999年版。本文提出了一个非常有影响力的观点，即常识心理学是一种理论，并讨论了常识心理学如何支持物理主义。

格雷戈里·麦卡洛克（Gregory McCulloch）："科学主义、心灵与意义"（"Scientism, mind and meaning"），载菲利普·佩蒂特（Philip Pettit）和约翰·麦克道威尔（John McDowell）主编：《主体、思维与内容》(Subject, Thought and Context)，牛津大学出版社1987年版。本文反对这种认为常识心理学包含了寻找类似法律的规律性的"科学"观，并提出了替代方案。

凯瑟琳·威尔克斯（Kathleen Wilkes）："漫长的过去和短暂的历史"（"The long past and the short history"），载博格丹（R. Bogdan）主编：《心灵与常识》(Mind and Commonsense)，剑桥大学出版社1991年版。本文提出了一个重要却被忽视的观点，即常识心理学和科学心理学不是在做同一件事。

思维的科学：取消还是辩护？

保罗·丘奇兰德（Paul M. Churchland）："取消唯物主义和命题态度"（"Eliminative materialism and the propositionalattitudes"），《哲学期刊》(*Journal of Philosophy*) 1981 年第 78 期。本文为常识心理学的取消辩护。

杰里·福多（Jerry Fodor）：《心理语义学》(*Psychosemantics*)，麻省理工学院出版社 1987 年版，第 1 章。本章是对常识心理学有力的辩护。

特伦斯·霍根（Terence Horgan）和詹姆士·伍德沃德（James Woodward）："民间心理学一直在此"（"Folk psychology is here to stay"），载利康（W. G. Lycan）主编：《心灵与认知》(*Mind and Cognition*)，布莱克韦尔出版社 1990 年版。

史蒂芬·斯蒂奇（Stephen P. Stich）：《从民间心理学到认知科学》(*From Folk Psychology to Cognitive Science*)，麻省理工学院出版社 1983 年版。本书将常识心理学的洞见与关于其科学前景的一种激烈怀疑论结合起来。

理论 vs 模拟

马丁·戴维斯（Martin Davies）和托尼·斯通（Tony Stone）主编：《民间心理学：心灵理论论辩》(*Folk Psychology: The Theory of Mind Debate*) 和《心灵模拟：评估与应用》(*Mental Simulation: Evaluations and Applications*)，两书均由布莱克韦尔出版社 1995 年出版。这两本论文集收录了模拟论和理论论之辩最重要的论文。

罗伯特·乔登（Robert Gordon）："作为模仿的民间心理学"（"Folk psychology as simulation"），《心灵与语言》(*Mind & Language*) 1986 年第 1 期。本文提出了一种略有不同的模拟论。

简·希尔（Jane Heal）："复制与功能主义"（"Replication and functionalism"），载巴特菲尔德（J. Butterfield）主编：《语言、心灵与逻辑》(Language, Mind and Logic)，剑桥大学出版社1986年版。本文是对模拟论替代方案的最早阐述之一。

6　计算与表征

计算的理论

＊杰克·科普兰（Jack Copeland）："现代计算史"（"The modern history of computing"），http://plato.stanford.edu/entries/computinghistory (2006)。这是一篇关于计算引人入胜的历史阐释。

克拉克·格利莫尔（Clark Glymour）：《全面思考：哲学问题与成就引论》(Thinking Things Through: An Introduction to Philosophical Issues and Achievements)，麻省理工学院出版社1992年版，第12章和第13章。这两章对计算的逻辑和数学基础进行了简洁明了的介绍，无需过多的技术背景就能读懂。

德鲁·霍奇斯（Andrew Hodges）：《艾伦·图灵传——如谜的解谜者》(Alan Turing: the Enigma)，西蒙与舒斯特出版社1983年版。这本图灵的传记已成为一本经典著作，其中包含了对图灵思想非常清晰的说明。

罗杰·彭罗斯（Roger Penrose）：《皇帝的新脑》(The Emperor's New Mind)，牛津大学出版社1989年版，第2章。本书

整体上提出了一些很有争议的想法，但是本章包含了关于图灵机概念的出色论述。

计算机是什么？

内德·布洛克（Ned Block）:"心灵的计算机模型"（"The computer model of the mind"），载丹尼尔·欧什森（Daniel N. Osherson）等主编:《认知科学导引（第三卷）：思维》（*An Invitation to Cognitive Science*, volume 3, *Thinking*），麻省理工学院出版社1990年版。本书对计算机进行了非常清晰的描述，它也是与第7章极为相关的阅读材料。

约翰·豪格兰德（John Haugeland）:"语义机器：心灵设计导论"（"Semantic engines: an introduction to mind design"），载约翰·格兰德主编:《心灵设计》（*Mind Design*），麻省理工学院出版社1981年版。

约瑟夫·维森鲍姆（Joseph Weizenbaum）:《计算机的力量和人类的理性》（*Computer Power and Human Reason*），企鹅出版社1976年版。这是一本经典畅销书，对计算机是什么做出了精彩的介绍。

7 计算机能思考吗？

能思考的计算机

玛格丽特·博登（Margaret Boden）:《心灵的计算机模型：

理论心理学的计算路径》(Computer Models of Mind: Computational Approaches in Theoretical Psychology)，剑桥大学出版社1988年版。这是一本由本领域的领军学者撰写的非常有用的教科书。

约翰·豪格兰德（John Haugeland）：《心灵设计》(Mind Design)，麻省理工学院出版社1981年版，1997年第二版有重大修订。这是一本关于人工智能哲学和认知科学的论文集。

菲利普·约翰逊－莱尔德（Philip Johnson-Laird）：《计算机与心灵：认知科学导论》(The Computer and the Mind: An Introduction to Cognitive Science)，哈佛大学出版社1988年版。本书介绍了计算的方法如何运用到心理学。

艾伦·图灵（Alan Turing）："计算的机器与智能"（"Computing machinery and intelligence"），载玛格丽特·博登（Margaret Boden）主编：《人工智能哲学》(The Philosophy of Artificial Intelligence)，牛津大学出版社1990年版。

什么是人工智能（AI）？

*玛格丽特·博登（Margaret Boden）主编：《人工智能哲学》(The Philosophy of Artificial Intelligence)，牛津大学出版社1990年版。这本论文集收录了人工智能和人工智能哲学领域的许多经典论文。

杰克·科普兰（Jack Copeland）：《人工智能：哲学导论》(Artificial Intelligence: A Philosophical Introduction)，布莱克韦尔出版社1993年版。这本书对人工智能历史的介绍比豪格兰德的更为详细。

约翰·豪格兰德（John Haugeland）:《人工智能：观念起源》（*Artificial Intelligence: the Very Idea*），麻省理工学院出版社1985年版。在哲学方面，这本书比科普兰的覆盖面更广，但是两本著作都备受推崇。

大卫·马尔（David Marr）:"人工智能：个人的观点"（"Artificial intelligence: a personal view"），载玛格丽特·博登（Margaret Boden）主编：《人工智能哲学》（*The Philosophy of Artificial Intelligence*），和约翰·豪格兰德（John Haugeland）主编：《心灵设计》（*Mind Design*），麻省理工学院出版社1981年版。

*拉塞尔（S. J. Russell）和诺维格（P. Norvig）:《人工智能：一种现代的方法》（*Artificial Intelligence: A Modern Approach*），普林帝斯霍尔出版供公司2010年版。本书对人功能智能进行了标准的介绍，专注技术而非哲学。

对AI的批评

丹尼尔·丹尼特（Daniel Dennett）:"认知的车轮：AI的框架问题"（"Cognitive wheels: The frame problem of AI"），载玛格丽特·博登（Margaret Boden）主编：《人工智能哲学》（*The Philosophy of Artificial Intelligence*），牛津大学出版社1990年版。

休伯特·德雷福斯（Hubert Dreyfus）:《计算机还不能做什么》（*What Computers Still Can't Do*），麻省理工学院出版社1992年版。这是一本非常棒的读物，即使一些经验性的主张现在已被证明有误，但书中包含了很多令人振奋的想法，十分具有启发性。

约翰·塞尔（John Searle）:《心、脑与科学》(Minds, Brains and Science)，企鹅出版社1984年版。塞尔用整本书介绍了他的中文屋论证和相关的内容，可读性很强。

约翰·塞尔（John Searle）："心、脑与程序"("Minds, brains and programs")，载玛格丽特·博登（Margaret Boden）主编：《人工智能哲学》(The Philosophy of Artificial Intelligence)，牛津大学出版社1990年版。这篇论文是塞尔的《心、脑与科学》一书的浓缩版，同样具有很强的可读性。

默里·沙纳汉（Murray Shanahan）："框架问题"("The frame problem")，载《斯坦福哲学百科全书》(The Stanford Encyclopedia of Philosophy)，http://plato.stanford.edu/entries/frame-problem (2009)。本文对框架问题进行了详尽的解释，作者是人工智能领域的专家和哲学家。

8　思维的机制

认知、计算与功能主义

丹尼尔·丹尼特（Daniel C. Dennett）："意识的认知理论"("Towards a cognitive theory of consciousness")和"为什么你无法制造一台可感觉疼痛的电脑？"("Why you can't make a computer that feels pain")，载丹尼特：《头脑风暴》(Brainstorms)，哈维斯特出版社1978年版，企鹅出版社1997年再版。

约翰·豪格兰德（John Haugeland）："认知主义的本质与可行性"（"The nature and plausibility of cognitivism"），载约翰·豪格兰德：《心灵设计》（*Mind Design*），麻省理工学院出版社 1981 年版。

希拉里·普特南（Hilary Putnam）："心理状态的性质"（"The nature of mental states"）和"心理生活的哲学"（"Philosophy and our mental Life"），载普特南：《心灵、语言与现实》（*Mind, Language and Reality*），剑桥大学出版社 1975 年版。普特南的这篇原创性论文为功能主义辩护，并将该学说与图灵机的思想联系起来。

* 蒂姆·冯·盖尔德（Tim van Gelder）："如果不是计算，那么认知可能是什么？"（"What might cognition be, if not computation?"），《哲学期刊》（*Journal of Philosophy*）1995 年第 92 期。本文将动力系统理论运用于心灵研究。

思维语言

* 露易丝·安东尼（Louise Antony）："思考"（"Thinking"），载安斯加·贝克曼（Ansgar Beckermann）、布赖恩·麦克劳克林（Brian McLaughlin）和斯文·沃尔特（Sven Walter）主编：《牛津心灵哲学手册》（*Oxford Handbook to the Philosophy of Mind*），牛津大学出版社 2009 年版。

丹尼尔·丹尼特（Daniel Dennett）："公共代码的解药"（"A cure for the common code?"），载《头脑风暴》（*Brainstorms*），哈维斯特出版社 1978 年版，企鹅出版社 1997 年再版。

354

杰里·福多（Jerry A. Fodor）:《心理语义学》（*Psychosemantics*），麻省理工学院出版社1987年版，第1章和附录。

*杰里·福多（Jerry A. Fodor）:《心理语言2》（*LOT 2*），牛津大学出版社2008年版。这是在心理语言假说被首次提出三十年之后福多对这一假设的再度思考。

史蒂文·平克（Steven Pinker）:《语言本能》（*The Language Instinct*），企鹅出版社1994年版。本书对乔姆斯基的语言观（与心理语言假设有关）进行了通俗易懂的解释，充满了关于语言的有趣事实。

苏珊·施奈德（Susan Schneider）:《思维语言》（*The Language of Thought*），麻省理工学院出版社2011年版。这本书对思维语言及其现状进行了重要的概括。

联结主义

威廉·伯奇特尔（William Bechtel）和阿黛尔·埃博拉汉森（Adele Abrahamsen）:《联结主义与心灵》（*Connectionism and the Mind*），布莱克韦尔出版社1991年版，第6章。

安迪·克拉克（Andy Clark）:《微认知》（*Microcognition*），麻省理工学院出版社1989年版，第9章。这本书对这些问题进行了介绍，书写精彩，可读性强。

*布莱恩·麦克劳克林（Brian McLaughlin）:"计算主义、联结主义和心灵哲学"（"Computationalism, connectionism and the philosophy of mind"），载《Blackwell计算与信息导论》（*The Blackwell Guide to Computation and Information*），布莱克韦尔出

版社 2002 年版。

9 解释心理表征

还原与定义

* 吉尔伯特·哈曼（Gilbert Harman）："奎因论意义与存在 I：意义的死亡"（"Quine on meaning and existence I: The death of meaning"），《形而上学评论》（*Review of Metaphysics*）1976 年第 21 期。本文是对奎因观点的权威阐释，甚至比奎因本人的阐释还更加直接明了。

埃内斯特·内格尔（Ernest Nagel）：《科学的结构》（第二版）（*The Structure of Science*），哈克特出版公司 1979 年版，首版于 1961 年。本书是对科学中的还原论的经典讨论。

* 奎因（W. v. Quine）："经验主义的两个教条"（"Two dogmas of empiricism"），载《从逻辑的观点看》（*From a Logical Point of View*），哈佛大学出版社 1953 年版。奎因在本文中对"以意义为根据的真理"（分析真理）观展开了著名的批判。

* 皮特·史密斯（Peter Smith）："适度的还原和科学的统一"（"Modest reductions and the unity of science"），载大卫·查理（David Charle）和凯瑟琳·列侬（Kathleen Lennon）主编：《还原、解释与实在论》（*Reduction, Explanation and Realism*），牛津大学出版社 1991 年版。本文对科学中的还原论进行了审慎而现实的解释。

* 史蒂芬·斯蒂奇（Stephen Stich）："什么是心理表征理论？"（"What is a theory of mental representation?"），《心灵》（Mind）1992 年第 101 期。

心理表征的因果理论

* 弗雷德·德雷斯克（Fred Dretske）：《知识和信息流》（Knowledge and the Flow of Information），麻省理工学院出版社 1981 年版。本书是德雷斯克对内容因果论/信息论的全面陈述。

弗雷德·德雷斯克（Fred Dretske）："认知状态的意向性"（"The intentionality of cognitive states"），载大卫·罗森塔尔（David Rosenthal）等主编：《心灵的本质》（The Nature of Mind），牛津大学出版社 1991 年版。本文是对德雷斯克观点更简要的陈述。

杰里·福多（Jerry A. Fodor）：《心理语义学》（Psychosemantics），麻省理工学院出版社 1987 年版，第 4 章。本章解释了福多对因果论，是对这一主题最清晰的阐释。

* 杰里·福多（Jerry A. Fodor）："语义学，威斯康星风格"（"Semantics, Wisconsin style"），载《内容理论及其他论文》（A Theory of Content and Other Essays），麻省理工学院出版社 1990 年版。当时，斯坦普和德雷斯克都曾在威斯康星大学工作，他们在那里发展了自己的理论。

* 丹尼斯·斯坦普（Dennis W. Stampe）："语言表征的因果理论"（"Toward a causal theory of linguistic representation"），《中西部哲学研究》（Midwest Studies in Philosophy）1977 年第 2

期。本文是内容因果关系理论的先驱,在这里应用于语言内容。

失误问题

*露易丝·安东尼(Louise Antony)和约瑟夫·莱文(Joseph Levine):"规范与稳定"("The nomic and the robust"),载乔治·雷(George Rey)和巴瑞·洛威尔(Barry Loewer)主编:《心灵中的意义》(*Meaning in Mind*),布莱克韦尔出版社1991年版。

*罗伯特·卡明斯(Robert Cummins):《意义与心理表征》(*Meaning and Mental Representation*),麻省理工学院出版社1989年版,第5章。

弗雷德·德雷斯克(Fred Dretske):"错误表征"("Misrepresentation"),载博格丹(R. Bogdan)主编:《信念》(*Belief*),牛津大学出版社1985年版。

*杰里·福多(Jerry Fodor):《内容理论与其他论文》(*A Theory of Content and Other Essays*),麻省理工学院出版社1990年版,第3章。本章论述了"非对称性依存"理论。

10　机械的心灵及其生物基础

成功理论

＊西蒙·布莱克本（Simon Blackburn）："成功语义学"（"Success semantics"），载霍尔瓦尔·利勒哈默尔（Hallvard Lillehammer）和梅勒（D. H. Mellor）主编：《拉姆齐的遗产》（*Ramsey's Legacy*），牛津大学出版社 2005 年版。

布雷斯韦特（R. B. Braithwaite）："信念与行动"（"Belief and action"），《亚里士多德学会会刊》（*Proceedings of the Aristotelian Society*）1946 年增刊第 20 卷。作者是研究成功理论的先驱。

＊梅勒（D. H. Mellor）："成功语义学"（"Successful semantics"），载梅勒：《心灵、意义与实在》（*Mind, Meaning and Reality*），牛津大学出版社 2012 年版。

罗伯特·斯托奈克（Robert Stalnaker）：《追问》（*Inquiry*），麻省理工学院出版社 1984 年版，第 1 章。本章通过回答基于信念和欲望的行动如何获得成功来为信念和欲望下定义。

怀特（J. T. Whyte）："成功语义学"（"Success semantics"），《分析》（*Analysis*）1991 年第 50 期。本文简明地论述了信念内容的成功理论。

心理表征的生物理论

＊罗伯特·卡明斯（Robert Cummins）：《意义与心理表征》

(*Meaning and Mental Representation*),麻省理工学院出版社1989年版,第7章。本章是对生物理论的批判。

*露丝·米利肯（Ruth Millikan）：《语言、思维及其他生物学范畴》(*Language, Thought and other Biological Categories*),麻省理工学院出版社1986年版。本书是米利肯对这个问题的阐释,对初学者而言,这本书比帕皮诺的难度大一些。

凯伦·尼安德（Karen Neander）：" '功能'的目的论概念"("The teleological notion of 'function'"),载《澳洲哲学期刊》(*Australasian Journal of Philosophy*)1991年第69期。虽然本文并没有直接回答心灵的问题,但是它对于理解帕皮诺和米利肯的观点非常有用。

大卫·帕皮诺（David Papineau）：《哲学的自然主义》(*Philosophical Naturalism*),布莱克韦尔出版社2002年版,第2章和第3章。这两章清晰地阐述了帕皮诺关于这个理论的观点。

进化心理学

*巴考（J. L. Barkow）、科思米德斯（L. Cosmides）和图比（J. Tooby）主编：《适应心理：进化心理学与文化生成》(*The Adapted Mind: Evolutionary Psychology and the Generation of Culture*),牛津大学出版社1992年版。

丹尼尔·丹尼特（Daniel C. Dennett）：《达尔文的危险思想》(*Darwin's Dangerous Idea*),艾伦·雷恩出版社1995年版。本书是对达尔文理论的通俗阐释。

杰里·福多（Jerry A. Fodor）：《临界条件》(*In Critical Con-*

dition），麻省理工学院出版社 1998 年版。本书涉及对进化心理学的批评。

杰里·福多（Jerry A. Fodor）:《心灵不是那样工作的》(*The Mind Doesn't Work That Way*)，麻省理工学院出版社 2000 年版，第 4 章。

保罗·格里菲思（Paul Griffiths）和金·斯蒂尔尼（Kim Sterelny）:《性与死亡：生物哲学导论》(*Sex and Death: An Introduction to the Philosophy of Biology*)，芝加哥大学出版社 1999 年版。本书对生物哲学进行了精彩的介绍。

史蒂文·平克（Steven Pinker）:《心灵如何工作》(*How the Mind Works*)，诺顿出版社 1997 年版。本书对进化心理学的主要观点进行了通俗的解释。

心灵的模块性

杰里·福多（Jerry A. Fodor）:《心灵的模块性》(*The Modularity of Mind*)，麻省理工学院出版社 1983 年版。在书中福多对他最开始提出的理论进行了经典的阐释。

杰里·福多（Jerry A. Fodor）:《心灵不是那样工作的》(*The Mind Doesn't Work That Way*)，麻省理工学院出版社 2000 年版。福多在书中直接回应了史蒂文·平克对大规模模块性的辩护。

史蒂文·平克（Steven Pinker）:《心灵如何工作》(*How the Mind Works*)，诺顿出版社 1997 年版。本书对"大规模模块性"观点进行辩护，阐述清晰，可读性强。

*杰西·普林兹（Jesse Prinz）："心灵真的是模块吗？"（"Is the mind really modular?"），载《认知科学的当代争论》（*Contemporary Debates in Cognitive Science*），布莱克韦尔出版社 2006 年版。本文反对模块性。

*丹·斯珀伯（Dan Sperber）："为大规模模块性辩护"（"In defense of massive modularity"），载都彭（I. Dupoux）：《语言、大脑与认知发展》（*Language, Brain, and Cognitive Development*），麻省理工学院出版社 2002 年版。本文内容如标题所言。

11 心灵的延展

作为关系的意向性

蒂姆·克兰（Tim Crane）：《心灵的要素》（*Elements of Mind*），牛津大学出版社 2001 年版，第 1 章。这一章对本节讨论的问题进行了更加详尽的阐释。

*约翰·德拉蒙德（John Drummond）："没有表征主义的意向性"（"Intentionality without representationalism"），载丹·扎哈维（Dan Zahavi）：《牛津当代现象学手册》（*Oxford Handbook of Contemporary Phenomenology*），牛津大学出版社 2012 年版。受胡塞尔现象学的影响，本文从一个有趣的路径切入到这个问题。

*约翰·麦克道威尔（John McDowell）："作为关系的意向性"（"Intentionality as a relation"），《哲学期刊》（*Journal of Phi-*

losophy）1998 年第 95 期。

希拉里·普特南（Hilary Putnam）:《理性、真理与历史》（*Reason, Truth and History*），剑桥大学出版社 1980 年版，第 1 章和第 2 章。本书认为意向性并不"神奇"，它必须包含与环境的关系。

丹·扎哈维（Dan Zahavi）:《胡塞尔现象学》（*Husserl's Phenomenology*），斯坦福大学出版社 2003 年版。本书对胡塞尔的思想进行了出色而简洁的介绍。

关于内容的外在论

西蒙·布莱克本（Simon Blackburn）:《传播话语》（*Spreading the Word*），牛津大学出版社 1984 年版，第 9 章。本章对外在论进行了批评。

*泰勒·伯吉（Tyler Burge）:"个体主义与心理现象"（"Individualism and the mental"），载《心灵的基础》（*Foundations of Mind*），牛津大学出版社 2005 年版。本文比孪生地球论证的形式更加复杂。

卡塔林·法尔卡斯（Katalin Farkas）:"什么是外在主义？"（"What is externalism?"），《哲学研究》（*Philosophical Studies*）2002 年第 112 期。本文认为外在主义背后的主要思想并不是关于大脑与身体的局限，而是我们对自己心理状态优先知识（privileged knowledge）的局限。

*约翰·麦克道威尔（John McDowell）:"单一的思维与内部空间的范围"（"Singular thought and the extent of inner space"），

载佩蒂特（P. Pettit）和麦克道威尔（J. McDowell）主编：《主体、思维和语境》(*Subject, Thought and Context*)，克拉伦登出版社1986年版。这是一篇复杂而丰富的论文，它主张外在主义，但没有使用"孪生地球"论证。

希拉里·普特南（Hilary Putnam）："'意义'的意义"（"The meaning of 'meaning'"），载普特南的《心灵、语言和现实》(*Mind, Language and Reality*)，剑桥大学出版社1975年版。这是一篇经典论文，普特南在这里首次提出了孪生地球论证。

延展心灵

安迪·克拉克（Andy Clark）和大卫·查默斯（David Chalmers）："延展心灵"（"The extended mind"），《分析》(*Analysis*) 1998年第58期。这是一篇原创性论文。

*卡塔林·法尔卡斯（Katalin Farkas）："延展心灵论题的两个版本"（"Two versions of the extended mind thesis"），《哲学》(*Philosophia*) 2012年第40期。本文将关于心理机制在人体外部延伸的相对枯燥的主张与关于如何表征功能角色的更为实质性的主张区别开来。

罗伯特·鲁珀特（Robert D. Rupert）："对延展认知假设的挑战"（"Challenges to the hypothesis of extended cognition"），《哲学期刊》(*Journal of Philosophy*) 2004年第101期。

马克·斯普雷瓦克（Mark Sprevak）："延展认知与功能主义"（"Extended cognition and functionalism"），《哲学期刊》(*Journal of Philosophy*) 2009年第106期。本文认为延展心灵是

功能主义的自然结果。

具身认知与生成认知

罗德尼·布鲁克斯（Rodney Brooks）："没有表征的智能"（"Intelligence without representation"），《人工智能》（*Artificial Intelligence*）1991年第47期。本文认为机器人不是行走的百科全书。

安迪·克拉克（Andy Clark）：《心灵软件》（第2版）（*Mindware*），牛津大学出版社2014年版。本书对心灵哲学的许多领域进行了精彩的介绍，可读性很强，第5—8章涵盖了本章的内容。

*卡塔林·法尔卡斯（Katalin Farkas）："心灵的界限"（"The boundaries of the mind"），载埃米·肯德（Amy Kind）主编：《心灵哲学史：二十世纪》（*History of the Philosophy of Mind: The Twentieth Century*），卢德里奇出版社2018年版。

大卫·米尔纳（David Milner）和梅尔文·古德尔（Melvyn Goodale）："知觉和行动的独立视觉通道"（"Separate visual pathways for perception and action"），《神经科学趋势》（*Trends in Neuroscience*）1992年第15期。本文并不是关于认知的生成论，而是关于视觉如何与行动相关联的重大发现。

*苏珊·赫利（Susan Hurley）：《行动中的意识》（*Consciousness in Action*），哈佛大学出版社2002年版。本书雄心勃勃地批评了我在这一章讨论的"三明治"认知观。

阿瓦·诺伊（Alva Noë）：《头部之外》（*Out of Our Heads*），

希尔与王出版社 2010 年版。本书对生成论进行了引人入胜的介绍，可读性很强。

＊弗朗西斯科·瓦雷拉（Francisco varela）、埃文·汤普森（Evan Thompson）和埃莉诺·罗施（Eleanor Rosch）：《涉身心灵》(*The Embodied Mind*)，麻省理工学院出版社 1991 年版。本书是关于这一运动的基础文献之一。

玛格丽特·威尔逊（Margaret Wilson）："具身心灵的六种观点"（"Six views of embodied cognition"），《心理环境通报与评论》(*Psychonomic Bulletin & Review*) 2002 年第 9 期。本文从心理学视角对这一问题展开研究。

12　心理表征的非还原构想

反对还原论

＊泰勒·伯吉（Tyler Burge）：《客观性的起源》(*Origins of Objectivity*)，牛津大学出版社 2010 年版。本书大量地尝试用非还原的方法解释表征。

大卫·查莫斯（David Chalmers）："直面意识难题"（"Facing up to the problem of consciousness"），《意识研究期刊》(*Journal of Consciousness Studies*) 1995 年第 3 期。本文主张功能主义的非还原形式。

蒂姆·克兰（Tim Crane）和梅勒（D. H. Mellor）："物理主义是毫无疑问的"（"There is no question of physicalism"），《心

灵》(*Mind*),1990 年第 99 期。本文反对心灵哲学对物理主义不加批判的吸收,并质疑这一理论的明晰性和重要性。

＊亚当·保茨(Adam Pautz):"关于意识的一个简单看法"("A simple view of consciousness"),载罗伯特·昆斯(Robert C. Koons)和乔治·比勒(George Bealer)主编:《唯物主义的衰落》(*The Waning of Materialism*),牛津大学出版社 2009 年版。本文认为感觉经验中的意向性具有不可还原性。

计算与表征的非还原性构想

罗伯特·卡明斯(Robert Cummins):《意义与心理表征》(*Meaning and Mental Representation*),麻省理工学院出版社 1988 年版,第 8 章。

＊弗朗西斯·伊根(Frances Egan):"个人主义、计算和知觉内容"("Individualism, computation and perceptual content"),《心灵》(*Mind*)1992 年第 101 期。

＊罗伯特·马修斯(Robert Matthews):"心灵的尺度"("The measure of mind"),《心灵》(*Mind*)1994 年第 103 期。

13　意识与机械心灵

意识、"是什么样子"和感受性质

＊内德·布洛克(Ned Block):"关于意识功能的困惑"("On a confusion about a function of consciousness"),载内

德·布洛克、欧文·弗拉拉根（Owen Flanagan）和古芬·古扎德雷（Güven Güzeldere）主编：《意识的本质》（*The Nature of Consciousness*），麻省理工学院出版社1997年版。该文是区分"现象"意识和"取用"意识的经典论文。

丹尼尔·丹尼特（Daniel Dennett）：《意识的解释》（*Consciousness Explained*），艾伦·雷恩出版社1991年版。本书集结了丹尼特对意识问题的思考，解释力强且可读性高。

吉尔伯特·哈曼（Gilbert Harman）："经验的内在属性"（"The intrinsic qualities of experience"），载布洛克（Block）、弗拉纳根（Flanagan）和古扎德雷（Güzeldere）主编：《意识的本质》（*The Nature of Consciousness*），麻省理工学院出版社1997年版。本文认为意识经验不涉及内在的"感受性质"。

迈克尔·泰（Michael Tye）：《意识的十个问题》（*Ten Problems of Consciousness*），麻省理工学院出版社1995年版，第5章。本章提出了关于疼痛和其他身体感觉的内在主义观。

意识与物理主义

*卡塔琳·巴洛（Katalin Balog）："可想象性、可能性与心身问题"（"Conceivability, possibility and the mind-body problem"），《哲学评论》（*Philosophical Review*）1999年第108期。本文批判了反对物理主义的可想象性论证。

内德·布洛克（Ned Block）："功能主义的麻烦"（"Troubles with functionalism"），载《心理学哲学读本（第一卷）》（*Readings in the Philosophy of Psychology*, volume I），梅休因出

版社1980年版。本文对基于"感受性质"的功能主义观提出反驳。

*大卫·查默斯（David Chalmers）:《有意识的心灵》(The Conscious Mind)，牛津大学出版社1996年版，第1—4章。本书的这几个章节对主要的反唯物主义论证做出了全面而严谨的解释。

弗兰克·杰克逊（Frank Jackson）:"副现象的感受性质"("Epiphenomenal qualia")，《哲学季刊》(Philosophical Quarterly) 1982年第32期。本文包含一个使用了黑白屋中的科学家玛丽这个例子的"知识论证"。

*大卫·刘易斯（David Lewis）:"经验教了什么"("What experience teaches")，载威廉·利康（Lycan）主编:《心灵与认知》(Mind and Cognition)，布莱克韦尔出版社1990年版。本文是对知识论证的物理主义回应。

托马斯·内格尔（Thomas Nagel）:"成为一只蝙蝠是什么样的？"('What is it like to be a bat?')，载内格尔（Nagel）主编:《道德问题》(Mortal Questions)，剑桥大学出版社1979年版。本文是关于此主题最好的论文和学习此主题最好的起点。

*大卫·帕皮诺（David Papineau）:《思考意识》(Thinking about Consciousness)，牛津大学出版社2002年版。本书对物理主义进行了有力的辩护，反对来自意识的论证。

霍华德·鲁滨逊（Howard Robinson）:《物质与感觉》(Matter and Sense)，剑桥大学出版社1982年版。本书对心灵的物理主义理论进行了广泛的批判，书中包含了一种形式的"知识论证",与杰克逊的论文同年出版。

科学知识的界限

蒂姆·克兰（Tim Crane）:"主观事实"("Subjective facts"),载蒂姆·克兰:《心理主义要略》(*Aspects of Psychologism*),哈佛大学出版社 2014 年版。本文认为知识论证是关于知识结论的合理论证：某些命题知识需要一定的经验。

约瑟夫·莱文（Joseph Levine）:《紫色迷雾》(*Purple Haze*),牛津大学出版社 2001 年版。莱文创造了"解释鸿沟"的术语,并尽量去弥合这一鸿沟。

柯林·麦金（Colin McGinn）:"我们可以解决心身问题吗？"("Can we solve the mind-body problem?"),《心灵》(*Mind*) 1989 年第 98 期。本文认为,我们智力能力偶然的自然局限性使我们无法解决这个问题（尽管麦金认为我们有充足的理由认为物理主义是对的）。

托马斯·内格尔（Thomas Nagel）:《心灵与宇宙》(*Mind and Cosmos*),牛津大学出版社 2012 年版。内格尔现在认为,物理主义及其预设的科学世界观很可能就是错误的,而不仅仅是难以理解的（他在 1974 年如是说）。这是一本很有争议的书。

术 语

适应（adaptation）：其本质是通过自然选择获得解释的生物体的 193
一种特征。

算法（algorithm）：函数计算（求值）的具体步骤，也称为"有效程序"或"机械程序"。

行为主义（behaviourism）：哲学中的行为主义是指可以用与行为相关的概念对心理概念进行全面分析的观点。心理学中的行为主义认为，心理学应该只研究行为，因为"内部心理状态"要么无法通过科学方法进行研究，要么不存在。

常识心理学（common-sense psychology）：也叫民间心理学（folk psychology），是思考者在解释和预测他人行为时运用的关于心理状态的假设体系。

组合性（compositionality）：是这样一个原则，即复杂语言表达的语义（参见语义学）属性和/或句法（参见句法学）属性是由构成其相对简单的表达的语义属性和/或句法属性及其组合方式决定的。

计算（computation）：用算法计算一个函数的值。

内容（content）：一个心理状态具有某种表征属性或意向性，它就具有内容（有时称为"意向内容"或"表征内容"）。当一个内容可以判断为真或假时,它就是命题内容。因此,鱼游泳这个信念具有命题内容,而安东尼对克里奥佩特拉的爱则没有命题内容。

二元论(dualism):一般来说,一个学说认为存在两种基本实体或范畴,它就是二元论的(有时这个术语也用来指这两种实体产生冲突的现象,但是这一点并不重要)。实体二元论认为现实是由精神实体和物质实体这两种基本物质构成的(也称为笛卡尔二元论)。属性二元论主张世界有两种基本属性,即精神属性和物理属性。

外延(extension):一个表达式涵盖的外界事物。由此,"尤利乌斯·恺撒"这个名字的外延是恺撒这个人,谓语"是一个人"的外延是所有人组成的集合。

外延性(extensionality):逻辑语言和语言语境(语言的组成部分)的一个特征。当某个语境或语言中句子的语义属性(即真和假)(参见语义学)只取决于其组成词汇的外延或组成句子的真假时,这个语境或语言就是外延的。

民间心理学(folk psychology):参见常识心理学。

函数/功能(function):在数学中,是指为给定输入求得输出的数学运算(如加法、减法)。可计算函数是一种有算法的函数。在生物学中,是指一个生物体器官的目的、角色或能力(如心脏的功能是为身体输送血液)。

功能主义(functionalism):在心灵哲学中,认为心理状态是通过其因果角色或因果维度得到描述的观点,也就是说,输入和输出模式(或者典型的因果模式)是心理状态的特征。分析功能主义认为是常识心理学词汇的意义为这些因果角色提供了知识,而心理学功能主义认为是实验心理学为这些因果角色提供了知识。

内涵性(intensionality):逻辑语境或语言语境的一个特征。如果一个语境不是外延的(参见外延性),那么它就是内涵的。

意向性(intentionality):心灵指向事物或表征世界的能力。

思维语言(language of thought, LOT):杰里·福多提出的用以解

释推理和其他心理过程的心理表征系统的假说。福多将这个系统称为语言,因为同自然语言一样,它也具有句法和语义。

唯物主义(materialism):有时候用作物理主义的同义词,有时指这个观点,所有事物都是物质的,即由物质构成的。

心理语言(mentalese):参见思维语言。

心理主义(mentalism):哲学和心理学的主要路径,与行为主义相对,认为内在的心理状态和过程对行为的产生具有因果效力。

现象特征(phenomenal character):某种现象意识经验的具体特征(参见现象意识)。

现象意识(phenomenal consciousness):最广义上的意识经验。如果成为某种生物会有某种经验,这种生物就具有现象意识。如果处于某种心理状态会具有某种经验,这种心灵状态就是现象意识。

现象学(phenomenology):从字面上讲,现象学是一种关于现象或显现的理论。具体而言,它是埃德蒙德·胡塞尔及其追随者所指的一种研究显现(appearances)的具体学说,它涉及我们在研究心理现象时出现的一些与外部世界相关的"加括号"(即忽视)的问题。

物理主义(physicalism):这种观点认为所有的事物都是物理的,或者所有的事物都是由物理的事物所决定的。在此,"物理的"的意思是物理学领域的。

前提(premise):在一个论证中,前提是一个断言,它通常与其他前提一起推导出结论。

程序(program):计算机用以计算某个特定函数所使用的指令集合。

命题态度(propositional attitude):罗素发明的一个术语,指那些内容为真或假(即命题)的心灵状态。信念是典型的命题态度。

感受性质(qualia):这个术语有两个含义。(1)在广义上,感受性质是具有现象特征的心理状态的属性;(2)在狭义上,感受性质是具有现象特征的心理状态的非表征(非意向)属性。

语义学（semantics）：狭义地讲，语义学是研究一种语言或表征系统的语义属性的理论。一般而言，就这些属性本身来说，语义属性就是表征的属性，表征将这些属性与世界或与它们相关的事物联系起来。意义、指称和真值是典型的语义表征。

模拟论或模拟主义（simulation theory or simulationism）：常识心理学实践中主要使用的一种方法，即想象某人是站在另一个人的角度，通过这种想象行为来解释这个人的行动。

句法学（syntax）：狭义地讲，句法学是研究某种语言或表征系统句法属性的理论。一般而言，句法属性就是表征的形式属性，它们决定了一个表达的形式是否正确。

目的论（teleology）：一种关于目标、目的或有目的的行为的理论。一个理论（如自然选择）可以成为一种目的论，即使它最终只依据更加简单的因果过程来解释目的。

理论论（Theory Theory）：一种认为常识心理学是类似于科学理论的理论。

图灵机（Turing machine）：由艾伦·图灵发明的一种机器的抽象说明。图灵机由一条写有符号的无限长的纸带和一个阅读纸带的装置构成。这个装置可以执行数量不多的简单操作：沿纸带移动，读取纸带上的符号和擦除纸带上的符号。图灵机的设计意图是为了说明计算的最普遍特征（参见图灵论题）。

图灵论题（Turing's thesis）：图灵论题认为所有的可计算函数都可以由一台图灵机来计算。图灵论题也称为丘奇－图灵论题，以提出了相似观点的阿隆佐·丘奇命名。

僵尸（zombie）：一种想象出来的没有意识的人类物理复制品。有时僵尸也被定义为一种没有感受性质的人类物理复制品。然而，对感受性质的讨论并不是僵尸假设的必要内容。

本书涉及的年代

1473	哥白尼挑战地心说
1616	威廉·哈维解释血液循环
1632	伽利略出版《两个世界系统的对话》
1641	勒内·笛卡尔出版《沉思集》,他在书中概述了新科学的原理
1642	布莱士·帕斯卡发明了第一台纯机械的加法机
1651	托马斯·霍布斯出版《利维坦》,他在书中论证了人的机械唯物主义观
1690	约翰·洛克出版《人类理解论》
1694	戈特弗里德·威廉·莱布尼茨发明可以进行乘法运算的计算器
1748	大卫·休谟出版《人类理解研究》 拉·梅特里出版《人是机器》
1786	路易吉·阿罗西奥·伽伐尼发现用电流可以刺激青蛙腿部的肌肉
1810	弗朗兹·约瑟夫·加尔出版《神经系统解剖生理学》的第一卷
1820	查尔斯·科尔马发明可以进行四则运算的机器。约瑟夫·玛

丽·雅卡尔发明可以用打纸版控制织布图样的"雅卡尔织布机"

1822　查尔斯·巴贝奇提出一种可以执行微分方程运算的机器的设计概念，他称之为"差分机"。巴贝奇花费了十年时间研究差分机，而后开始研究分析机，这（至少在概念上）是世界上第一台通用计算机

1854　乔治·布尔出版《思维规律》

1879　冯特在莱比锡城建立世界上第一个心理学实验室

戈特洛布·弗雷格出版现代逻辑学的奠基之作《概念文字》

1913　行为主义心理学家沃森发表论文"行为主义者眼中的心理学"

1923　让·皮亚杰出版发展心理学的重要著作《儿童的语言和思维》

1931　万尼瓦尔·布什发明第一台可以求解微分方程的计算器

1932　库尔特·哥德尔在数学的基础上提出哥德尔不完备定理

1936　艾伦·图灵发表论文"可计算数"，该文概述了图灵机的概念

1941　德国工程师康拉德·楚泽发明了用于设计飞机和导弹的计算机

1943　英国秘密情报局制造出破译代码计算机（Colossus），用于破解德国军事信息

1944　哈佛大学的霍华德·艾肯与IBM合作生产了第一台完全的电子计算器：自动顺序控制计算器（称为Mark I），这台机器的设计目的是为美国海军设计弹道图

1945　约翰·冯·诺依曼设计存储程序通用电子计算机方案（EDVAC, electronic discrete variable automatic computer）。EDVAC拥有记忆，内含一个存储程序、数据和一个中央处理器。这种"冯诺依曼体系结构"成为计算机设计的核心概念

1946　就职于宾夕法尼亚大学的约翰·皮斯普·埃克特和约翰·莫齐利制造电子数值积分计算机（ENIAC, electronic numerical integrator and calculator）。ENIAC是一台比艾肯的Mark I运算速度快一千倍的通用计算机

本书涉及的年代

1948	晶体管的发明使计算机的发展产生了重要的变化。直到 1956 年，计算机一直使用晶体管
1949	锂被用于抑郁症的治疗
1950	图灵发表论文"计算机和智能"，文中描述了用于检验智能的"图灵测试"（"模仿游戏"）
1953	弗朗西斯·克里克、詹姆士·沃森和莫里斯·威尔金斯发现 DNA 结构
1957	诺姆·乔姆斯基出版《句法结构》，他在该书中提出语言的表层结构应被理解为深层的处理或转换的结果
1958	美国工程师杰克·基尔比发明集成电路，集成电路把不同的电子元件集合在一块小硅片上，它使电脑的体积变小
1960	希拉里·普特南出版《心灵与机器》，该书为心灵哲学中的功能主义辩护
1963	唐纳德·戴维森发表《行动、理由和原因》
1971	英国科学家龙格-希金斯提出"认知科学"这个术语
1971	英特尔 4004 芯片被生产出来，它可以把电脑所有的元件（中央处理器、内存等）集成在一个很小的芯片上
1981	IBM 生产出世界上第一台个人电脑
1982	大卫·马尔的遗著《视觉》出版
1984	苹果公司生产出第一台"麦金塔"（Macintosh）电脑，这台电脑使用了施乐（Xerox）公司于 20 世纪 70 年代首次发明的图形用户界面（鼠标、窗口等）。然而具有讽刺意味的是，图形用户界面最开始被认为是并不具有商业价值
1988	人类基因工程在华盛顿特区建立
1990	蒂姆·伯纳斯-李研发出使万维网成为可能的工具
1997	国际象棋大师和世界冠军加里·卡斯帕罗夫负于会下国际象棋的计算机"深蓝"
2004	马克·扎克伯格在哈佛大学读书期间创办社交网 Facebook

索 引

（所标页码为原书页码，即本书边码）

A

aboutness 关于性，参见意向性 intentionality

abstract objects 抽象客体 155, 158, 160—161

accidental regularities 偶然规律 40

adaptation and adaptationism 适应和适应主义 130—133, 137

affordances 可供性 148—149

agency 能动性 124—125

AI 参见人工智能 artificial intelligence

alchemy 炼金术 50

algorithms 算法：人工智能和～80, 82, 84—85；自动～72—75；认知和～93, 163；功能和～59, 61, 63—64；图灵机和～66—71

ambiguity 歧义 79, 96

analogue representation 模拟表征 70

and-gate 与门 80, 100

animal psychology 动物心理学 3, 56, 168

Anscombe, G. E. M. 安斯康姆 41

Aquinas, St Thomas 圣·托马斯·阿奎那 22

architectures (computer) 结构（计算机）74, 106, 165

argument (of function)（函数的）自变量，参见函数 functions

arguments: valid 自变量：有效的～144

Aristotle 亚里士多德 2

Artificial Intelligence 人工智能 76, 80—90, 105—106, 112, 166

Asymmetric Dependence theory (Fodor) 非对称依赖性理论（福多），参见表征 representation

Augustine, St 圣·奥古斯丁 168

autism 自闭症 137

B

Babbage, Charles 查尔斯·巴尔奇 80

bachelor 单身汉 115—116

Bacon, Francis 弗朗西斯·培根 2, 166

索 引

behaviourism 行为主义 35—40；图灵测试和~ 82
beliefs 信念：行为主义和~ 36—37；~的原因 124—125；作为行动原因的信念 47—49；~与常识心理学 45；矛盾信念 135；~的个体化 146；信念的意向性 25；信念的成功理论 125—128, 154；无意识信念 20—21；表征和~ 9, 17—19, 93, 98, 158—159, 163；亦参见命题态度 propositional attitude
Berkeley, George 乔治·贝克莱 99—100
binary notation 二进制标记法 67—68, 70, 79
biological function 生物功能 120, 124, 127—130；~的病原学理论 129—130
biological theory of mental representation 心理表征的生物理论 127—130
BIV 参见缸中之脑 brains in vats
black boxes 黑箱 72—74
black holes 黑洞 72
Block, Ned 内德·布洛克 170
Bloom, Paul 保罗·布鲁姆 133
Boden, Margaret 玛格丽特·博登 80—81
Boole, George 乔治·布尔 79
brains and computers 大脑和计算机 75, 78, 80, 86, 95, 101, 105, 107
brains in vats 缸中之脑 14, 34, 140—141, 144, 147, 151
Brentano, Franz 弗朗兹·布伦塔诺 22—23
Brentano's Thesis 布伦塔诺论题 23, 26—29, 92, 169
bridge principles 桥接原理 4
broad content 广义内容 143—144
Brooks, Rodney 罗德尼·布鲁克斯 150

C

calculation 计算 60, 62, 64, 79, 91, 101—102
Cartesianism 笛卡尔主义 146, 151, 亦参见勒内·笛卡尔 Descartes, René
causal argument (for physicalism) 因果论证（物理主义）171—172, 175
causal closure of the physical 物理世界的因果封闭性 156, 171
causal laws 因果规律 43, 116
causal theories of mental representation 心理表征的因果理论 116—118
causation 因果性 38—43, 48；反事实和~ 39—41；解释和~ 39, 41, 48, 123, 167；心理~ 42, 177；~怀疑论 45
ceteris paribus clauses 余者皆同条件 105
Chalmers, David 大卫·查默斯 144—145, 148
Cheney, D. L. 切尼 119
Chinese Room 中文屋 82, 86—89, 96
Chomsky, Noam 诺姆·乔姆斯基 104, 132
Church, Alonzo 阿隆佐·丘奇 68, 80
Church's Thesis 丘奇论题 68, 71
Churchland, Patricia 帕特丽夏·丘奇

兰德 88—89，175
Churchland, Paul 保罗·丘奇兰德 50—52，88—89，175
Clark, Andy 安迪·克拉克 144—145，148，150
cognition 认知：~的计算理论 93—94，99，103，109—110，156，163，166；具身认知 146—147，151，165；生成认知 146—151，165；模块论和~ 135—137，165
cognitive function 认知功能 157，162
cognitive science 认知科学 81，88，93—94，101，105，107，135，148—149
colour 颜色 9—10，45，114—115
common-sense psychology 常识心理学 37，44—56，156，~ 用于动物 56；~的取消 49—51；~的本体论 51；~的理论论，参见常识心理学 Theory Theory；理论论与模拟论 53—56；~的辩护 49—53
computability 可计算性 97—98，109
computability, of theories 理论的可计算性 71—72
computable functions 可计算函数 61，68
computation 计算：~和认知，参见认知 cognition；表征的计算理论 56，58—76，92，~ 和理论 71—72；~的载体 108—110
computer model 计算机模型 58，72；联结论，参见联结主义 connectionism
computers 计算机 56—76；~的定义 59，75，107—108；~和思考 77—90
conceivability arguments (against physicalism) 可设想性论证（与物理主义相对）174—175，178
connectionism 联结主义 105—110，165
consciousness 意识 19，93，165—178；~的问题 5，9，166，169，170—172，177—178；感受性质和~ 168—170；~内容（表征）19，23，125，127—129，136—137，235—236；广义意识 VS 狭义~ 143—144；关于~的外在论，参见外在论 externalism
context 语境 14，144
convention 约定 15—16，116—117
Copeland, Jack 杰克·科普兰 107
counterfactuals 反事实 39—40，42
Crick, Francis 弗朗西斯·克里克 3
Cummins, Robert 罗伯特·卡明斯 108，120，157

D

da Vinci, Leonardo 列奥那多·达·芬奇 2
Darwin, Charles 查尔斯·达尔文 133
Davidson, Donald 唐纳德·戴维森 41—42，47，128
Dawkins, Richard 理查德·道金斯 130—131
Definitions 定义：概念性~和自然主义~ 114—116；功能性~ 135；还原性 ~ 112，125—128，153—156，162—163；理论性 45，129
Dennett, Daniel 丹尼尔·丹尼特 74，

103, 168
depression 抑郁 27—28
derived intentionality 衍生的意向性, 参见意向性 intentionality
Descartes, René 勒内·笛卡尔 2—3, 21, 33, 146—147
desires 欲望: 生物功能与～ 125—128, 132, 137; ～与因果性 38—39; ～与常识心理学 44—49, 51—53; ～与心理语言 98, 108; 表征与～ 9, 17, 19; ～的满足 48, 126—128; 成功论与～ 154; 无意识的～ 21
determinism 决定论 2—3
digital computers 数字电脑 68, 70, 78—80
directedness 指向性 参见意向性 intentionality
disjunction problem 析取问题 119—122
DNA 3, 160
Dretske, Fred 弗雷德·德雷斯克 120—121
Dreyfus, Hubert 休伯特·德雷福斯 82, 84—86, 89, 105, 166
Dualism 二元论 32—33, 146

E

Eddington, Arthur 亚瑟·爱丁顿 49
effective procedures 有效程序 61—62, 69, 70, 72, 亦参见算法 algorithms
Einstein, Albert 阿尔伯特·爱因斯坦 120, 178
eliminative materialism 取消式唯物主义 50—55, 88, 132, 156

embodied mind 具身心灵 146—147, 150—151, 165
emotion 情感 10, 28
enactivism 生成论 146—149, 150—152, 165
ENIAC 埃尼阿克 75
entelechy 隐德莱希 52
error, problem of 失误问题 118—123
evil demon 邪恶的魔鬼 147, 亦参见缸中之脑 brains in vats
evolution, theory of 进化论 127—133
evolutionary psychology 进化心理学 124—125, 130, 137—138
exaptation 延伸适应 132
existential generalization 存在概括 23, 25
explanation 解释: 亚里士多德式的～ 2; 生物性～ 130, 132; 因果性～ 38—39, 41, 48, 167; 功能性～ 74; 还原性～ 4, 125, 154—156, 178; 科学性～ 53, 98
extended mind hypothesis 延展心灵假设 144—146, 151
extensionality 延展性 23, 亦参见意向性 intensionality
externalism 外在论 141—144, 146, 15

F

Farkas, Katalin 卡塔林·法尔卡斯 151
Feigl, Herbert 赫伯特·费格尔 20
Fitzpatrick, P. J. 菲茨帕特里克 31
flow charts 流程图 61—63, 74, 106, 亦参见算法 algorithms
Fodor, Jerry 杰里·福多 71, 98—99, 101, 103, 105, 109—110, 113,

116—117，121—123，134—137，153—154，157，161，167

folk physics 民间物理学 37，47

folk psychology 民间心理学，参见常识心理学 common-sense psychology

formal languages 形式语言 160

frame problem 框架问题 85，149

Frege, Gottlob 戈特洛布·弗雷格 143

Freud, Sigmund 西格蒙德·弗洛伊德 21，78

Frith, Chris 克里斯·弗里斯 160

functions 函数/功能：生物功能 124，127—130，135—137；认知函数 157，162；可计算的函数 61，68；例示函数与计算函数 70—71，78；数学函数 64，59—61，64—68，70—74，78—80；目的论功能 120—121，127；真值函数 79

functional analysis 功能分析 73

functionalism 功能主义 91—93，135，145—146，150—152

G

Galileo 伽利略 2

genes 基因 130—132

Gibson, J. J. 吉布森 148—149

Glenvill, Joseph 约瑟夫·格兰维尔 32

GOFAI（Good Old-Fashioned AI）GOFAI（好的老式的人工智能）106

Goodale, Melvyn 梅尔文·古德尔 149

Google 谷歌 80，85

Gould, Stephen J. 史蒂夫·古德 132

gravity 万有引力 3，71

Grice, H. P. 格赖斯 116—118

Giere, Ronald 罗纳德·吉尔 160

H

Haugeland, John 约翰·豪格兰德 75，91，101，106

Heal, Jane 简·希尔 54

heuristics 启发法 75，82，84，93，亦参见算法 algorithms

Hobbes, Thomas 托马斯·霍布斯 3，15，91

homunculus fallacy 小人谬误 102—103

Hume, David 大卫·休谟 38—39

I

ideal conditions 理想条件 120—121

idealism 唯心主义 32—33

ideas, as mental images 作为心理图式的观念 15

identity theory 同一论 155，亦参见物理主义 physicalism

if and only if 当且仅当 113，125—126，154，163 亦参见必要和充分条件 necessary and sufficient conditions

illusion, optical 光学幻象 134—135，160—162

imagination 想象力 174—175

immanent objectivity 内在客观性 23

implicit knowledge 隐性知识，参见内隐知识 tacit knowledge

indeterminacy 不确定性 121，亦参见析取问题 disjunction problem

indexicality 索引性 143—144

indication theory 指示理论 95，117—120

inference to the best explanation 最佳解

索引

释推理 105, 131
informational encapsulation 信息封装性 135—136
input-output devices 输入-输出装置 69, 106, 108, 147
instantiating versus computing (functions) 示例与计算（函数），参见函数 functions
intelligence 智能 22, 81—82, 84—85
intensionality 内涵性 23—26
intentionality 意向性 22—29；内涵性和～23—26；意图与～23；作为心理状态标记的～，亦参见布伦塔诺论题 Brentano's Thesis；原初的和衍生的～28—29, 128；～问题，参见表征 representation
intentional inexistence 意向非存在 22—23
intentional objects see objects of thought
intention 意图 23
intentionalism 意向主义 92, 169, 亦参见布伦塔诺论题 Brentano's Thesis
internalism 内在论 141—142, 144, 146—147, 151
interpretation 解释 13—14, 28, 166
interpretation function 解释函数 157, 159
intersubstitutivity of co-referring terms 共指称词语的相互替换性，参见共指称词语的替换 substitution of co-referring terms
introspection 内省 33, 102, 163, 166, 171
irrationality 非理性 46, 104, 135—136

J

Jackson, Frank 弗兰克·杰克逊 175—176

K

Kenny, Anthony 安东尼·肯尼 146
Kepler, Johannes 约翰尼斯·开普勒 71, 104
King Lear (Shakespeare) 李尔王（莎士比亚）45
Knowledge 知识：他心的～，参见他心；物理世界的～37；命题～84—85；内隐～，参见内隐知识
knowledge argument 知识论证 175—176
Know-how 过程知识 82—84
Kripke, Saul 索尔·克里普克 174

L

La Mettrie, Julien de 朱利安·拉·梅特里 3—4
language of thought 思维语言，参见心理语言 Mentalese
Last Judgement（Michelangelo）《最后的审判》（米开朗基罗）13
Laws 规律：因果～43, 116；逻辑～102, 104—105, 174；自然/物理～2—3, 40, 43, 70—71, 104, 115, 171；～和理论 46；思维～5, 79, 91, 94, 96, 98, 104—105, 112, 134, 162
learning 学习 84, 86, 97, 107—108, 176
Leibniz, Gottfried Wilhelm 戈特弗里

德·威廉·莱布尼茨 78—80
Leviathan (Hobbes)《利维坦》（霍布斯）91
Lewis, David 大卫·刘易斯 171
Lewontin, Richard 理查德·列万廷 132
linguistic representation 语言表征，参见表征 representation
linguistics 语言学 96—97
Locke, John 约翰·洛克 15
logarithms 对数 59
logic 逻辑 14, 23—25, 60, 79, 98—101, 104—105
logic gates 逻辑门 80, 95
love 爱 17, 19, 28, 31
Luminous Room 发光屋 88—89, 175

M

Mach bands 马赫带 134—136, 162
machine table 机器表 93—95, 98, 132
Malade Imaginaire, La《奇想病夫》(Molière)（莫里哀）33
Marmite 马麦酱，参见蔬果酱 vegemite
massive modularity thesis 大规模模块性论题 137
materialism 唯物主义 4, 32, 40, 170, 92, 亦参见物理主义 physicalism
mathematics, foundations of 数学函数 78
matter 物质 2—4, 31—32, 128
meaning 意义：自然～（格赖斯）116—118；～的起源 8, 102—103；亦参见语义学 semantics
mechanical world picture 机械世界图景 1—3
medium (of representation)（表征的）媒介 95, 98, 109—110, 134
memory 记忆 42, 49—51
Meno (Plato)《美诺篇》（柏拉图）20—21, 47
mental causation 心理因果性，参见因果性 causation
mental paint 心理图画 170
mental representation 心理表征 1, 17—29；生物功能和～127—130；～的因果理论 116—118；～的非还原性概念 153—163；亦可参见表征 representation
mental states 心理状态 17—19
Mentalese 心理语言 94—110, 134, 161, 167, 178；～的论证 98—105；～的内隐知识 102
Millikan, Ruth 露丝·米利肯 127
Milner, David 大卫·米尔纳 149
minds 心灵：动物的～3, 56, 168；～和计算机 77—89
mind-body problem 心身问题 30, 32—33, 170, 177
misrepresentation problem 错误表征问题 119—121
mistakes 错误 47, 118
models 模型 58, 72, 149, 159—163, 159；计算机～58, 71—72, 103, 105—107；科学～159—160
model theoretic semantics 模型论语义学 159
modularity thesis 模块论 133—138
modus ponens 演绎推理 144—145, 157
Morton, Adam 亚当·莫顿 77
multiple realisability 可多样实现性 75, 150

索 引

N

NASA 美国航空航天局 7
Nagel, Thomas 托马斯·内格尔 168—169, 172
narrow content 狭义内容 143—144
natural meaning 自然意义，参见意义 meaning
natural laws 自然规律，参见规律 laws
natural selection 自然选择 127—133
naturalism 自然主义 113—116, 154—156
necessary and sufficient conditions 必要条件和充分条件 11—12, 26—27, 113—114, 156, 163；概念性与自然主义～ 114—116
neural networks 神经网络 105, 107
neuroscience 神经科学 51, 148—149, 162
Newton, Isaac 艾萨克·牛顿 2, 50
Newtonian physics 牛顿物理学 3, 50, 70—71
Noë, Alva 阿瓦·诺伊 148
non-existence, problem of 非存在问题 140
non-existent objects 非存在的对象 10, 25, 117
non-physical causation 非物理因果性 156, 177，亦见因果性 causation
non-reductive approaches to representation 表征的非还原路径 15, 153—154, 153—163
normal conditions 标准条件，参见理想条件 ideal conditions
normativity 规范性：逻辑规律的～ 104—105；心理符号的～ 65—70
numbers 数字 9—10, 60—65, 67—71, 79, 117, 155, 157—158

O

objects of thought 思维的对象 9, 23, 27—28, 141—143
ontology 本体论 51
ontological parsimony 本体论的简约化 156
original intentionality 原初意向性，参见意向性 intentionality
Orwell, George 乔治·奥威尔 24—26, 83, 90, 172—173, 177
other minds 他心 33—38, 56；～怀疑论 34

P

pain 疼痛 27—28, 35, 92—93
Papineau, David 大卫·帕皮诺 127, 129
parallel distributed processing（PDP）平行分布加工（PDP）106
parity principle 等同原则 145
Penrose, Roger 罗杰·彭罗斯 22
perception 感知 42, 135—136, 148—150
phenomenal consciousness 现象意识 169—170
phenomenology 现象学 166—167
physicalism 物理主义 4, 32—33, 40, 43, 129, 155；意识与～ 170—178，亦参见唯物主义 materialism
physics 物理学 3—5, 37, 43, 47,

49—50, 53, 113, 171, 175—177
pictorial representation 图像表征，参见表征 representation
pictures in the head 脑中的图像 94—96
Plato 柏拉图 20, 140
prediction 预测 31
privileged access 优先通道 141
problem of consciousness 意识问题，参见意识 consciousness
problem of representation 表征问题，参见表征 representation
programs (computer) 程序（计算机）65, 68, 70, 75, 85—88, 105—106; ～的可变化实现 75
properties 属性 28, 140, 148, 155, 169—170
propositions 命题 19
propositional attitudes 命题态度 19, 27—28, 93, 136
psychoanalysis 精神分析 21
psychology 心理学 5, 43; 常识～，参见 common-sense psychology; 进化～ 124—125, 130, 133, 137—138
Psychology from an Empirical Standpoint（Brentano）《从经验的观点看心理学》（布伦塔诺）22
Putnam, Hilary 希拉里·普特南 142
Pylyshyn, Zenon 芝农·派利夏恩 109—110, 135

Q

qualia 感受性质 28, 92, 168—170
Quine, W. V. 奎因 54—55, 104, 115

R

rationality 合理性 46, 135
realism 实在论 162
reasoning 推理 89, 99, 101; 作为计算的推理 91, 178
reduction 还原: 还原与定义，参见定义 definitions; 解释性～，参见解释 explanations; 从心理到物理的还原 155—156; 表征的～ 4, 112—114, 153—163; 从科学到物理学的～ 4, 53
reductive definitions 还原性定义，参见定义 definitions
reference 参照 143
reflexes 条件反射 136, 147
regularities 规律 39—40, 46, 117, 亦参见因果性 causation
relations (logical) 关系（逻辑的）10; ～与存在 139—140
reliable indication 可靠指示，参见指示理论 indication theory
replication 复制，参见模仿 simulation
representation 表征: 模拟～ 70; ～的非对称依赖性理论 121—123, 153; 作为基本概念的～ 113; ～的生物理论 127—130; ～的因果理论 116—118; ～的计算理论 56, 58—76, 92; 规则与～ 15—16, 116—117; 数字～ 70; ～与存在 10, 140; 解释～ 112—123; 语言～ 15—16; ～的媒介 95, 98, 109—110; 心理～，参见心理表征 mental representation; 图像～ 10—16, 95, 116; ～的问题 1, 5, 8—

9, 19, 32, 88; 还原与～, 参见还原 reduction; ～的相似理论 10—14; ～的情境 18; ～的载体 95, 98, 108—110, 144—146
representationalism 表争论, 参见意向论 intentionalism
Representational Theory of Mind 心灵的表征理论 93, 124, 134, 150
resemblance theory 相似理论, 参见表征 representation
reverse engineering 逆向工程 131, 133
robotics 机器人 86, 149
Rosch, Eleanor 埃莉诺·罗施 150
rules 规则: 遵循～与契合～ 104—105; ～与表征 83—86, 106
Russell, Bertrand 伯特兰·罗素 19, 27
Rutherford, E. E. 卢瑟福 4
Ryle, Gilbert 吉尔伯特·赖尔 146

S

Santa Claus 圣诞老人 10, 25, 117
Sartre, Jean-Paul 让－保罗·萨特 134
satisfaction of desires 欲望的满足, 参见欲望 desires
Scanlon, T. M. 斯坎伦 47
scepticism 怀疑论: 因果性～ 45; 外部世界～ 34; 他心～ 34—35; 关于能思考的计算机～ 85—86
scholastics, the 经院哲学家 22
sciences, reduction of the 对科学的还原, 参见还原 reduction
scientific explanation 科学解释, 参见解释 explanations
scientific methodology 科学方法 131

scientific models 科学模型, 参建模型 models
Searle, John 约翰·塞尔 23, 78, 82, 86—89, 96, 103
semantic compositionality 语义合成性, 参见合成性 compositionality
semantics 语义: 句法和～, 参见 87—89, 96—103
sensations 感觉 27, 168, 亦参见疼痛 pain
sensorimotor dependencies 感觉运动依赖 148
sensorimotor profile 感觉运动特征 150
set theory 集合论 160
Seyfarth, R. M. 塞弗斯 119
Sherrington, Charles 谢林顿 78
Simon, Herbert 赫伯特·西蒙 89
simulation 模拟 53—55, 81—82, 86, 105, 165
simulation theory 模拟论 54—55, 166
skills 技能 54, 84—85
Socrates 苏格拉底 20—21
software 软件 75, 亦参见计算机 computers
souls 灵魂 3, 20, 32—33, 50, 146
Sprevak, Mark 马克·斯普里瓦 145
stamp-collecting 集邮 4
Stampe, Dennis 丹尼斯·斯坦普 120-121
states of affairs 事态 10, 127
Strong Sensorimotor Model 强知觉运动模型 148
Sturgeon, Scott 斯科特·斯特金 165
Substance Dualism 实体二元论, 参见二元论 Dualism

substitution of co-referring terms 共指称词替换 23—24
substitutivity salva veritate 保值替换 24
success conditions 成功条件 125
success theory 成功理论，参见信念的成功理论 belief, success theory of
sufficient conditions 充分条件，参见必要与充分条件 necessary and sufficient condition
supernatural, the 超自然现象 155
supervenience 随附性 4，155
Suppes, Patrick 帕特里克·苏佩斯 159
symbol grounding problem 符号奠基问题 112，124，139
symbols 符号 64—70，87—88，94—97，101，103，109，124
syntax 句法 87—89，96，98，100—101，108—109

T

tacit knowledge 内隐知识 21，47，55，102，104，136，166
teleology 目的论 120—121，127
theoretical entities 理论实体 44—45，51，113
theories 理论 44，46；～的可计算性 71
Theory Theory（of common-sense psychology）理论论（常识心理学）44—49，53，55，165—166
thinking 思想，参见 thought
Thompson, Evan 埃文·汤普森 150
thought 思维：和行动 43；动物～，参见动物心理学；～和行为，35—43，45—49，54，56，58，99，103，141；～和信念 18—19；～和计算机；～和意识 20—22；～语言，参见心理语言 mentalese；他人的～，参见他心 other minds；作为命题态度的～ 19；～和规则 83—86；无意识～ 20—22，36，48，163
thought experiment 思想实验 86—89，140，142，144—145，173，176
tokens 个例，参见类型/个例区分 type/token distinction
Tower Bridge Picture 伦敦塔桥图 157
truth-functions 真值函数，参见 函数 functions
truth-preservation 真值保存 100—101
Turing, Alan 艾伦·图灵 64，68，80，82
Turing machines 图灵机 64—75，78；有效程序和～参见有效程序 effective procedures；～的内部状态 65—68；～机器表，参见机器表 machine tables；表征和～ 72—72
Turing test 图灵测试 82，86—87
Twin Earth 孪生地球 142—144
type/token distinction 个例/类型区分 95

U

unconscious, the 无意识 21
unconscious knowledge 无意识知识，参见内隐知识 tacit knowledge
unconscious thought 无意识思维，参见思维 thought
understanding other minds 理解他心，参见他心 other minds

索引

universal character 通用字符, 参见莱布尼茨 Leibniz
Universal Turing machine 通用图灵机 70

V

validity 有效性 100—101
values (function) 值(函数), 参见函数 function
van Fraassen, Bas 巴斯·范·弗拉森 159
variable realisation 变量实现, 参见可多样实现性 multiple realisability
variables 变量 60
varela, Francisco 弗朗西斯科·瓦雷拉 150
vegemite 果蔬酱, 参见马麦酱 marmite
vehicles 载体: 计算的~ of computation 108—109; 表征的~, 参见 representation
vision, computational theories of 视觉计算理论 50, 102, 134—136, 149—150, 159
vitalism 活力论 52

von Neumann, John 约翰·冯·诺依曼 106
vogt, Karl 卡尔·沃格特 4

W

Watson, IBM machine IBM 沃森机 85—86
Watson, James 詹姆士·沃森 3
Weisberg, Michael 迈克尔·韦斯伯格 160
What Computers Can't Do（Dreyfus）《计算机不能做什么》（德雷福斯）82
Whyte, J. T. 怀特 125
wine 葡萄酒 48, 125—127, 175—177
Wittgenstein, Ludwig 路德维希·维特根斯坦 8, 12—13, 41—42, 115, 154, 172
Wolpert, Lewis 刘易斯·沃尔珀特 28

Z

Zombies 僵尸 173—175

译后记

本书为国家社科基金项目"当代西方心灵哲学中的意识理论及其最新发展研究"的阶段性成果。该译著由部分项目组成员合作翻译完成，翻译工作分工如下：卢思熙翻译第一章和第二章，徐立江翻译第三章，杨应鑫翻译第四章和第五章，肖龙飞翻译第六章。在初稿翻译完成后，由就读于美国的汪涵负责对部分章节进行了初步校对工作。为了提高初稿的质量，杨洋对部分章节进行了重新翻译并对整部译稿进行了逐字逐句的译校，使译稿整体上得到了很大提升。在杨洋完成全书的译校工作后，殷筱又对整部书稿进行了统稿和校译。非常感谢项目组各位成员在该书翻译过程中付出的辛劳和努力，特别感谢汪涵，虽然远在美国，她在繁重的学业负担之外承担了本书的部分校对工作。

虽然团队各成员在翻译中都严谨认真，就翻译中遇到的问题展开过多次讨论和交流，但受学识所限，翻译中的疏漏甚至错误在所难免，敬请各位方家批评指正。

图书在版编目（CIP）数据

机械的心灵：心灵、机器与心理表征哲学导论/（英）蒂姆·克兰著；杨洋等译. —北京：商务印书馆，2021（2022.8 重印）
（心灵与认知文库. 原典系列）
ISBN 978-7-100-17476-3

Ⅰ.①机… Ⅱ.①蒂… ②杨… Ⅲ.①心灵学—研究 Ⅳ.①B846

中国版本图书馆 CIP 数据核字（2019）第 087991 号

权利保留，侵权必究。

心灵与认知文库·原典系列
机械的心灵
心灵、机器与心理表征哲学导论

〔英〕蒂姆·克兰 著
杨洋 卢思熙 杨应鑫 徐立江 肖龙飞 殷筱 译
殷筱 杨洋 汪涵 校

商 务 印 书 馆 出 版
（北京王府井大街36号 邮政编码100710）
商 务 印 书 馆 发 行
北京通州皇家印刷厂印刷
ISBN 978-7-100-17476-3

2021年9月第1版　　开本 880×1230　1/32
2022年8月北京第2次印刷　印张 12¾

定价：55.00 元